●●●●○

网页设计与制作全程解析

WANGYE SHEJI YU ZHIZUO
QUANCHENG JIEXI

主　编　潘　越　刘亚妮
副主编　吴泽宇　唐偲祺

重庆大学出版社

内容提要

本书以工作过程为导向，从网站规划开始，以实际项目为切入点，通过对两个完整项目的剖析，让学习者直接在完成项目的同时掌握网页设计与制作两大常用工具软件Photoshop和Dreamweaver的使用，并辅以大量由浅入深的实例练习，对项目内容进行扩展，符合认知规律，有利于知识技能的掌握和巩固。同时，加入丰富的网页界面设计和网页制作的理论知识作为补充，帮助学习者更深入地了解网页设计与制作。

本书面向网页设计与制作教学并立足于岗位，可作为普通高等院校电子商务、数字媒体技术、计算机多媒体技术等专业的教学用书和参考书，也可供从事网页设计与制作的初学者和爱好者使用。

图书在版编目（CIP）数据

网页设计与制作全程解析 / 潘越，刘亚妮主编. —重庆：重庆大学出版社，2016.8（2018.1重印）
ISBN 978-7-5624-9846-9

Ⅰ.①网… Ⅱ.①潘…②刘… Ⅲ.①网页制作工具 Ⅳ.①TP393.092

中国版本图书馆CIP数据核字（2016）第156118号

网页设计与制作全程解析

主　编　潘　越　刘亚妮
副主编　吴泽宇　唐偲祺
策划编辑：杨粮菊
责任编辑：陈　力　　版式设计：杨粮菊
责任校对：邹　忌　　责任印制：赵　晟

*

重庆大学出版社出版发行
出版人：易树平
社址：重庆市沙坪坝区大学城西路21号
邮编：401331
电话：（023）88617190　88617185（中小学）
传真：（023）88617186　88617166
网址：http://www.cqup.com.cn
邮箱：fxk@cqup.com.cn（营销中心）
全国新华书店经销
重庆升光电力印务有限公司印刷

*

开本：787mm×1092mm　1/16　印张：15　字数：356千
2016年8月第1版　2018年1月第2次印刷
印数：2 001—4 000
ISBN 978-7-5624-9846-9　定价：34.00元

前　言 / PREFACE

互联网的迅速发展，使人们的生活方式产生了新的变革，网络成为信息传播的重要渠道，同时在世界范围内引发了人们生活、文化、思想方式的巨变，而浏览网页信息也成为人们生活中的重要部分。随着人们与网络之间的联系日趋紧密，网页不仅仅是单纯传递信息的载体，人们开始将注意力更多地关注于网页的交互性、设计感与稳定性，这促使网页设计与制作人员既需要掌握娴熟的制作技术，又必须具备一定的设计能力和审美能力。

本书从实际出发，从网站规划开始，以实际项目为切入点，详细介绍了网页设计与制作两大常用工具软件Photoshop和Dreamweaver的使用方法和操作技巧，将网页设计与制作过程中的难点、要点贯穿一线，完整讲解了网页设计与制作的全过程。

本书通过对两个完整项目的网站规划、网页界面设计与网页制作内容进行剖析，对网页标志、网页Banner、网页版式等网页元素和网站结构布局进行了详细讲解，同时辅入丰富的网页界面设计和网页制作的理论知识作补充，帮助学习者在掌握网页设计与制作技术的同时，提高艺术审美能力。

本书结构清晰、语言简练，面向网页设计与制作教学并立足于岗位，可作为普通高等院校电子商务、数字媒体技术、计算机多媒体技术等专业的教学用书和参考书，也可供从事网页设计与制作的初学者和爱好者作为参考。

本书由重庆房地产职业学院潘越、刘亚妮、吴泽宇、唐偲祺和重庆房酷网络科技有限公司人员许建禄等编写。由于编者水平有限，加之时间仓促，难免存在疏漏之处，敬请读者和专家批评指正。

编　者

2016年4月

目　录 / CONTENTS

Part 1 ▸ 基础学习——团购网站设计与制作

以计算机、网络为特征的信息化社会的到来，使网络平台的职能由单纯的专业计算机操作工具，逐步转变为人们工作、生活、休闲的生活平台，改变了人们的生活和工作方式，信息技术正迅速地建立起人类“数字化生存”的信息环境，信息成为社会发展中的重要资源，人类社会进入了大变革时期。网络的迅猛发展使信息技术被引入商贸活动中，带来了全新的网络经济模式，使电子商务迅速发展，并体现出巨大的优越性。截至2012年6月，中国电子商务市场交易额达3.5万亿元，同比增长18.6%。“十二五”电子商务发展指导意见提出，到2015年，我国规模以上企业应用电子商务比率达80%以上，电子商务的交易额翻两番，突破18万亿元。

2010年我国电子商务一大亮点就是网络团购。网络团购是一种新型电子商务模式，指的是众多具有相同商品需求的消费者为加大商品价格谈判能力联合起来，根据薄利多销和量大价优的原理，以低于零售价格的团购折扣从商家处购买到自己需要的商品和服务的一种购物模式。团购的目的是以累积的购买量或买家人数为基础来加强买方的议价能力和卖方的降价空间，最终促使交易成功，使得买卖双方都获利。团购网最早起源于美国Groupon网站，其特点是：每天只推一款折扣产品、每人每天限拍一次、折扣品一定是服务类型的、服务有地域性、线下销售团队规模远超线上团队。在中国，大量的团购网在2010年兴起，随后出现了井喷状态，著名的团购网站如大众点评网、拉手网、美团网等。2010年年底中国的专业团购网站就有数百家，市场规模高达10亿多元。目前团购网站已出现包括房产、装修、建材、橱柜、衣柜、家电、家具、结婚、学车、汽车、教育、票务等覆盖人们生活各个方面的多种类型，未来将会有更多的产品加入团购的行列中。

网络团购这种新型购买模式与固定价格的传统购买方式相比具有多方面的优势，其结合了团购的优势。更重要的是，它利用了互联网的高效便利性，打破了时间和空间对团购交易的限制，并且降低了交易成本，解决了交易信息不对称问题。作为第三方平台对商家的信誉、产品质量以及服务进行全面考察，使得消费者获取了更多的商家信息。同时，网络团购以“低价格”来吸引消费者，对于具有商品需求的消费者得到需求满足，对于需求不明确的消费者也在一定程度上诱使其消费，从而促进了消费者的消费。

虽然，从目前市场情况来看，网络团购网站的竞争日益激烈，消费者从一开始的狂热阶段到现在的冷静阶段都使得团购网站的规模开始萎缩，但毋庸置疑的是，团购网站已经成为电子商务的一种新型模式，并迅速发展。可以预见的是，随着移动互联网的迅速发展，这种电子商务模式将因注入新的活力而大放光彩。

本项目选用一个房地产行业团购网站界面，由浅入深地将Photoshop及Dreamweaver的工具使用融于网页的整个设计与制作过程之中，让读者在项目任务完成的同时，掌握Photoshop及Dreamweaver基本工具的使用，同时补充网页界面的基础知识，如Banner设计、版式设计等，以及网页制作的相关基础知识，让读者在完成网页界面的同时对平面设计知识有所了解。

1.1　学习情境1　网站规划

一个专业的网站建立在合理的网站规划前提之下，网站规划既有战略性的内容，也包含战术性的内容，网站规划应站在网络营销战略的高度来考虑，战术是为战略服务的。网站规划是网站建设的基础和指导纲领，决定了一个网站的发展方向，同时对网站推广也具有指导意义。网络营销计划侧重于网站发布之后的推广，网站规划则侧重于网站建设阶段的问题，但网站建设的目的是开展网络营销的需要，因此应该用全局的观点来看待网站规划，在网站规划阶段就将计划采用的营销手段融合进来，而不是等待网站建成之后才考虑怎么去做营销。网站规划的内容对网络营销计划同样具有重要意义，具有与网络营销计划同等重要的价值，二者不可互相替代。网站规划的主要意义就在于树立网络营销的全局观念，将每一个环节都与网络营销目标结合起来，增强针对性，避免盲目性。因此，在网站建设前应对市场进行分析、确定网站的目的和功能，并根据需要对网站建设中的技术、内容、费用、测试、维护等作出规划。

由于本书面向网页设计与制作的初级学者，本书仅涉及域名申请、确定网站技术解决方案、网站目录结构规划相关内容。

任务安排表

能力目标（任务名称）	知识目标	学时安排/学时
选择域名及空间	掌握域名及空间的选择方法	1
确定网站技术解决方案	了解常用网站技术	1
规划网站目录结构	掌握网站目录常用命名规则	1

1.1.1　选择域名及空间

域名（Domain Name），是由一串用点分隔的名字组成的Internet上某一台计算机或计算机组的名称，用于在数据传输时标识计算机的电子方位（有时也指地理位置、地理上的域名，指代有行政自主权的一个地方区域）。域名使一个IP地址有“面具”。域名是便于记忆和沟通的一组服务器的地址（网站、电子邮件、FTP等）。

DNS规定，域名中的标号都由英文字母和数字组成，每一个标号不超过63个字符，也不区分大小写字母。标号中除连字符（-）外不能使用其他的标点符号。级别最低的域名写在最左边，而级别最高的域名写在最右边。由多个标号组成的完整域名总共不超过255个字符。

以一个常见的域名为例说明，baidu网址“www.baidu.com”是由两部分组成，标号“baidu”是这个域名的主体，而最后的标号“com”则是该域名的后缀，代表的这是一个com国际域名，是顶级域名。而前面的www.是网络名，为www的域名。

1）步骤一：确定域名类型

域名主要有下述类型。

一是国际域名（international top-level domain names，iTDs），也称国际顶级域名。这也是使用最早、最广泛的域名。例如表示工商企业的“ .com”，表示网络提供商的“.net”，表示非营利组织的“.org”等。

二是国内域名，又称为国内顶级域名（national top-level domain names，nTLDs），即按照国家的不同分配不同后缀，这些域名即为该国的国内顶级域名。200多个国家和地区都按照ISO 3166国家代码分配了顶级域名，例如中国是cn，美国是us，日本是jp等。

▶ Points 知识要点——中国的域名体系

中国的域名体系也遵照国际惯例，包括类别域名和行政区域名两套。

类别域名是指前面的6个域名，分别依照申请机构的性质依次分为：

ac —— Academic，科研机构

com —— Commercial organizations，工、商、金融等企业

edu —— Educational institutions，教育机构

gov —— Governmental entities，政府部门

mil —— Military，军事机构

arpa —— Come from ARPANet，由ARPANET（美国国防部高级研究计划局建立的计算机网）沿留的名称，被用于互联网内部功能

net —— Network operations and service centers，互联网络、接入网络的信息中心（NIC）和运行中心（NOC）

org —— Other organizations，各种非盈利性的组织

biz —— web business guide，网络商务向导，适用于商业公司（注：biz是business的习惯缩用）

info —— infomation，提供信息服务的企业

pro —— professional，适用于医生、律师、会计师等专业人员的通用顶级域名

name —— 适用于个人注册的通用顶级域名

coop —— cooperation，适用于商业合作社的专用顶级域名

aero —— 适用于航空运输业的专用顶级域名

museum —— 适用于博物馆的专用顶级域名

mobi —— 适用于手机网络的域名

asia —— 适用于亚洲地区的域名

tel —— 适用于电话方面的域名

int —— International organizations，国际组织

cc —— 原是岛国“Cocos （Keeling） Islands”的缩写，但也可将其看成“Commercial Company”（商业公司）的缩写，所以现已开放为全球性国际顶级域名，主要应用在商业领域内。简短、容易记忆，漂亮、容易输入，是新一代域名的新秀

tv —— 原是太平洋岛国图瓦卢“Tuvalu”的国家代码顶级域名，但因为其也是“television”（电视）的缩写，主要应用在视听、电影、电视等全球无线电与广播电台领域内

us —— 类型，表示美国，全球注册量排名第二

travel —— 旅游域名，国际域名

xxx —— 用于成人网站

idv —— 用于个人

行政区域名是按照中国的各个行政区划划分而成的，其划分标准依照原国家技术监督局发布的国家标准而定，包括“行政区域名”34个，适用于中国的各省、自治区、直辖市。

由于团购网站属于商业性质，故应该至少申请.com域名。

随着域名的开放与普及，抢注知名品牌相关域名的事件不绝于耳，而域名权的争夺战也随之达到白热化程度，其中不乏许多恶性抢注域名的案例。注册一个域名不过百来元，但是买回一个域名却可能需要上百万、上千万甚至上亿元。与其狼狈地“亡羊补牢”，不如从容地“未雨绸缪”；与其见漏补漏，不如全面保护。

保护品牌，不仅仅是注册一个公司域名，越来越多的企业开始全方位保护自己的域名，将所有与公司名称、主打产品，甚至是领导人的名字相关的域名都注册保护起来，真正做到万无一失。

如何进行域名品牌保护呢？品牌保护第一步：同步注册不同后缀域名。域名是企业在互联网上最重要的商标和品牌，为同一个域名注册多个不同扩展名,可用来确保公司品牌的唯一性,并保证其不被他人抢注,同时也可以使互联网用户更容易地找到注册用户的网站。例如，为保护品牌价值，中国万网注册了hichina.com、hichina.cn、hichina.net、wanwang.com、万网.中国、万网.com 、中国万网.com等关联域名几十个。在互联网建立了强大的品牌效应，用户搜索和万网相关的域名都可以找到万网。品牌保护第二步：一次性注册多年。为了降低域名丢失的风险，同时避免未来因域名价格上涨给用户带来的经济损失，建议用户将域名一次性注册多年。注册多年域名同时还能得到更多价格优惠。例如，中国万网的域名hichina.com已注册至2019年。

⊕ 小贴士

我国热卖域名类型主要有.com及.cn。

.com域名是由ICANN批准发布，是全球较早使用的国际域名之一。

目前全球共有超过8 950万个国际域名，其中中国有786万个。

.com用于商业公司，在.com下注册域名意味“我从事商业活动已有好多年了，我是一个严肃的商人，我知道我正在做什么”，使用.com下的域名不仅显得大气简洁，而且可体现用户的全球化理念。

.cn域名是由CNNIC于2002年发布的中国国家顶级域名。

.cn域名代表中国，对于做国际交流、贸易的企业来说，是一个让世界了解中国的好方法。推出以来发展迅猛，目前已经超过635万个，成为全球增长速度最快的域名。

.cn域名适用于任何在中国的企业和中国居民。

拥有好的域名，即在网络上有一个响亮的名字，如同企业在传统行业有一个响亮的名字一样重要。没有好的域名，总是美中不足。一个好域名能让企业的目标客户和潜在客户更容易记住，是企业固有品牌的延伸和增值，能保证品牌价值不流失并更能提升企业形象。

域名的命名原则主要有：

①简单、易记，逻辑性强。

②选择行业相关的域名（与企业商标、产品名称吻合；根据网站的性质、用途选择）。

③域名的后缀尽量包含主流域名类型。

2）步骤二：选择域名提供商

我国域名提供商主要有万网（www.net.cn）、新网（www.xinnet.com）、35互联（即中国频道www.35.com）。现对这3个域名提供商的服务作一定的对比，读者可根据自己的情况进行选择，详情见表1.1.1。

表1.1.1

提供商名称服务	服务项目			
	域名解析	域名转移	过户	其他
万网	2～12 h	需要传真资料	收费	价格便宜，续费要找原注册的代理
新网	生效速度一般，支持泛解析	需要邮寄资料征得同意	免费	已被确认的身份信息也无须提交任何资料，新网会员在线即可即时邮件获取国际域名转移密码
35互联（中国频道）	生效快	无障碍，域名专员可直接修改域名注册人	免费	免费DNS服务，批量注册，代理支付款项无金额限制，代理间转移域名要设置转移密码

3）步骤三：申请域名

①准备申请资料：com域名无须提供身份证、营业执照等资料，2012年6月3日cn域名已开放个人申请注册，故申请需要提供身份证或企业营业执照。

②寻找域名注册网站：由于.com、.cn域名等不同后缀均属于不同注册管理机构所管理，如要注册不同后缀域名则需要从注册管理机构寻找经过其授权的顶级域名注册查询服务机构。如com域名的管理机构为ICANN，cn域名的管理机构为CNNIC（中国互联网络信息中心）。域名注册查询注册商已经通过ICANN、CNNIC双重认证，则无须分别到其他注册服务机构申请域名。

③查询域名：在注册商网站注册用户名成功后应查询域名，选择您要注册的域名，并单击域名注册查询。

④正式申请：查到想要注册的域名，并且确认域名为可申请的状态后，提交注册，并缴纳年费。

⑤申请成功：正式申请成功后，即可开始进入DNS解析管理、设置解析记录等操作。

4）步骤四：购买虚拟主机

虚拟主机是在网络服务器上划分出一定的磁盘空间供用户放置站点、应用组件等，以及提供必要的站点功能、数据存放和传输功能。虚拟主机也称“网站空间”，就是将一台运行在互联网上的服务器划分成多个“虚拟”的服务器，每一个虚拟主机都具有独立的域名和完整的Internet服务器（支持WWW、FTP、E-mail等）功能。

知识拓展：IP地址

IP地址（英语：Internet Protocol Address）是一种在Internet上的给主机编址的方式，也称为网际协议地址。Internet上的每台主机（Host）都有一个唯一的IP地址。IP协议就是使用这个地址在主机之间传递信息，这是Internet 能够运行的基础。可以将“个人电脑”比作“一台电话”，那么“IP地址”就相当于“电话号码”，而Internet中的路由器，就相当于电信局的“程控式交换机”。

IP地址是一个32位的二进制数，通常被分割为4个“8位二进制数”（也就是4个字节）。IP地址通常用“点分十进制”表示成（a.b.c.d）的形式，其中，a,b,c,d都是0~255之间的十进制整数。例如，点分十进IP地址（100.4.5.6），实际上是32位二进制数（01100100.00000100.00000101.00000110）。

常见的IP地址，分为IPv4与IPv6两大类。IPv4就是有4段数字，每一段最长不超过255。由于互联网的蓬勃发展，IP位址的需求量越来越大，使得IP位址的发放日趋严格，在2011年2月3日IPv4位地址已分配完毕。

地址空间的不足必将妨碍互联网的进一步发展。为了扩大地址空间，拟通过IPv6重新定义地址空间。IPv6采用128位地址长度。在IPv6的设计过程中除了一劳永逸地解决了地址短缺问题外，还考虑了在IPv4中未解决的其他问题。

实用技能：设置本机IP地址

选择路径开始 → 运行 → cmd → ipconfig /all 可以查询本机的IP地址，以及子网掩码、网关、物理地址（Mac 地址）、DNS 等详细情况。

设置本机的IP地址可以通过网上邻居 → 属性 → 本地连接 → 属性 → TCP/IP 进行设置。

1.1.2 确定网站技术方案

Web网站可粗略地分为静态网站和动态网站。

①静态网站，就是网站全是HTML文件，页面是HTML编写的，当然也包含Css、Javascript等脚本。其特点是不会“变”，即内容不随着某一事件的发生而改变。

②动态网站，就是指应用脚本编程语言。常见的脚本编程语言有：Asp、Php（国内以这两种为主）、Jsp、Aspx.net等。如果网站的页面以这些名字为后缀，那么可以说这个网站就是动态网站。与静态网站相对的是，动态网站的内容是会“动”的。通常情况下，动态网站会有类似“asp? id=” 的链接，id后面通常是数字，添加不同的数字，页面上显示的数据也是不一样的。因为动态网站使用了数据库技术，以通过代码调用数据库来显示、输出数据库当中的内容。

作为网页设计与制作的初学者，本书项目采用静态网站制作技术，即页面为纯HTML网页。

1.1.3　规划网站目录结构

在手工制作个人网站的时代，网站制作步骤基本分为：设计、切片、网页制作、发布。而在此之前，首先应规划出网站的结构，即包括栏目设置、页面结构等。

从网页栏目结构上来说，一个企业网站的一级栏目不应超过8个，而栏目层次以3层以内比较合适。网站栏目设置是一个网站结构的基础，也是网站导航系统的基础，应做到设置合理、层次分明。对网站栏目结构的研究是网络营销导向网站建设的基础。

网站的目录是指建立网站时创建的目录。网站目录如何设计，对浏览者来说并没有什么太大的感觉和影响，但是对于站点的上传和维护，以及内容的扩充和移植都有着重要的影响。因此，需要对网站的文件目录进行规划，将网站中各种各样的文件分门别类地存放到网站不同的子文件夹中。规划网站的目录，如同规划一个网站一样，要分析网站的栏目和内容，根据网站的栏目和内容的性质进行分类。下述内容是规划网站目录结构的基本思想。

（1）不要将所有文件都存放在根目录下

根目录下文件过多很容易造成文件管理混乱，从而影响工作效率。另外，服务器一般都会为根目录建立一个文件索引，当上传文件时，服务器需要将所有文件检索一遍，并建立新的索引文件，因此，根目录中文件过多时还会使上传速度变慢。

（2）按栏目内容建立子目录

首先应按照主栏目来建立子目录。如果某个栏目的内容特别多，又分出很多下级栏目，可以相应地再建立其子目录。对于需要经常更新的栏目可以建立独立的子目录；而一些相对稳定，不需要经常更新的相关栏目，可以合并到一个统一的目录中；所有程序一般都存放在特定目录中。例如，企业站点可以按企业简介、产品展示、成功客户、在线订单、反馈与联系等建立相应子目录；相关链接等建立独立的子目录；关于本站、站点经历等可以合并放在一个统一目录下，如图1.1.1所示。

图1.1.1　企业网站目录结构示例

（3）在每个主目录下建立独立的images子目录

为便于图像文件的管理，在为每个栏目创建了子目录后，还要为每个主栏目建立一个独立的images目录，以用来存放该栏目中的图像文件。而根目录下的images目录，主要是用来存放首页中的和一些需要共享的图像文件。

（4）其他需要注意的事项

在进行目录规划时还要注意目录的层次一般不要超过3层，尽量使用意义明确的目录名称，不要使用中文目录名，不要使用过长的目录名等。

1）步骤一：创建网站根目录

在本地磁盘D下新建文件夹，将文件夹命名为“wwwroot”。

⊕ 小贴士

服务器或虚拟空间上网站根目录的默认命名为“wwwroot”，也可简称为“root”或“webroot”。

2）步骤二：创建子目录

在文件夹wwwroot中新建文件夹images、style、script、cq。在cq文件夹中新建文件夹task、newhouse、esfhouse。

⊕ 小贴士

网页中一般包含图像、相关样式、脚本语言等。因此，在网站目录结构中，一般将用来存放网页相关图像文件的文件夹命名为images；将存放网页相关样式文件的文件夹命名为styles；将存放脚本语言的文件夹命名为script。这3个文件夹一般位于根目录下。

由于案例网站www.fooqoo.com具有地域性特征，因此，在根目录中需要新建表示本地（重庆）的文件夹cq。在cq文件夹中的task、newhouse、esfhouse文件夹分别用来存放网站栏目“所有返现”“新房返现”“二手房返现”中的页面文件。

最终文件目录结构如图1.1.2所示。

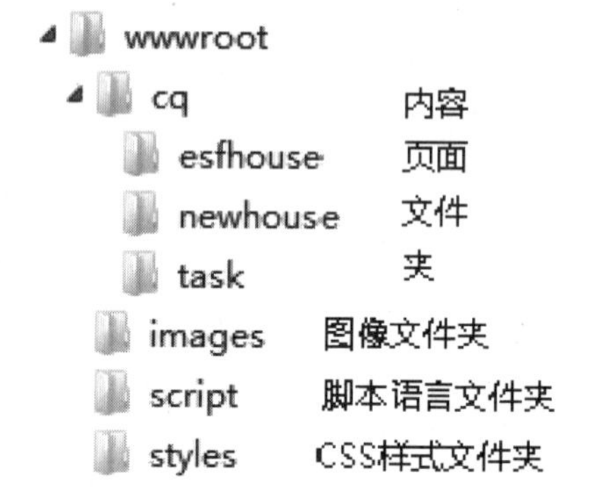

图1.1.2　房酷网www.fooqoo.com本地目录结构

1.1.4 项目经验小结

通过此次项目，了解了网站规划的基础知识，掌握了域名及空间申请的方法及要点，初步掌握网站目录规划的基本规则，并对网站规划及网络技术相关知识有了初步认识，为独立规划网站打下了基础。

请将您的项目经验总结填入下框中。

1.2 学习情境2 团购网站界面设计

本次任务通过对团购网页的设计，掌握Photoshop钢笔工具、图层样式、路径工具等基本工具及快捷键的使用，同时熟悉企业博客Banner以及网站标志的设计思路和设计方法，掌握一定的色彩搭配知识，从而基本掌握网页界面设计的技巧。

表1.2.1 任务安排表

能力目标（任务名称）	知识目标	学时安排/学时
网页头部区域设计	新建文件、打开文件、存储文件、选框工具、填充命令、铅笔工具、文字工具、画笔初始面板、描边命令、选区修改命令的使用以及图层的基本操作	3
网页Banner设计	魔棒工具、套索工具、自由变换、钢笔工具、渐变工具、橡皮擦工具、羽化命令的使用	6
网页首页内容设计	形状工具、描边图层样式、路径工具的使用	6

团购网页效果图如图1.2.1所示。

图1.2.1 团购网页效果图

1.2.1 房地产团购网站头部设计

1）打开Photoshop CS6程序软件

单击“开始”菜单，在“所有程序”右边的弹出菜单中，找到Adobe Photoshop CS6 Ps 的按钮，打开Photoshop CS6的程序。进入Photoshop CS6的操作界面，其主要包括菜单栏、工具属性栏、工作区调板和工具箱，如图1.2.2所示。

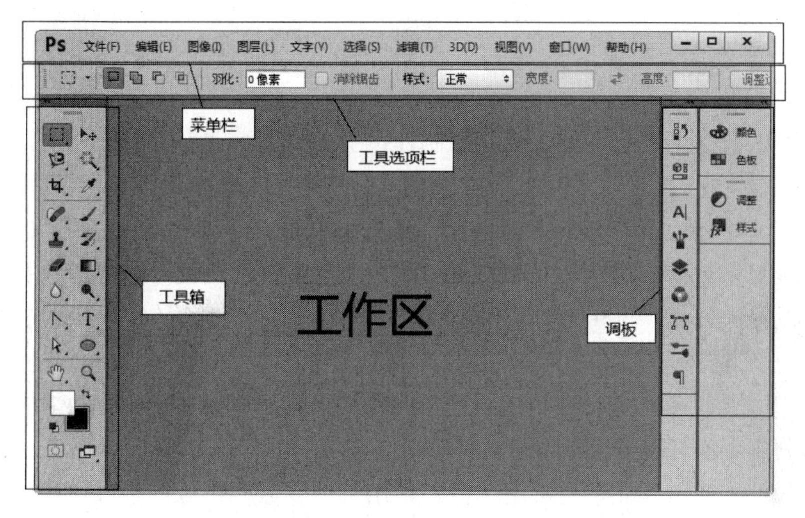

图1.2.2 Photoshop操作界面

2）新建文件

单击菜单栏中的“文件”菜单→“新建...”命令来实施新建文件的命令。在弹出的新建命令对话框中修改文件的宽度1 300像素（px），高度为3 824像素（px），分辨率为“72像素/英寸”，颜色模式为“RGB颜色模式”，背景内容设置为“白色”，然后单击确定，如图1.2.3所示。

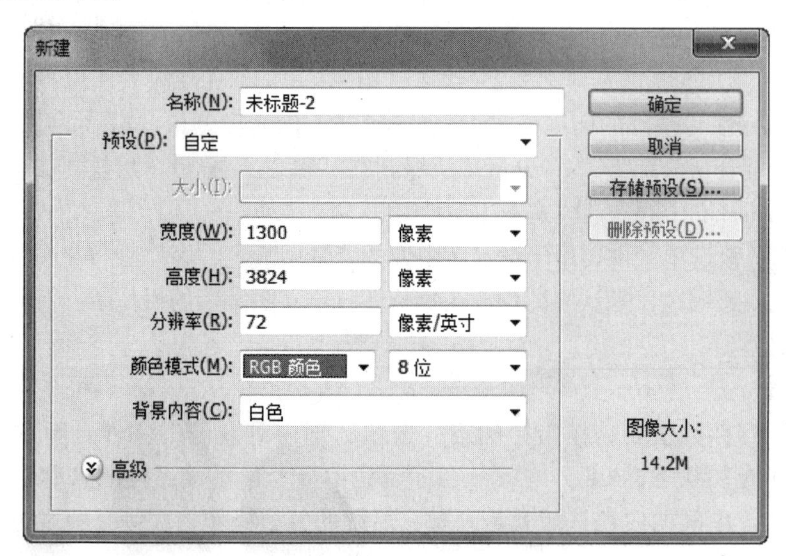

图1.2.3 新建文件对话框

⊕ 小贴士

快捷键的使用可以提高网页的制图速度。

新建文件快捷键为“Ctrl+N”，打开文件快捷键为“Ctrl+O”。

▶ Points 知识要点——新建文件

宽度：用以设置创建文件的宽度。在制作网页时，考虑到1 024×768的计算机屏幕分辨率，文件的宽度一般都在980～1 002像素的范围内取值。但需要注意的是，目前宽屏计算机已基本普及，除1 024×768的计算机屏幕分辨率外，常见计算机屏幕分辨率还有1 440×900 、1 366×768、1 280×800等，因此在设计页面时可考虑到宽屏计算机情况，将宽度设置为1 300～1 500像素。

高度：用以设置创建文件的高度。在制作网页时，高度一般不限制，在描述网页的大小时，多采用“屏”来形容，一屏指的就是网页的高度，网页一屏的高度在1 024×768的计算机屏幕分辨率的环境下大约为600像素。

像素（px）：Photoshop中的常用单位，是用来计算数码影像的一种单位，越高位的像素，其拥有的色彩也就越丰富，越能表达颜色的真实感。一个像素通常被视为图像的最小完整采样。

分辨率：图像分辨率和图像大小之间有着密切的关系。分辨率越高，单位面积内所包含的像素就越多，图像的信息量，即文件大小也越大。从理论上讲，图像的分辨率越高，其输出品质就越好。表示分辨率的单位有“像素/英寸”和“厘米/英寸”两种，常用单位是“像素/英寸”。Photoshop中默认的分辨率为72像素/英寸，代表一英寸的图像上面包含有72个像素的图像，若图像需要打印，此时的分辨率需设置为300像素/英寸。

颜色模式：Photoshop中的色彩模式包括位图模式（只有黑白两种色），灰度模式（只有黑白灰3种色彩，包括的灰阶多达256级），RGB模式，CMYK模式（以打印在纸上的油墨的光线吸收特性为基础的印刷模式），Lab模式［由光度分量“L”和两个色度分量组成，这两个色度分量分别为“a”分量（从绿到红）和“b”分量（从蓝到黄）］。其中，RGB模式是Photoshop中的默认模式。

背景内容：该选项区主要用于设定新图像的背景层颜色，即“画布”颜色。可以选择白色、背景色或透明色，默认为白色。在执行“自定义图案”的操作中，有时会将背景内容设置为透明色。

设定好所有参数值后，单击“确定”按钮，即得到新建的文件。新建文件的窗口由标题栏、画布和状态栏3部分构成，在标题栏中显示出了该文件的名称、目前显示比例和颜色模式，中间的白色区域就是画布，后续的整个操作将在画布中进行，效果如图1.2.4所示。

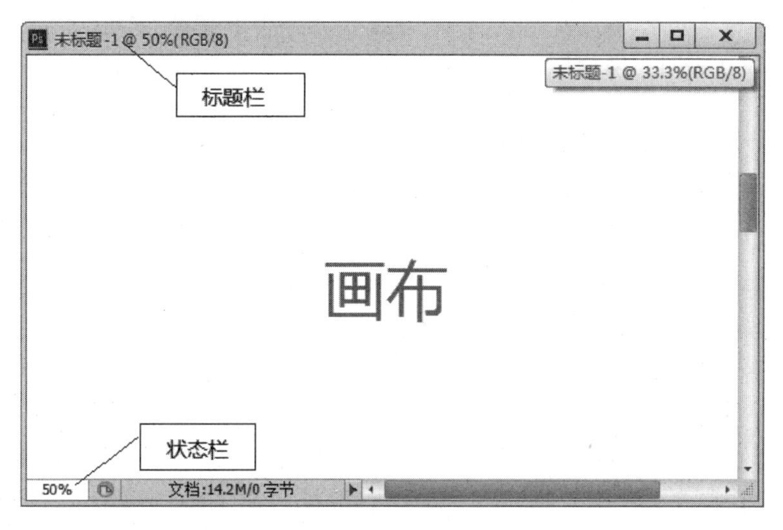

图1.2.4　新建文件展示

⊕ 小贴士

在操作中，会出现在文件里面填充任何颜色都是黑、白、灰3种色彩，这时就需要检查一下文件的标题栏处是否如图1.2.5所示。

图1.2.5　Photoshop文件标题栏

标题栏的上部显示为(灰色/8)处，显示的是文件的颜色模式，此时所显示代表颜色模式为“灰度模式”，即在颜色模式上出现问题。如遇到以上问题，可单击“图像”菜单→“模式”→“RGB颜色”，即可更改色彩模式。

▶ Points 知识要点——网页常用显示比例和显示模式

显示比例：在网页设计中，经常会在两种显示比例中来回切换，以观察设计的效果，这两种显示比例为：100%显示（快捷键：“Ctrl+Alt+O”）和合适比例大小显示（快捷键：“Ctrl+空格键+O”）。

显示模式：Photoshop CS6中有4种显示模式，即标准屏幕显示模式、最大化屏幕显示模式、带有菜单栏的全屏模式、全屏模式。可单击工具箱下方的按钮，在弹出的下拉菜单中进行选择，或者单击快捷键“F”在4种模式间进行切换。在网页设计中，由于目前网页的常用宽度为980 ~ 1 002 px，就会出现因网页中处于边界的地方太靠近操作界面的边界而不易操作的情况，所以，在设计网页效果图时，惯用的显示模式为带有菜单栏的全屏模式，在此模式下，可以使用抓手工具拖动页面，方便设计者进行观察和操作。抓手工具的快捷键是“H”。在当前工具不是抓手工具，又需要切换为抓手工具时，可以按下“空格键”不放，临时切换为抓手工具。

3）网站实用工具区设计

（1）步骤一：制作实用工具区底色

单击图层面板下方的新建图层按钮 ，为文件添加新图层。然后双击图层名称，将其图层名字改为“功能区背景”，如图1.2.6所示。

⊕小贴士

新建图层快捷键为“Ctrl+Shift+N”。

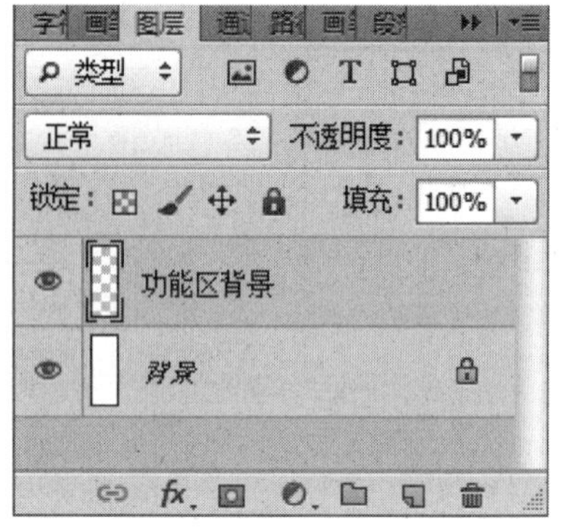

图1.2.6　新建图层

▶ Points 知识要点——图层基本操作

在Photoshop中，图层用来承载几乎所有的编辑操作，其是Photoshop重要的功能之一。为便于理解，可以将图层想象成一张张堆叠在一起的透明的纸，每个图层都保存着不同的图形，可方便设计者在对不同图层上的图像进行编辑而不破坏其他图层的图像。在相同的位置上，上一个图层的图像覆盖着下一个图层的图形。同时，设计者也可以透过图层的透明区域看到下一个图层的图像，如图1.2.7所示。

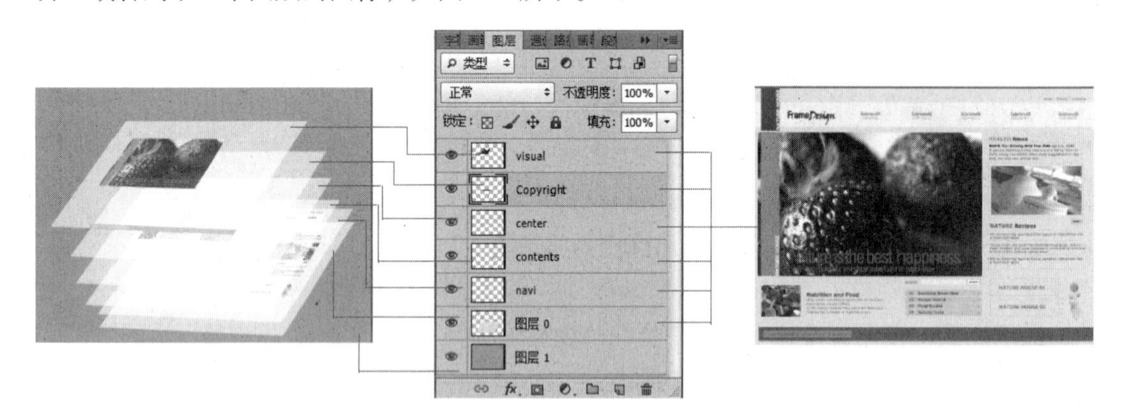

图1.2.7　图层解析

Photoshop的基本操作都是基于图层进行的，通过对图层添加样式、设置混合模式等可以制作出丰富多彩的图像效果。图层的基本操作包括新建图层、复制图层、链接图层、合并图层、删除图层、显示与隐藏图层、删除图层等，在本处将对新建图层、删除图层、链接图层、显示与隐藏图层、移动图层进行介绍。

新建图层：单击图层面板中的创建图层按钮 即可新建图层，在文件复制并粘贴图形时可创建一个图层，在不同的文档间进行图像复制也可新建图层。在Photoshop中，新建图层、图层组、图层样式的数目受计算机内存的限制，也就是说图层的数量越多，所占用的内存就越多。

删除图层：将文件中没用的图层删除可有效地减小文件的大小，但必须确保删除的图层中没有需要单独保存的重要信息。单击图层面板中的创建图层按钮 或按下Delete键即可删除图层。

链接图层：需要对多个图层进行同时变换操作，如移动、旋转、缩放时，可单击图层面板中链接图层按钮 将它们链接。

显示与隐藏图层：图层面板中的指示图层可视性图标 用来控制图层可见与否。单击该图标即可进行图层显示与隐藏的切换。显示该图标的图层为可见图层，无该图标的图层为隐藏图层。

移动图层：使用移动工具 可以移动当前图层，如果图层中包含选区，则可移动选区内的图像。

单击工具箱中的选框工具下方的新建图层按钮 ，按下鼠标并进行拖动即可建立选区。本处实例制作时，为保证最后完成的效果，使用选区中的“固定大小”设置。在选区的工具属性栏的样式中的“固定大小”，设置宽度为“1 300像素”，高度为“25像素”，建立选区，如图1.2.8所示。

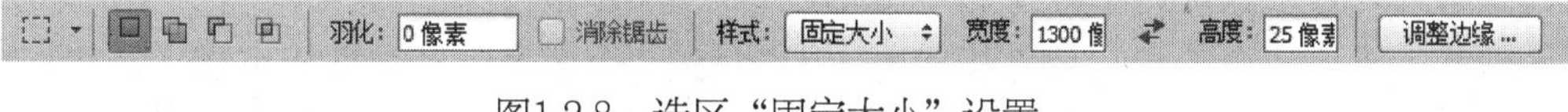

图1.2.8　选区“固定大小”设置

⊕ 小贴士

选区工具中常用的是选框工具和椭圆形选框工具两种，在新建选区时：

按下“Shift”键：可建立正方形或者是正圆的选区。

按下“Alt”键：可建立一个以鼠标单击位置为中心的选区。

按下“Shift+Alt”组合键：可建立一个以鼠标单击的位置为中心的正方形和正圆形选区。

▶ Points 知识要点——选区工具属性栏

选区工具属性栏如图1.2.9所示。

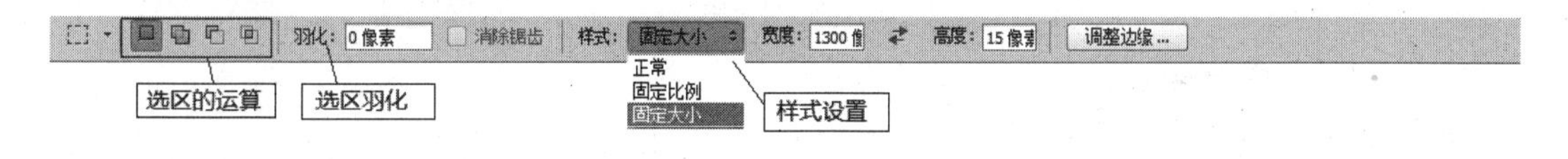

图1.2.9　选区工具属性栏

选区的运算：选区可以通过修改和运算产生新的选区，选区的运算主要包括选区的相加、相减和相交。

选区相加：按下“选区相加”的按钮，则后面绘制的选区将前面的选区相加，若有重合的地方，选区连接在一起，形成新的选区。也可在选中选择工具的情况下，按下“Shift”键，单击并拖动鼠标，得到的效果如图1.2.10所示。

选区相减：按下“选区相减”的按钮，则后面绘制的选区将前面的选区相减，选区相减一定要有重合的地方，后面的选区减去与前面选区相重合的部分。也可在选中选择工具的情况下，按下“Alt”键，单击并拖动鼠标，得到的效果如图1.2.11所示。

选区相交：按下“选区相交”的按钮，则后面绘制的选区将前面的选区相交，选区相减一定要有重合的地方，得到的结果为后面选区和前面的选区相重合的部分。也可在选中选择工具的情况下，按下“Shift+Alt”键，单击并拖动鼠标，得到的效果如图1.2.12所示。

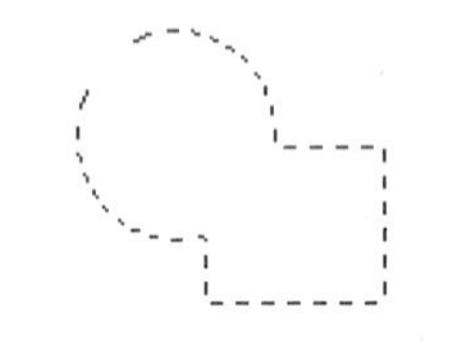

图1.2.10　选区相加

图1.2.11　选区相减

图1.2.12　选区相交

消除锯齿：在建立曲线选区时，会出现锯齿现象，选择消除锯齿创建选区可以淡化选区边缘像素与背景像素的色彩过渡，从而使选区变得平滑。

样式：此项包含正常、约束长宽比、固定大小3个选择。正常样式可随意拖建选区，约束长宽比仅能创建宽高比例固定的选区，固定大小样式仅能创建宽高尺寸固定的选区。

在Photoshop中，通过双击工具箱面板上“前景色/背景色”按钮，来设置前景色和背景色中的颜色。默认的前景色为黑色，背景色为白色，如图1.2.13所示。

图1.2.13　前景色/背景色按钮

⊕小贴士

设置前景色和背景色后，需进行填充才能在画布中显示出前景色或背景色。
恢复到默认前景色和背景色的快捷键为“D”。
交换前景色和背景色的快捷键为“X”。

▶ Points 知识要点——前景色和背景色

前景色和背景色选项如图1.2.14所示。

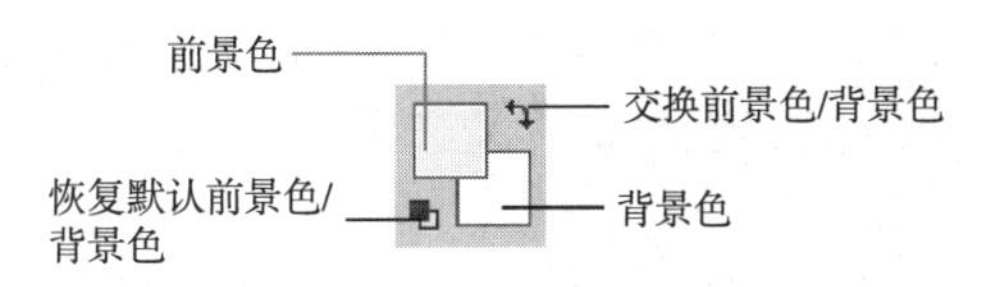

图1.2.14　前景色和背景色

前景色：用于显示当前绘图工具所使用的颜色。单击“前景色”按钮，可以打开“拾色器”对话框，从中选取相应的色彩即可。也可选择吸管工具吸取色彩设置前景色。

背景色：显示图像的底色。单击“背景色”按钮，可打开“拾色器”对话框，从中选取相应的色彩即可。

单击“前景色”按钮，弹出拾色器对话框，设置前景色为浅灰色（#f0f0f0），如图1.2.15所示。

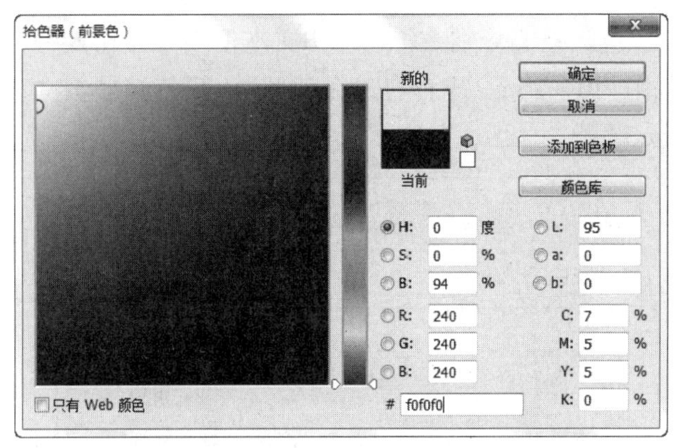

图1.2.15　前景色设置

⊕ 小贴士

在网页中有几种色彩的RGB值，用户可以记住，这几种颜色分别是白（R255，G255，B255）、黑（R0，G0，B0）、红（R255，G0，B0）、绿（R0，G255，B0）、蓝（R0， G0，B255）

▶ Points 知识要点——拾色器

色域：图1.2.16中左侧的彩色方框称为色域，用来选取颜色。色域中的小圆圈是颜色选取后的标志。

颜色滑杆：色域右边的竖长条是颜色滑杆，可以用来调整压缩的不同色调。使用时拖动上面的小三角形滑块即可，也可以在长条上面用鼠标单击来调整。

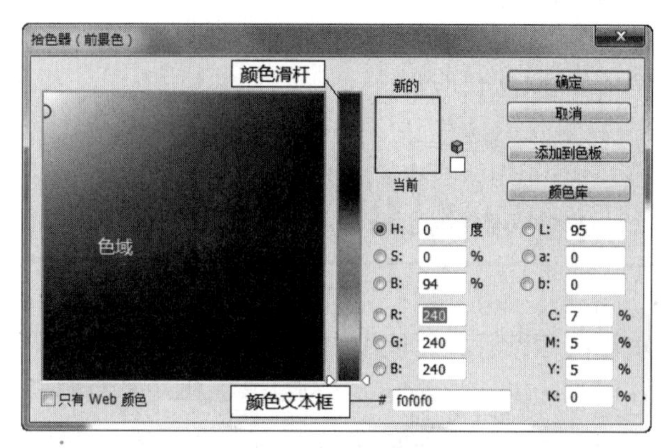

图1.2.16　拾色器

颜色显示区域：彩色滑杆的右侧有一块显示颜色的区域，分为两部分；上半部分显示当前所选的颜色，下半部分显示的是打开拾色器之前选定的颜色，如图1.2.17所示。

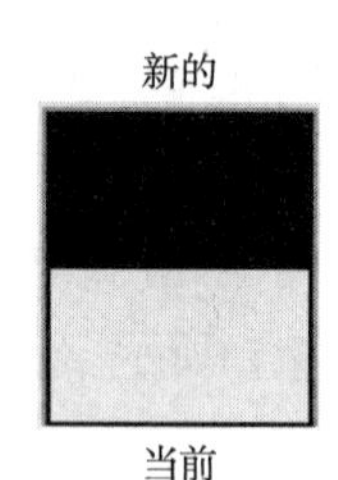

图1.2.17　颜色显示区域

颜色文本框：可以通过在文本框中输入数据来定义颜色。比如，如果要在RGB模式下选取颜色，只要分别在R、G、B文本框中分布输入一个数值即可，数值输入范围为0～255。或者通过在"#"（颜色编号）文本框中输入一个编号来设定颜色。最后，单击"好"按钮即可完成操作。

单击"编辑"→"填充..."命令，弹出"填充..."命令对话框，设置内容为前景色，单击确定，设置如图1.2.18所示。

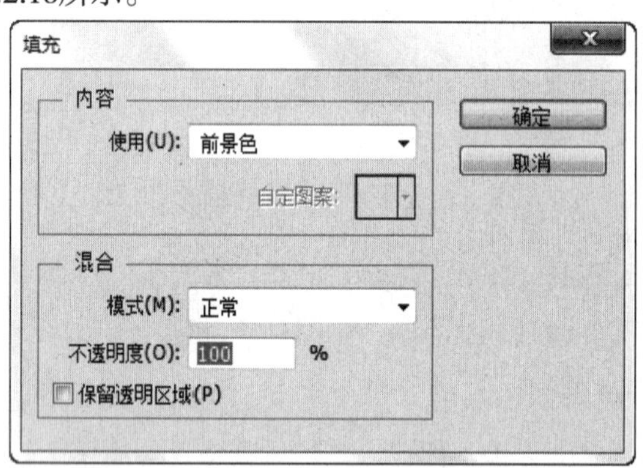

图1.2.18　填充命令对话框

⊕ 小贴士

填充前景色和背景色也可以使用快捷键来完成：

填充命令的快捷键为"Shift+F5"。

填充前景色快捷键为"Alt+Delete"或"Alt+Backspace"。

填充背景色快捷键为"Ctrl+Delete"或"Ctrl+Backspace"。

▶ Points 知识要点——填充命令

使用：通过此菜单可设置填充的内容，包括前景色、背景色、图案、历史记录、黑色、50%灰色和白色，如图1.2.19所示。前景色、背景色、黑色、50%灰色和白色都是纯色填充。如果选择图案，则可以在下方自定义图案 自定图案: 处选择图案。如果选择历史记录，则可以将历史记录面板中的历史画笔所在操作的图像效果作为图案填充。

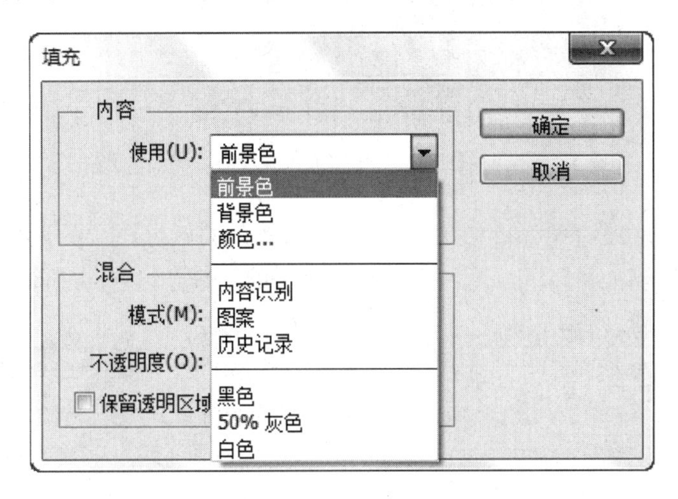

图1.2.19

不透明度：设置填充浓度。

使用"选择"菜单→"取消选择"命令取消所建立选区，完成实用工具区的背景颜色填充。

⊕ 小贴士

选区常用快捷键：

取消选区为"Ctrl+D"；　　隐藏选区为"Ctrl+H"；

反向选择为"Ctrl+Shift+I"；　　羽化为"Ctrl+Alt+D"。

（2）步骤二：绘制背景形状修饰线

新建图层，并将图层名称命名为"修饰下画线"，长按工具箱中的画笔工具，在其弹出的菜单中选中铅笔工具，并设置铅笔的画笔直径为"1像素"，设置前景色为浅灰色（#d8d8d8）。在画布中按下"Shift"键并同时按下鼠标进行拖动，绘制直线，如图1.2.20所示。

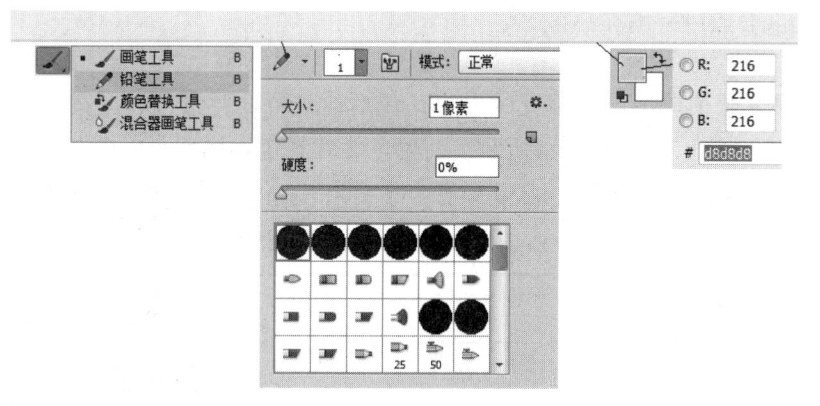

图1.2.20　铅笔参数设置

⊕ 小贴士

改变画笔主直径大小快捷键：
放大画笔主直径为“]”；　缩小画笔主直径为“[”。

▶ Points 知识要点——画笔工具栏

画笔工具属性栏如图1.2.21所示。

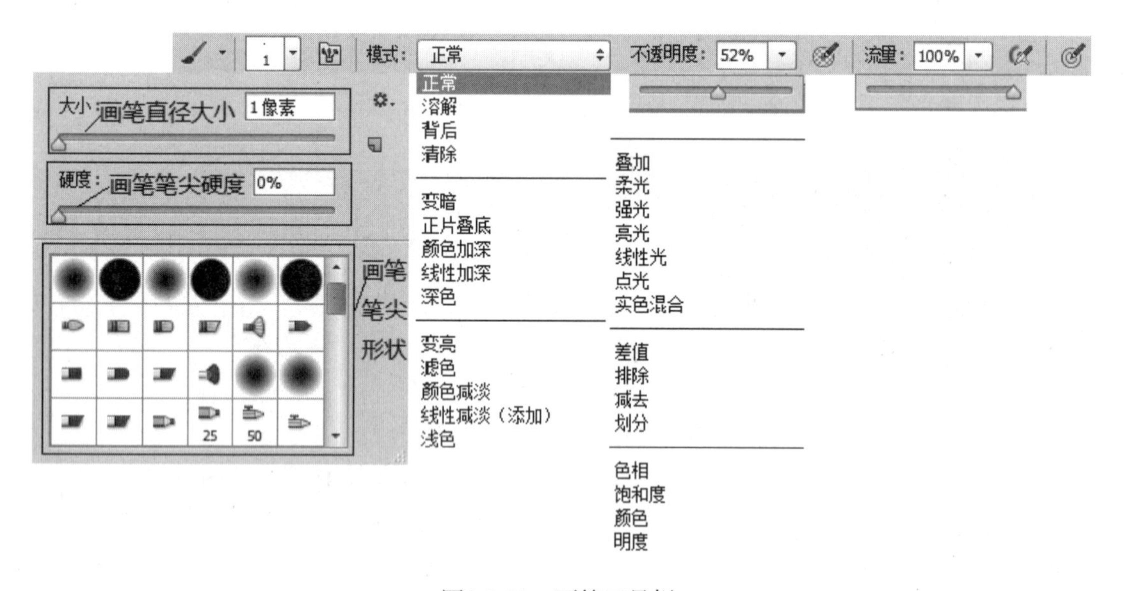

图1.2.21　画笔工具栏

笔刷的主直径与形状：主直径用来控制画笔的粗细，主直径越大，画笔越粗（图1.2.22）。在Photoshop中自带一些画笔的形状，如有特殊需要，画笔形状可通过自定义添加或是在互联网上进行下载安装。另外，画笔所绘制出来的颜色是由前景色决定的。

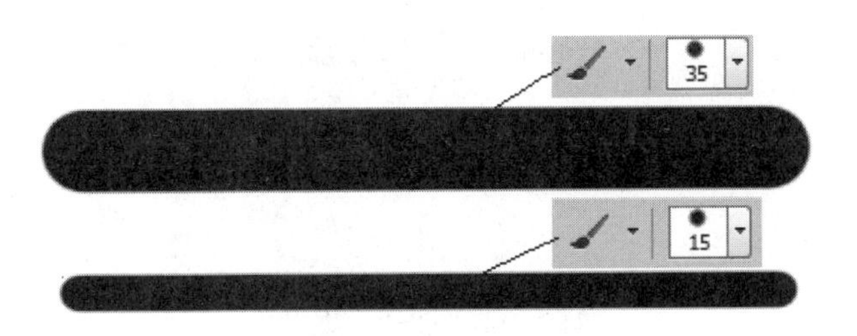

图1.2.22　画笔的主直径与硬度不同设置比较

笔刷的硬度：笔刷的软硬度在效果上表现为边缘的虚化（也称为羽化）程度。较软的笔刷由于边缘虚化，看上去会显得较小些。硬度是表示画笔边缘的柔和程度，硬度越大，画笔边缘越明显；硬度越小，画笔边缘越柔和，如图1.2.23所示。

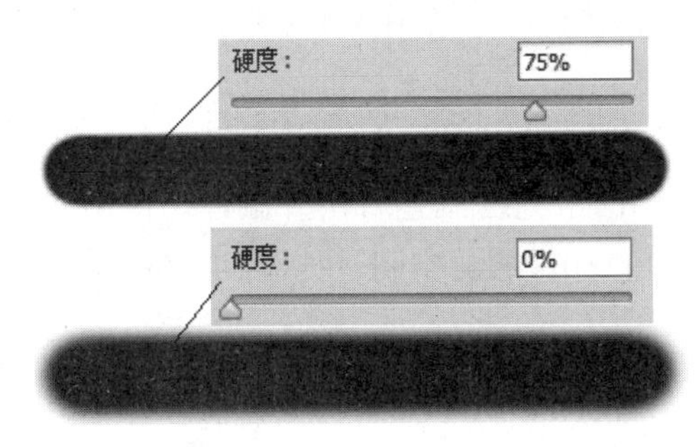

图1.2.23　画笔不同硬度设置效果

画笔的透明度：减低画笔不透明度将减淡色彩，笔画重叠处会出现加深效果。注意重叠的画笔必须是分次绘制的才会有加深效果，一次绘制的笔画即使重叠了也不会有加深效果，如图1.2.24所示。

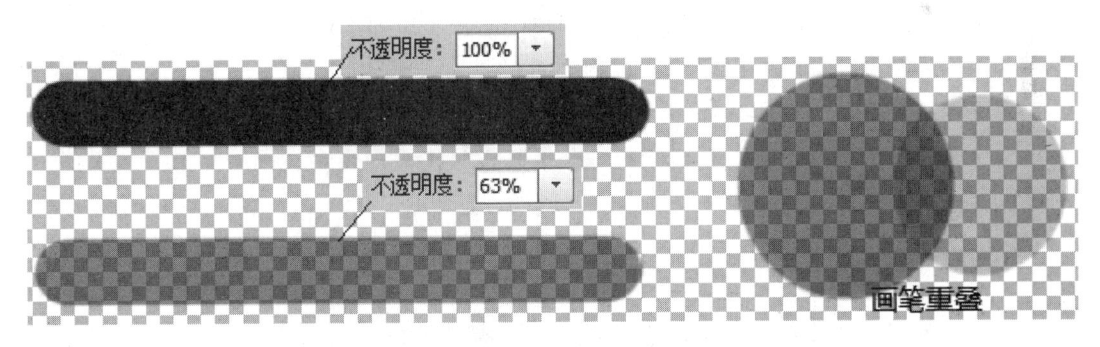

图1.2.24　画笔不同透明度设置效果

画笔的“流量”：是在一次绘制中，重叠的区域也会有加深的效果。多重叠几次颜色就更饱和。就如同设计者用水彩画笔在纸张上绘制一样。

（3）步骤三：输入实用工具栏文字

为使网页设计得更加规范，在进行网页设计时常常要借助于标尺工具来精确地确定网页中各个元素的位置。单击“视图”菜单→“标尺”命令，显示页面标尺。将鼠标移动至标尺上方，单击右键将标尺的单位改为像素，如图1.2.25所示。

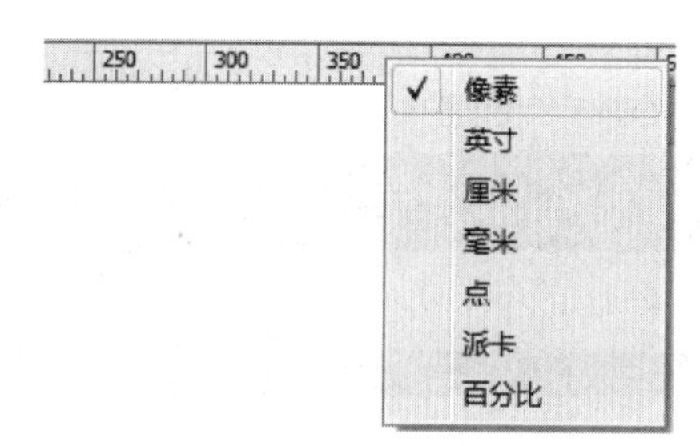

图1.2.25 标尺单位更改

> ⊕ 小贴士
>
> 显示/隐藏标尺工具的快捷键为“Ctrl+R”。

使用工具箱中的移动工具 在纵向的标尺上单击并进行拖动即可产生一条纵向的辅助线，将该辅助线拖动到150像素刻度位置后松开鼠标。使用同样的方法再拖动一条辅助线，使得页面左右两边各保留150像素的空间，如图1.2.26所示。

图1.2.26 辅助线设置

> ⊕ 小贴士
>
> 在进行网页设计时需考虑不同设备用户的需求，即是要同时保证使用宽屏计算机的用户和使用普屏计算机用户在观看页面时，其页面显示都是完整美观的，以此来确保网站具有良好的用户体验。在这种考虑下，设计者在进行网页设计时，通常将网页的文件设置为宽屏计算机的尺寸，但在设计网页内容时，仍然保持了普屏计算机尺寸下的设计尺寸，即是说网页的内容设计控制在1 000 px的宽度，以保证网页的完整显示。

在距离150像素刻度线10像素的位置再建立一条辅助线，以规范内容位置。选中文字工具 T，输入文字“您好，欢迎来到房酷网！请登录　免费注册”，设置文字的字体为“宋体”，文字大小为“12像素”，消除锯齿样式为“无”，具体颜色设置如图1.2.27所示。

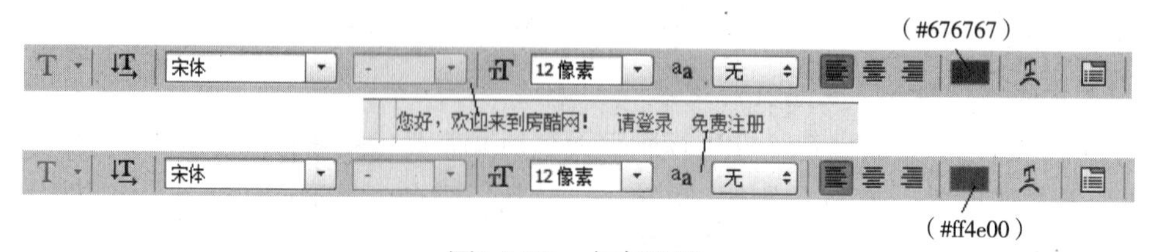

图1.2.27 文字设置

⊕ 小贴士

在Photoshop中文字的默认单位是“点”，为了更好地与网页制作相统一，在进行网页设计时需将文字的单位改为“像素”。其修改的方法是使用“编辑”菜单→“首选项”→“单位与标尺...”命令，在其打开的对话框中修改文字单位即可。

▶ Points 知识要点——文字工具

1）文字工具的类型

文字在Photoshop中是一种特殊的图像结构，它由像素组成，与当前图形具有相同的分辨率，字符放大后会有锯齿。但同时又具有基于矢量边缘的轮廓，因此具有点阵图形、图层与矢量文字等多属性。Photoshop中提供了4种文字模式——横排文字工具、垂直文字工具、横排文字蒙版工具、垂直文字蒙版工具，如图1.2.28所示。

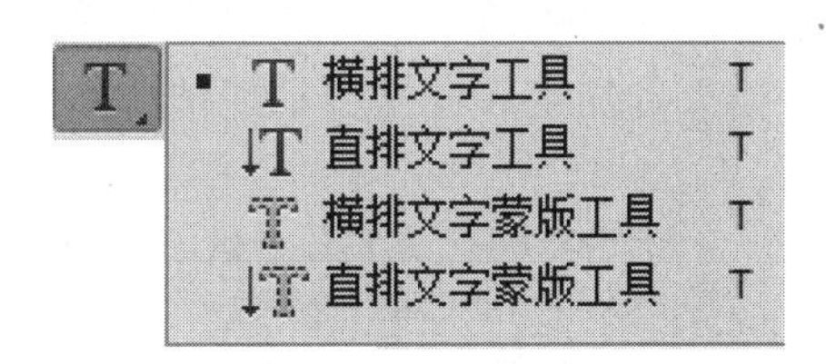

图1.2.28

①横排文字工具：基本的文字类工具之一，适用于一般横行文字的处理，输入方式为从左至右。

②垂直文字工具：与横排文字工具使用一样，但其排列方式为竖排式，输入方向是从上至下。

③横排文字蒙版工具：使用该工具时图形上回出现一层红的蒙版，创建出的为横排文字选区，而非文字实体。

④垂直文字蒙版工具：与横排文字蒙版工具相同，但方向为竖排文字选区。

2）文字属性设置

选择文字工具 T 后，菜单栏下方的工具属性栏就会出现文字工具属性栏，可以在此处设置文字的字体、大小等各项属性，如图1.2.29所示。

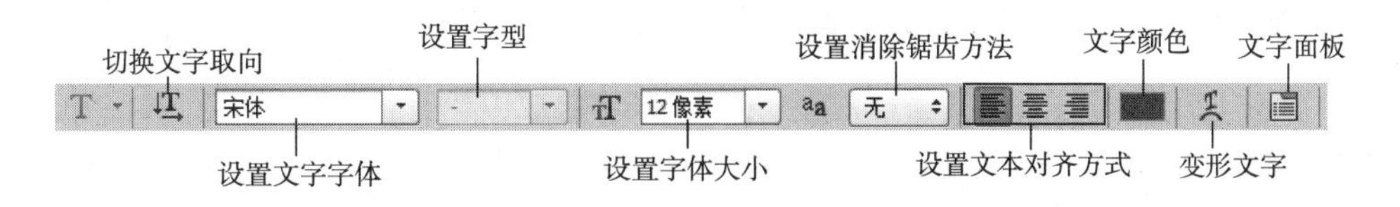

图1.2.29　文字工具属性栏

3）文字工具的使用

建立文字有两种方法，一种是适合用在少量标题文字的“点文字”图层，一种是“段落文字”图层。前者不具备自动换行功能，后者适合在大量文字的场合下使用，具备自动换行功能。

建立点文字：将文字工具移动到图像窗口中，等鼠标指针变成插入符号，在图像窗口中单击，此时会出现一个文字的插入点，使用键盘键入文字，图像窗口上会出现所键入的文字，同时，在图层控制面板中会自动添加一个独立的文字图层。输入完成后，鼠标单击文字图层，完成文字输入。由于点文字不具备自动换行功能，因此在输入的文字需要分段时，需按下“Enter”键进行分段。

文字光标插入点
网页设计——根据企业希望向浏览者传递的信息（包括产品、服务、理念、文化），
进行网站功能策划，然后进行的页面设计美化工作。

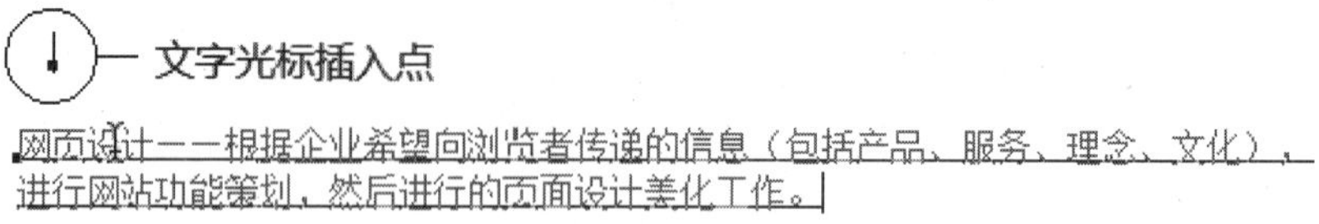

图1.2.30　输入点文字

建立段落文字：将文字工具移动到图像窗口中，当鼠标变成插入鼠标符号时，按住鼠标左键不松，然后移动鼠标，在图像窗口上拖拉出一个文本框，此时会见到文字的插入点在文本框中。将文字输入文本框中，由于段落文字具有自动换行功能，因此在输入较多文字时，当文字遇到文字边框时会自动跳转到下一行中。如果文字需要进行分段，则按下“Enter”键进行分段。如果输入的文字超出定界框所能容纳的大小，定界框上将出现一个溢出图标，如图1.2.31所示。

定界框
自动换行
分段
溢出标志
网页设计——根据企业希望向浏览
者传递的信息（包括产品、服务、
理念、文化），进行网站功能策划
，然后进行的页面设计美化工作。
作为企业对外宣传物料的其中一种
，精美的网页设计，对于提升企业
的互联网品牌形象至关重要。
网页设计一般分为三种大类：功能
型网页设计（服务网站&B/S软件用
户端）、形象型网页设计（品牌形
象站）、信息型网页设计（门户站
）。设计网页的目的不同，应选择

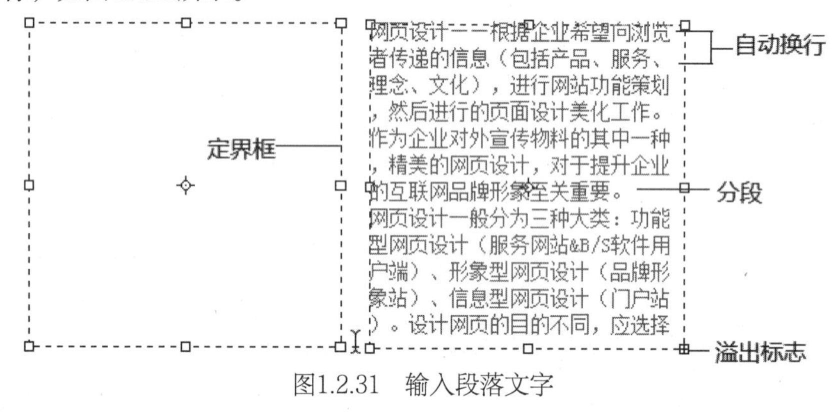

图1.2.31　输入段落文字

再次选中文字工具，用同样的方法完成“我的房酷网”→“收藏夹”→“帮助”→“网站导航”→“官方微博”文字的输入，具体设置如图1.2.32所示。

我的房酷网 | 收藏夹 | 帮助 | 网站导航 | 官方微博
宋体
12 像素
无
(#676767)

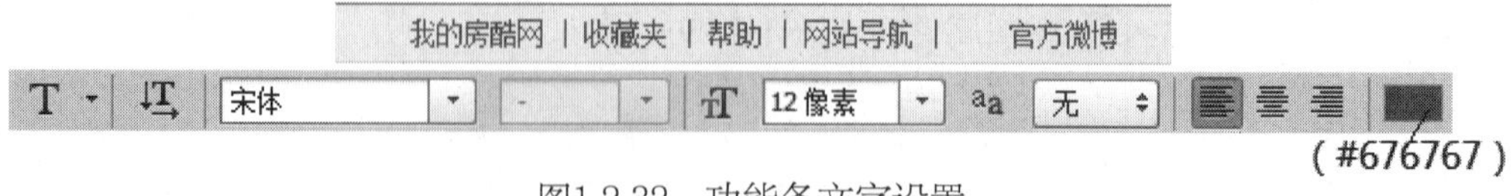

图1.2.32　功能条文字设置

（4）步骤四：打开并复制图片素材

使用“文件”菜单→“打开...”命令，在Photoshop打开“项目一素材”文件夹中的“新浪博客”素材，如图1.2.33所示。

图1.2.33　打开文件

⊕ 小贴士

“文件”菜单→“打开...”的快捷键为“Ctrl+O”。

除此以外，还可采用直接将文件拖动到Photoshop 工作区的方式，直接打开文件。

选择移动工具，将“新浪博客”素材拖动至网页文件中，完成文件的复制，如图1.2.34所示。

使用“文件”菜单→“自由变换”命令，在图片四周出现定界框，按下鼠标对定界框进行拖动，改变素材的大小。需要注意的是，在拖动中需按下“Shift”键，以保证图像等比例缩小。变换完成后，按下“Enter”键结束变换，如图1.2.35所示。

图1.2.34　文件的复制

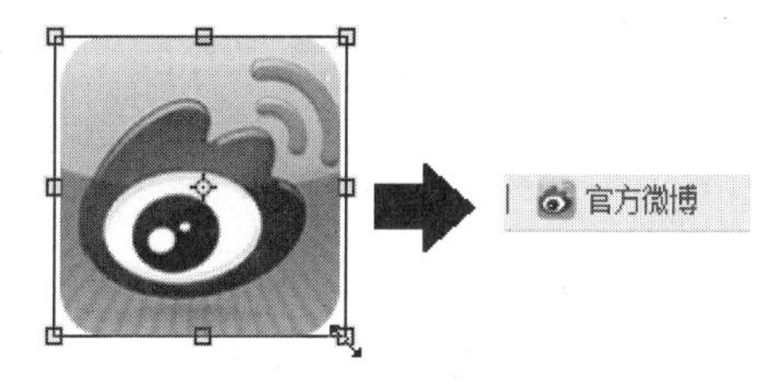

图1.2.35　图像变换

（5）步骤五：编组图层

单击图层面板下方的图层编组按钮，建立图层组，并双击图层组名字，将其名称更改为“实用工具区”，将该部分涉及的图层拖动到图层组中，完成对图层的整理，如图1.2.36所示。

图1.2.36　图层编组

⊕ 小贴士

创建图层组的快捷方法：可将相关图层全部选中后，按下快捷键“Ctrl+G”快速完成图层编组。

▶ Points 知识要点——选择多个图层

在Photoshop CS2以上的版本中，可以同时选择多个图层，通过同时选择多个图层，可以一次性地对这些图层执行复制、删除、变化等操作，其方法如下所述。

①如果要选择连续的多个图层，在选择一个图层后，可按住“Shift”键在“图层”面板中单击另一个图层的名称，则两个图层间的所有图层都会被选中。

②如果要选择不连续的多个图层，在选择一个图层后，可按住“Ctrl”键在“图层”面板中单击另一图层的图层名称。

4）网站标志设计

（1）步骤一：输入标志文字

选择文字工具 T，输入“房酷网”标志文字。设置标志的字体为“方正剪纸简体”，字体大小为“54像素”，消除锯齿方法为“锐利”，字体颜色为红橙色（#f64904），具体设置如图1.2.37所示。

图1.2.37　标志文字字体设置

（2）步骤二：绘制域名修饰图形

选择矩形选框工具，绘制宽度为“180像素”，高度为“18像素”的矩形，使用“选择”菜单→“修改”→“平滑...”命令，在“平滑...”命令的对话框中输入平滑的半径为“15像素”，将选区修改为圆角选区，并新建图层，将选区内填充红橙色（#f64904），如图1.2.38所示。

图1.2.38　选区平滑

▶ Points 知识要点——选区的修改

选区的修改包括：边界、平滑、扩展、收缩、羽化（羽化在前面部分已详细阐述过，在此不再重复讲述）。

边界：指以原选区为基础形成环状选区，宽度数值为1 ~ 100 px，数值越大滑度越大，如图1.2.39所示。

平滑：指圆滑选区各顶点，圆滑半径数值为1 ~ 100 px，数值越大圆滑度越大，如图1.2.40所示。

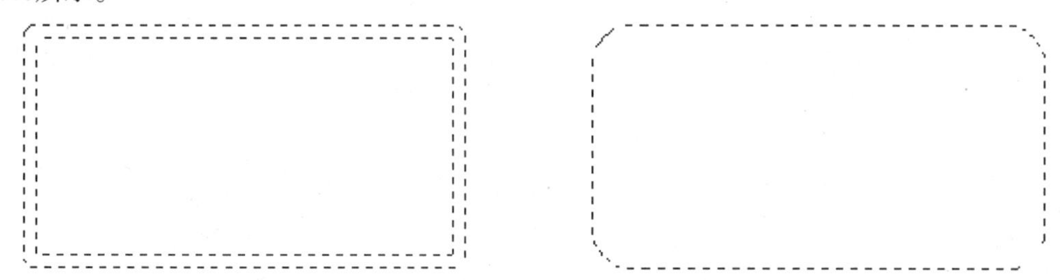

图1.2.39 “选区”→“修改”→“边界...”命令　图1.2.40 “选区”→“修改”→“平滑...”命令

扩展：指选区向外扩大，数值为1 ~ 100 px，数值越大扩展程度越大。

收缩：指选区向内缩小，收缩值为1 ~ 100 px，数值越大扩展程度越大。

羽化：羽化的作用就是使选区的边缘出现一定范围的透明区域，在视觉上有类似羽毛柔和的虚化效果，这样在制作合成效果时会得到较柔和的过渡，如图1.2.41所示。

羽化半径值越大，透明的范围越大，虚化效果越明显；羽化半径值越小，透明的范围越小，虚化效果越不明显，如图1.2.42所示。

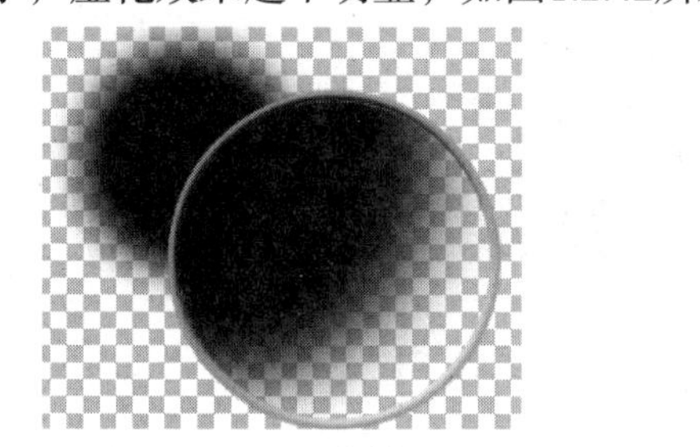

图1.2.41　羽化效果

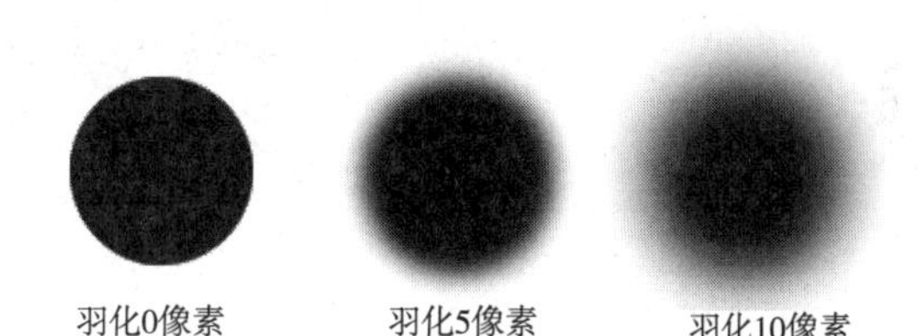

图1.2.42　羽化不同半径效果

（3）步骤三：绘制域名修饰图形

选择文字工具 T，输入“WWW.FOOQOO.COM”域名文字。设置标志的字体为“迷你简菱心”，字体大小为“12像素”，消除锯齿方法为“锐利”，字体颜色为白色（#ffffff），如图1.2.43所示。

图1.2.43　域名字体设置

（4）步骤四：制作网站广告词

选择文字工具 T，输入“帮您省钱de购房返现网”网站广告词。设置标志的字体为“方正静蕾简体”，字体大小为“22像素”，消除锯齿方法为“锐利”，并分别对文字的颜色进行设置，如图1.2.44所示。

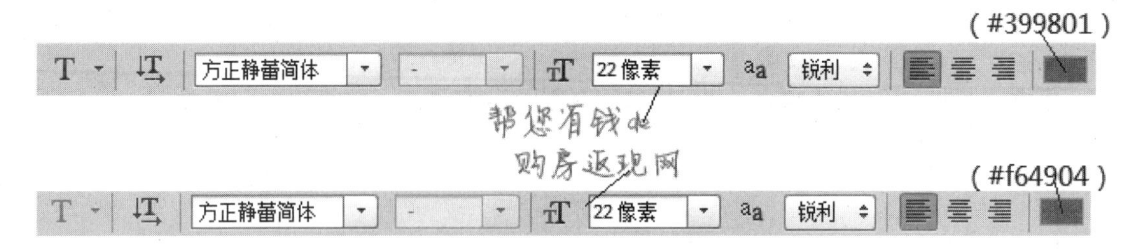

图1.2.44 网站广告词字体设置

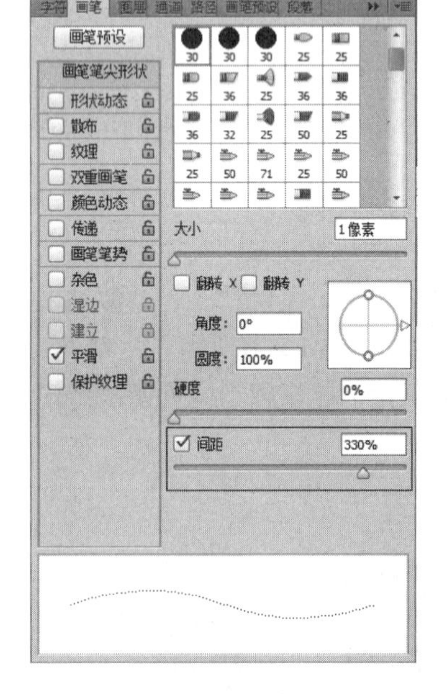

图1.2.45 画笔初始面板设置

（5）步骤五：制作虚线分隔线

选择铅笔工具，设置画笔大小为“1像素”。在“窗口”菜单下选中“画笔”，调出画笔面板。在“画笔”面板的“画笔笔尖形状”选项中，设置画笔的“间距”为“330%”，如图1.2.45所示。

将前景色设置为黑色（#000000），按住“Shift”键在页面中从上到下拖动鼠标，绘制虚线分隔线，如图1.2.46所示。

1.2.46 虚线绘制效果

⊕ 小贴士

画笔面板快捷键为“Shift”。

▶ Points 知识要点——画笔

除了直径和硬度的设定外，Photoshop针对画笔还提供了非常详细的设定，这使得笔刷变得丰富多彩，而不再只是前面所看到的简单效果。画笔面板是对画笔详细设定的调板，其面板（图1.2.47）左侧中的每个文字标签都代表一个按钮，单击以后面板会改变为其对应的相关设置。

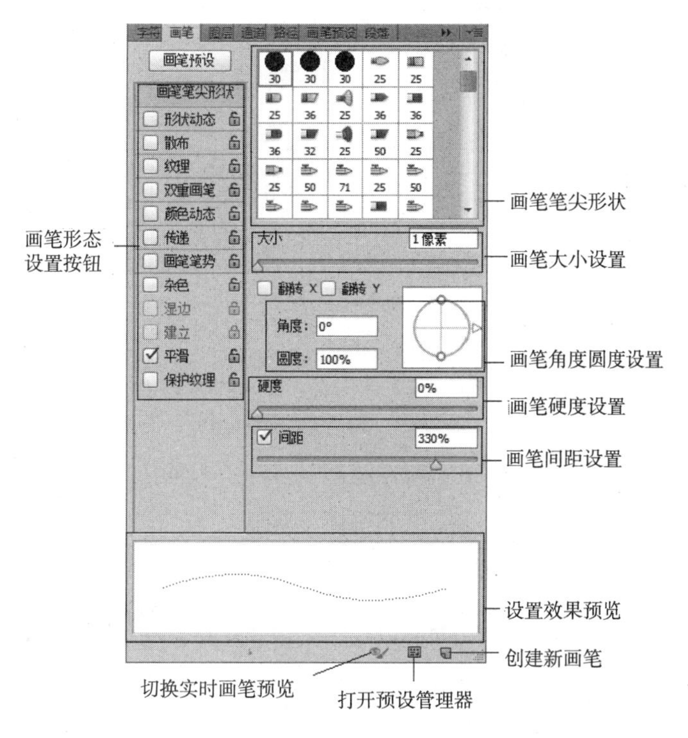

图1.2.47　画笔笔尖形状选项设置参数

间距：调整画笔之间的距离。使用笔刷，可以将画笔看作是由许多圆点排列而成的，而间距实际就是每两个圆点的圆心距离，间距越大圆点之间的距离也越大。例如，如果将间距设为100%，就可以看到头尾相接依次排列的各个圆点，如图1.2.48（a）所示。如果设为 200%，就会看到圆点之间有明显的间隙，其间隙正好足够再放一个圆点，如图1.2.48（b）。

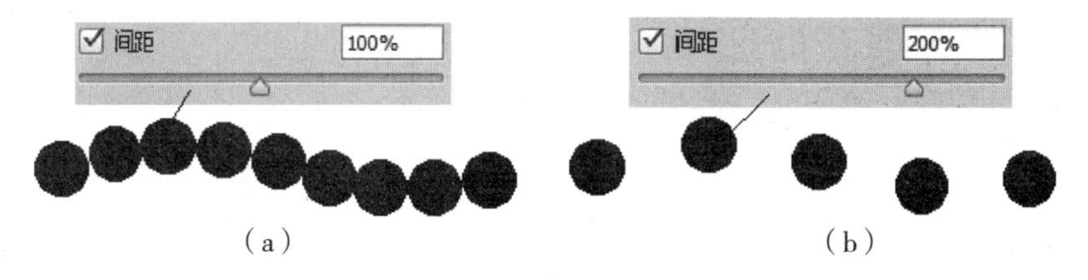

（a）　　（b）

图1.2.48　间距设置

翻转X和翻转Y：翻转又称镜像，是使得画笔分别在水平和垂直方向进行镜像的改变，如图1.2.49所示。

角度与圆度：角度用以改变画笔的方向。圆度是一个百分比，代表画笔形状的长短直径的比例。100%时是完全显示画笔形状，0%时画笔形状最扁平。除了可以输入数值改变以外，也可以在示意图中拉动两个控制点（图1.2.50）来改变圆度，在示意图中任意单击并拖动即可改变角度。

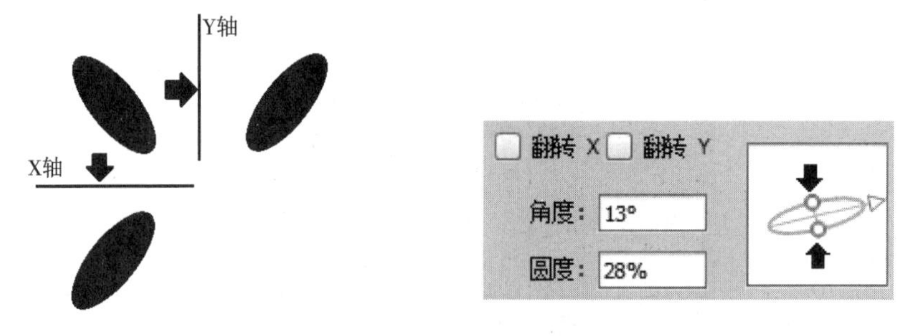

图1.2.49　翻转X轴和翻转Y轴效果　　　　图1.2.50　角度与圆度设置

5）网站地域选择功能设计

选择文字工具 T，分别输入“重庆”和“[选择城市]”两行文字。设置字体为“宋体”，字体大小为“14像素”，消除锯齿方法为“无”。并打开文字工具属性栏上的“字符”面板 ，将“重庆”设置为“仿粗体字体”样式。另外，分别将两行文字的颜色设置为绿色和红橙色，如图1.2.51所示。

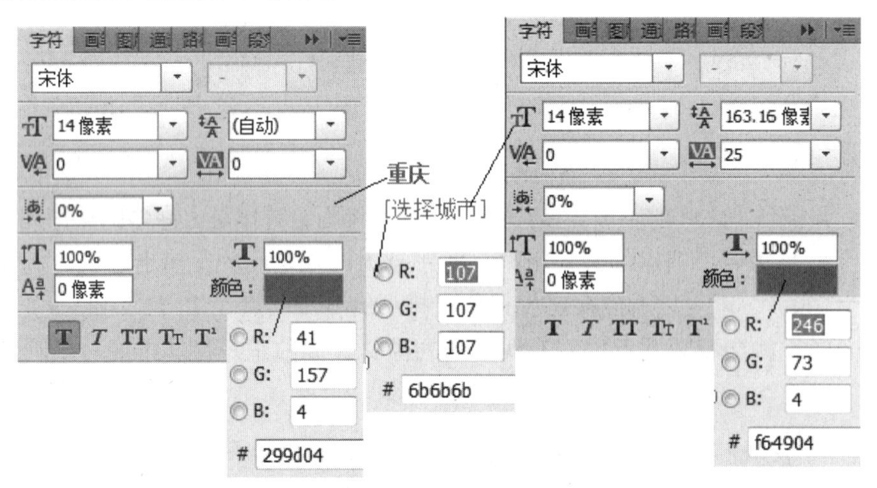

图1.2.51　字体设置

将标志涉及的所有图层选中，使用快捷键“Ctrl+G”将图层进行编组，并命名为“标志”。

6）网站搜索条设计

（1）步骤一：制作搜索文本框

将新建图层命名为“搜索文本框”。选择矩形选框工具 ，绘制宽度为“324像素”，高度为“30像素”的矩形选框。使用“编辑”菜单→“描边...”命令添加描边。设置描边的宽度为“1像素”，颜色为灰色（#c5c5c5），位置“内部”，设置好后单击确定完成描边的设置，同时取消所建立的矩形选区，如图1.2.52所示。

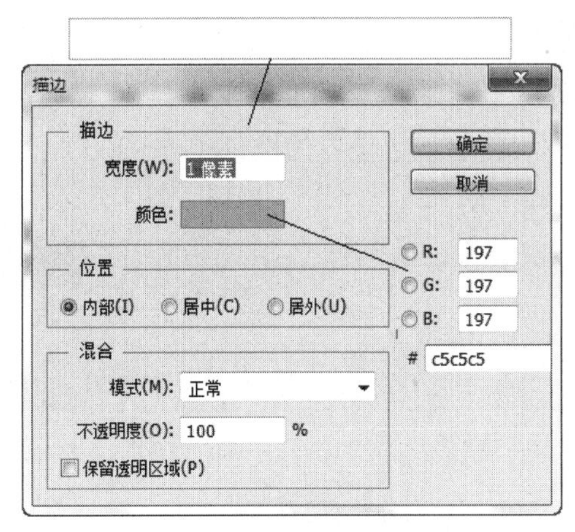

图1.2.52　搜索文本框描边设置

▶ Points 知识要点——描边命令

宽度：设置描出的线框粗细。

颜色：设置描出的线框色彩。

位置：设置描出的线框相对于凸显轮廓或者选区线的位置。居内，则线框在图像轮廓或选区的内部；居中，则线宽的中心刚好在图像轮廓或选区显示；居外，则线框在图像轮廓或选区的外侧。

打开“项目—素材”文件夹中的“搜索图标”，选择移动工具将素材复制到网页文件中，如图1.2.53所示。

图1.2.53　搜索素材图标复制效果

选择铅笔工具，将其大小设置为“1像素”，间距设置为“280%”，前景色设置为浅灰色（#c5c5c5），绘制虚线分隔线，效果如图1.2.54所示。

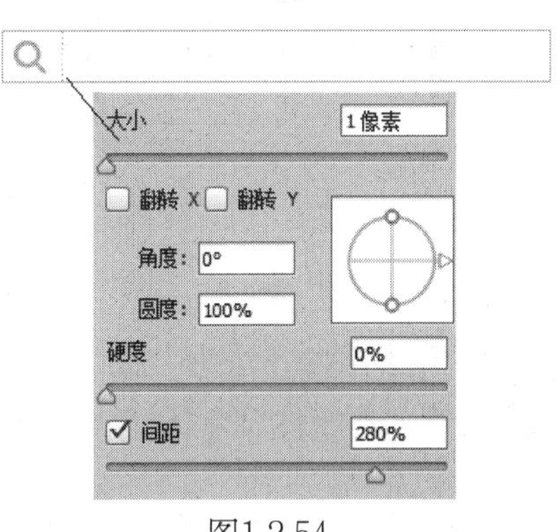

图1.2.54

选择文字工具，输入“输入楼盘关键字查询”文字。设置字体为“宋体”，字体大小为“14像素”，消除锯齿方法为“无”，设置颜色为深灰色（#808080），如图1.2.55所示。

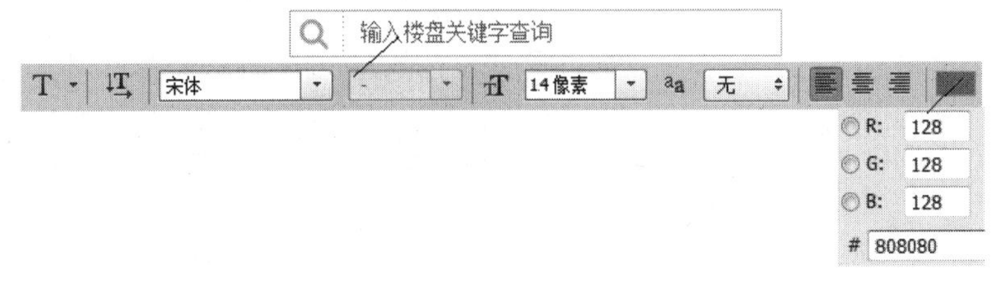

图1.2.55

（2）步骤二：绘制搜索按钮

新建图层命名为“搜索按钮”。选择矩形选框工具，绘制宽度为“83像素”，高度为“30像素”的矩形选框。将前景色设置为橙色（#fc8200），使用快捷键“Alt+Delete”对选区进行填充，如图1.2.56所示。

图1.2.56

使用“编辑”菜单→“描边...”命令添加描边。设置描边的宽度为“1像素”，颜色为土红色（#db7c0e），位置“内部”，设置好后单击确定完成描边的设置，同时使用快捷键“Ctrl+D”取消所建立的矩形选区，如图1.2.57所示。

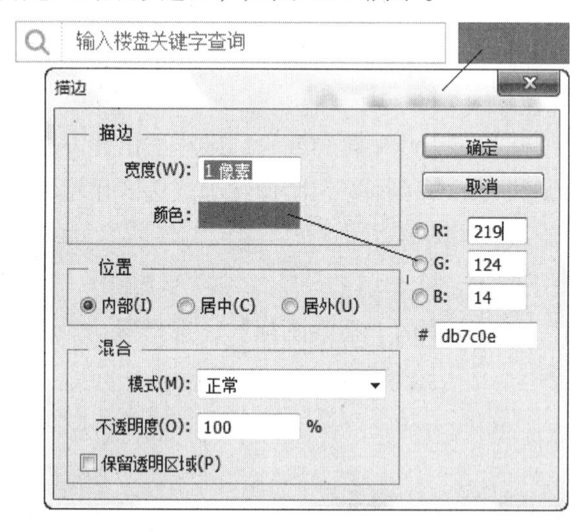

图1.2.57

选择文字工具，输入“搜索”文字。设置字体为“宋体”，字体大小为“14像素”，消除锯齿方法为“无”。并打开文字工具属性栏上的“字符”面板，将“重庆”设置“仿粗体”字体样式，字体颜色为白色（#ffffff），如图1.2.58所示。

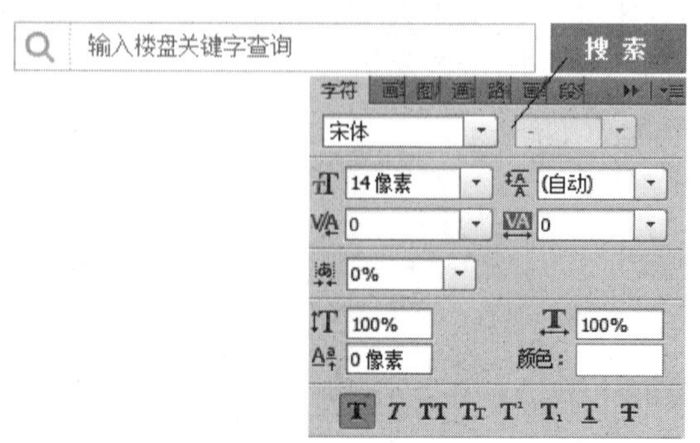

图1.2.58

选择文字工具 T，输入“热门搜索：朗俊中心　融汇温泉城　中渝山顶道　春华秋实　协信城立方”文字。设置字体为“宋体”，字体大小为“12像素”，消除锯齿方法为“无”。其颜色设置如图1.2.59所示。

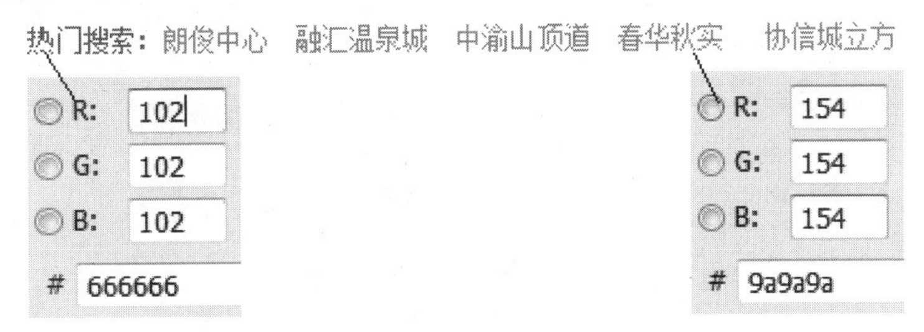

图1.2.59

将搜索条涉及的所有图层选中，使用快捷键“Ctrl+G”将图层进行编组，并命名为“搜索条”。

7）网站导航设计

（1）步骤一：制作导航底色

新建图层，选择矩形选框工具，绘制宽度为“1 300像素”，高度为“36像素”的矩形选区，并将前景色改为橙色（#f87700），并使用快捷键“Alt+Delete”对选区进行填充。填充完成后，使用快捷键“Ctrl+D”取消所建立选区，效果如图1.2.60所示。

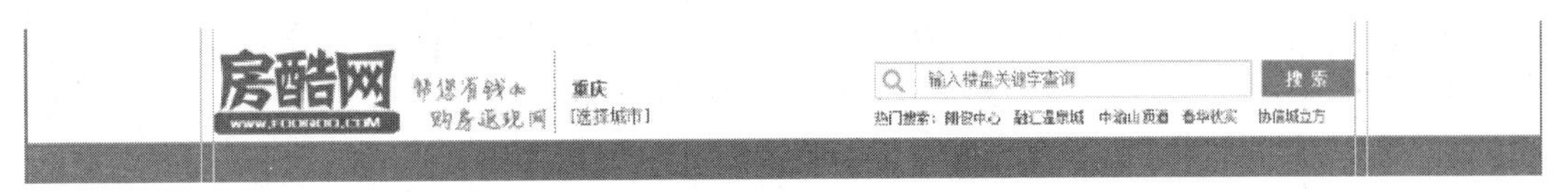

图1.2.60　导航底色填充效果

（2）步骤二：制作导航文字

选择文字工具 T，分别输入“房酷首页　所有返现　新房返现　二手房返现”导航文字。设置字体为“宋体”，字体大小为“14像素”，消除锯齿方法为“无”。并打开文字工具属性栏上的“字符”面板，将“重庆”设置为“仿粗体字体”样式，并将颜色设置为白色（#ffffff），更改该图层的名称为“导航文字”，如图1.2.61所示。

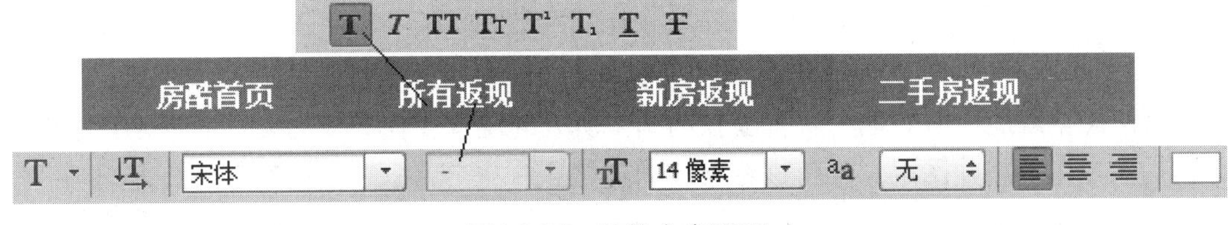

图1.2.61　导航文字设置

选中导航文字图层，将该图层拖动至图层面板下方的新建图层按钮，复制导航文字图层。并将复制生成的“导航文字副本”图层拖动到原文字图层的下方，改变图层的顺序，如图1.2.62所示。

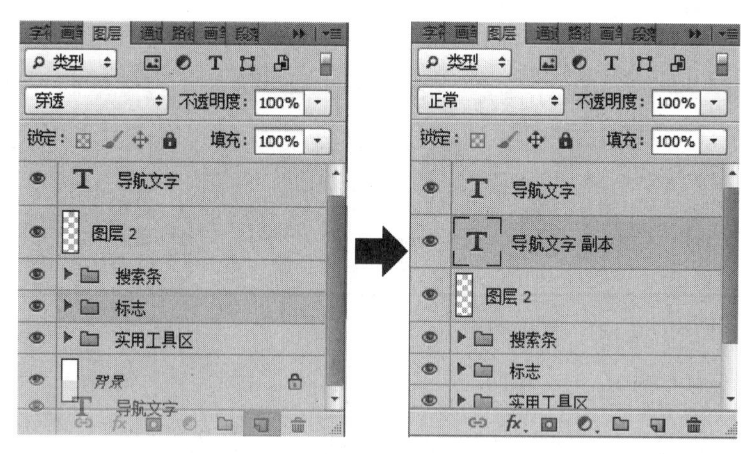

图1.2.62　复制图层并改变图层顺序

▶ Points 知识要点——复制图层

在Photoshop中，对于相同或相似效果的图像可以进行复制。复制图层的方法如下：

①使用菜单命令：“图层”→“复制图层”。

②使用快捷键：“Ctrl+J”复制的图层。

③在图层面板中将图层拖动到下方的创建新图层按钮上。这样会生成一个名为“副本”的新层。

④选择移动工具后，在图像中按住“Alt”键，光标从会变为，表示启动了移动复制功能，拖动鼠标即可复制出新层（按下鼠标后可放开“Alt”键）。同时按住“Shift”键可保持水平（需全程按住不放）。

选择文字工具，将“导航文字副本”图层中的文字颜色改为土红色（#c35e00）。将当前工具改为移动工具，然后单击方向键“→”两次，将该图层向右移动“2像素”，再单击方向键“↓”一次，向下移动“1像素”，制作成导航文字的投影效果，完成效果如图1.2.63所示。

图1.2.63　导航文字投影效果

（3）步骤三：制作导航链接效果

为使浏览者能更清楚地了解自己在网站中所处的位置，在导航的设计时需设计出链接单击后的效果。新建图层，并将该图层移动到“导航文字副本”图层的下方，命名为“链接效果”。选择矩形选框工具，在导航文字“房酷首页”的位置绘制宽度为“125像素”，高度为“36像素”的矩形选区，如图1.2.64所示。

为避免链接效果的色彩过于单调，在选区中填充渐变效果。在工具箱中选择渐变工具，单击渐变工具属性栏中的渐变条，打开渐变编辑器，编辑红橙色渐变颜色，具体设置如图1.2.65所示。

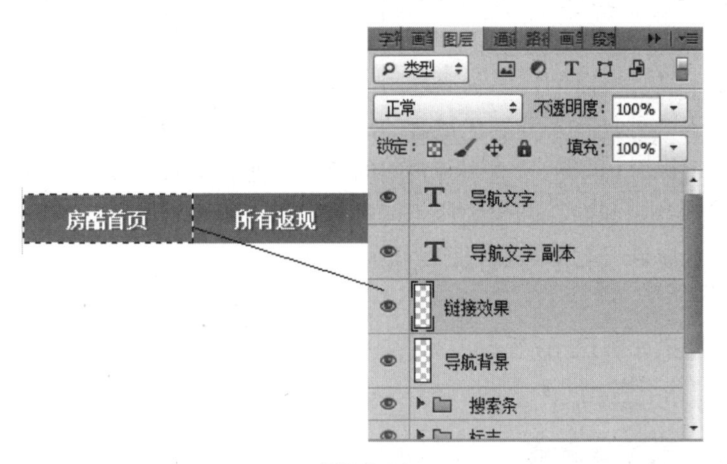

图1.2.64

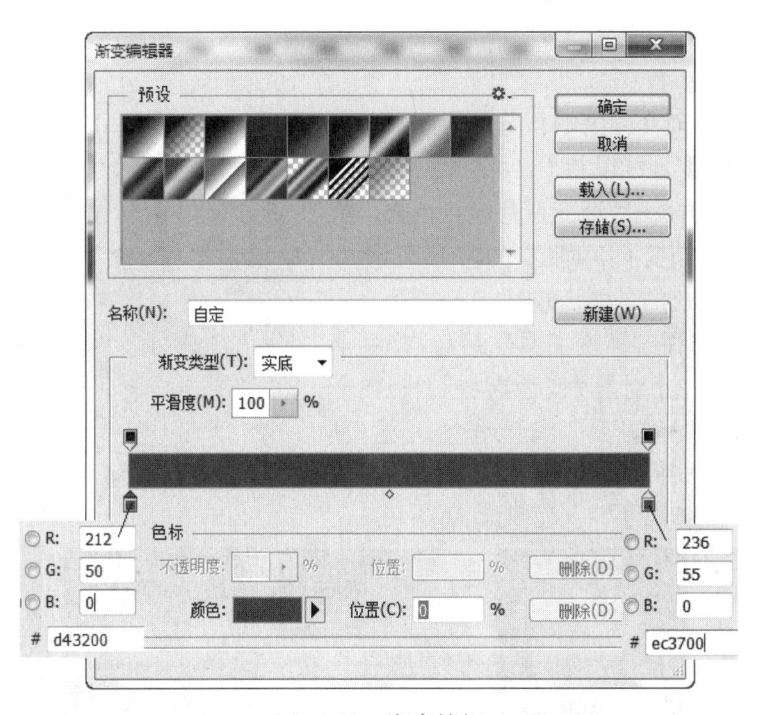

图1.2.65　渐变编辑

渐变编辑完成后，按住“Shift”键在选区中从下至上进行直线拖动，完成渐变的填充。填充完成后，按下“Ctrl+D”取消建立的选区，如图1.2.66所示。

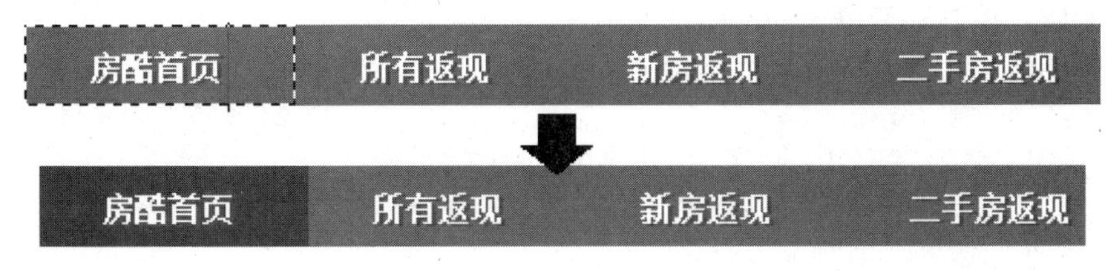

图1.2.66　渐变填充效果

使用“渐变工具”可以创建多种颜色间的逐渐混合。实际上就是在图像中或者图像的某一部分区域填入一种具有多种颜色过渡的混合模式。这个混合模式可以是从前景色到背景色的过渡，也可以是前景色与透明背景间的相互过渡，或者是其他颜色的相互过渡。在设计中经常使用到色彩渐变，渐变的使用可以使网页显得华丽而具有质感。对于渐变的编辑主要是通过工具属性栏和渐变编辑器来完成。

1)渐变工具属性栏

渐变工具属性栏如图1.2.67所示。

图1.2.67 渐变工具属性栏

渐变条：显示渐变颜色的预览效果图。单击其右侧的倒三角形，可以打开渐变条下的拉面板，在其中可以选择一种渐变颜色进行填充。将鼠标指针移动到“渐变下拉面板”的渐变颜色上，会提示该渐变的颜色的名称，如图1.2.68所示。

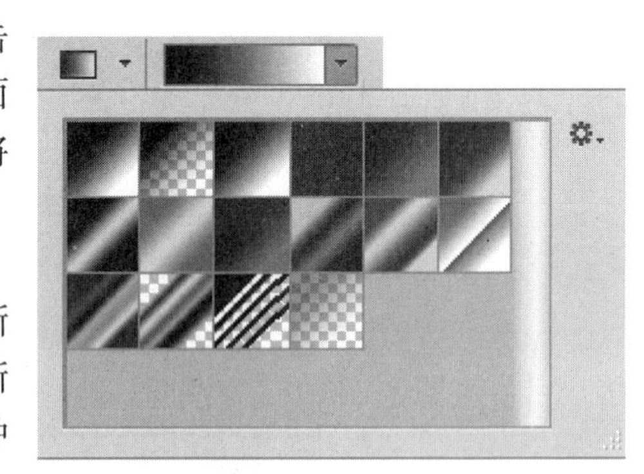

图1.2.68 渐变条下拉列表框

渐变类型：选择“渐变工具”后会有5种渐变类型可供选择。分别是“线性渐变”“径向渐变”“角度渐变”“对称渐变”“菱形渐变”。这5种渐变类型可以完成5种不同效果的渐变填充效果，其中默认的是“线性渐变”，如图1.2.69所示。

（a）线性渐变 （b）径向渐变 （c）角度渐变 （d）对称渐变 （e）菱形渐变

图1.2.69 渐变类型

模式：选项渐变的混合模式。

不透明度：控制渐变填充的透明情况。

反向：勾选后，填充后的渐变颜色刚好与用户设置的渐变颜色相反，如图1.2.70所示。

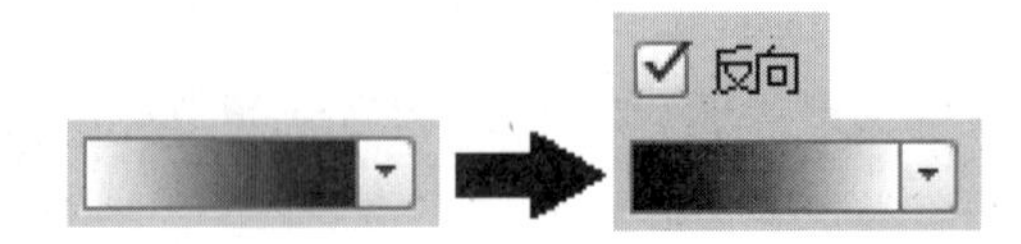

图1.2.70 勾选“反向”效果

仿色：勾选后，可以用递色法来表现中间色调，使用渐变效果更加平衡。

透明区域：勾选后，将打开透明蒙板功能，使渐变填充可以应用透明设置。

2)渐变编辑器

使用渐变工具填充渐变效果操作很简单，但是要得到较好的渐变效果，则与用户所选择的渐变工具和渐变颜色有直接的关系。因此，自己定义一个渐变颜色将是创建渐变效果的关键。 在Photoshop的渐变编辑器中可以自行编辑一个渐变模式，其方法如下所述。

① 单击“渐变条”可以弹出“渐变编辑器”对话框，如图1.2.71所示。

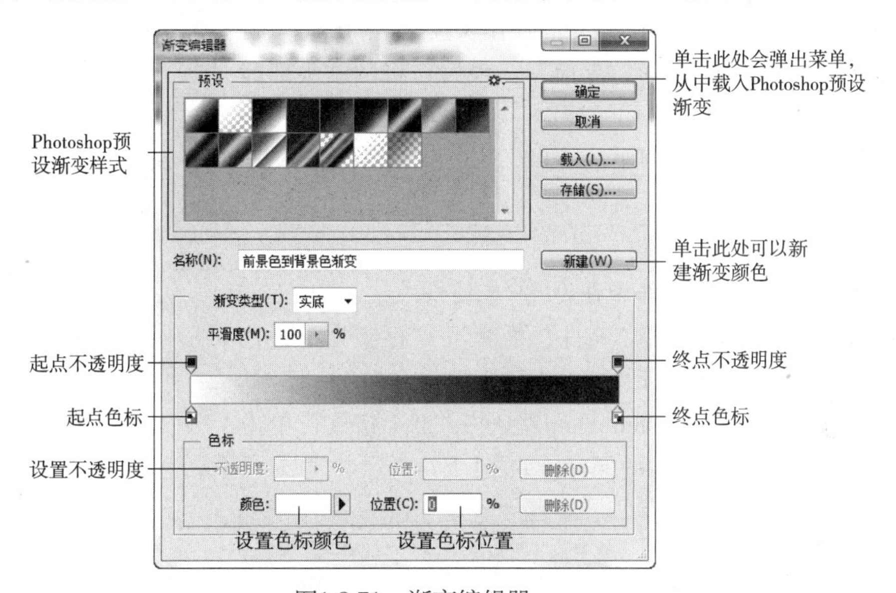

图1.2.71　渐变编辑器

②在“名称”文本框中新建渐变的名称，在渐变类型下拉列表中选择“实底”选项。

③在渐变颜色条上单击“起点色标”按钮，此时，选项组中的“颜色”下拉列表将会激活，可以给已经选定的颜色标志定义一种颜色 。单击“颜色”下拉列表右侧的小三角按钮，在打开的下拉列表中选择一种颜色，当选择“前景”或“背景”选项时，则可用前进色或背景色作为渐变颜色。当选项“用户颜色”时，需要指定一种颜色，即将鼠标指针移至渐变颜色条上或图像窗口中单击取色。双击渐变色标或者单击“颜色”下拉列表的颜色框，可以打开“选择色标颜色”对话框，从中可以选择颜色。

④选定起点颜色后，该颜色马上显示在渐变条上面，接着需要指定渐变的终点颜色，即选中终点色标，按照以上步骤，选择一种颜色，如果想给渐变颜色指定多种颜色，可以在渐变颜色条下方单击，此时在渐变颜色条的下方会多出一个渐变颜色，然后给这个渐变颜色指定一种颜色即可。

⑤指定渐变颜色的起点色标或终点色标以后，还可以指定渐变颜色在渐变颜色条上的位置，以及两种颜色之间的中点位置，这样整个渐变颜色编辑才算完成。

在编辑渐变时，要删除新增的渐变色标，可以在选中渐变颜色色标后，单击“位置”文本框的“删除”按钮，或者将渐变色标拖出渐变颜色条即可。

3)渐变工具的使用

渐变工具的使用比较简单，只需在编辑好渐变后，在文件中填充渐变的文字进行拖动，在合适位置放开鼠标即可完成渐变的填充。需要注意的是，渐变在填充时拖动距离的长短和起点与终点的位置直接决定了渐变的填充效果，如图1.2.72所示。

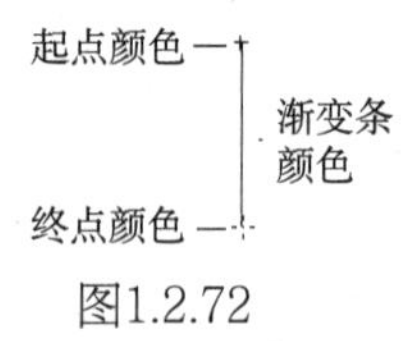

图1.2.72

将导航涉及的所有图层选中，使用快捷键“Ctrl+G”将图层进行编组，并命名为“导航”。最后，将网站头部涉及的所有图层组选中，使用快捷键“Ctrl+G”将图层组再一次进行编组，并命名为“网站头部”，如图1.2.73所示。

图1.2.73　网站头部图层编组

8）存储文件

（1）步骤一：将文件保存为PSD文件格式

单击Photoshop CS6的“文件”菜单 → “存储为...”，即弹出“存储”命令对话框，修改“文件名”为“房酷网”，文件的格式采用Photoshop默认格式PSD格式，单击“保存”按钮，完成文件的保存，如图1.2.74所示。

图1.2.74　文件“存储为...”对话框

⊕ 小贴士

保存文件的快捷键为“Ctrl+S”。

值得注意的是：如果文件尚未确定完成编辑，为了继续编辑的方便请选择PSD文件格式进行保存。在文件操作中，可能会遇到计算机死机造成不必要的损失，应养成在编辑中随时保存文件习惯。

（2）步骤二：将文件保存为JPEG的图片格式

单击“文件”菜单 → “存储为...”命令，在文件的“格式”处进行设置，将文件的格式设置为JPEG的格式，如图1.2.75所示。

图1.2.75 文件“存储为...”对话框

⊕ 小贴士

在网页设计部分完成以后，一般都要将文件保存为JPEG的图片格式，这样可方便客户审核网页效果图。除JPEG的图片格式以外，还有BMP和GIF的图片格式。

知识拓展：网页界面设计概述

网络是一个信息承载的空间，就其本身而言是中性的，它包括网站结构、程序设计和网页界面设计。网页界面的概念是从传统设计界面概念演化而来，是指人与计算机之间以网络平台的信息界面，是一种由非物质化数字设计形态与人进行交互的界面。但又与传统设计不同。一方面，网页界面是从传统界面中演化出来的，因此它是人与计算机之间以网络为平台信息交流的载体，涉及交互设计、用户研究、信息构建和指示性设计；另一方面，网页界面设计是界面设计中的一个类别，来自于传统的视觉传达设计，属于艺术设计的领域，网页界面由文字、色彩、图形、版式布局等视觉元素构成，体现出设计艺术的审美功能，是功能性与艺术性、理性与感性的结合体，如图1.2.76所示。

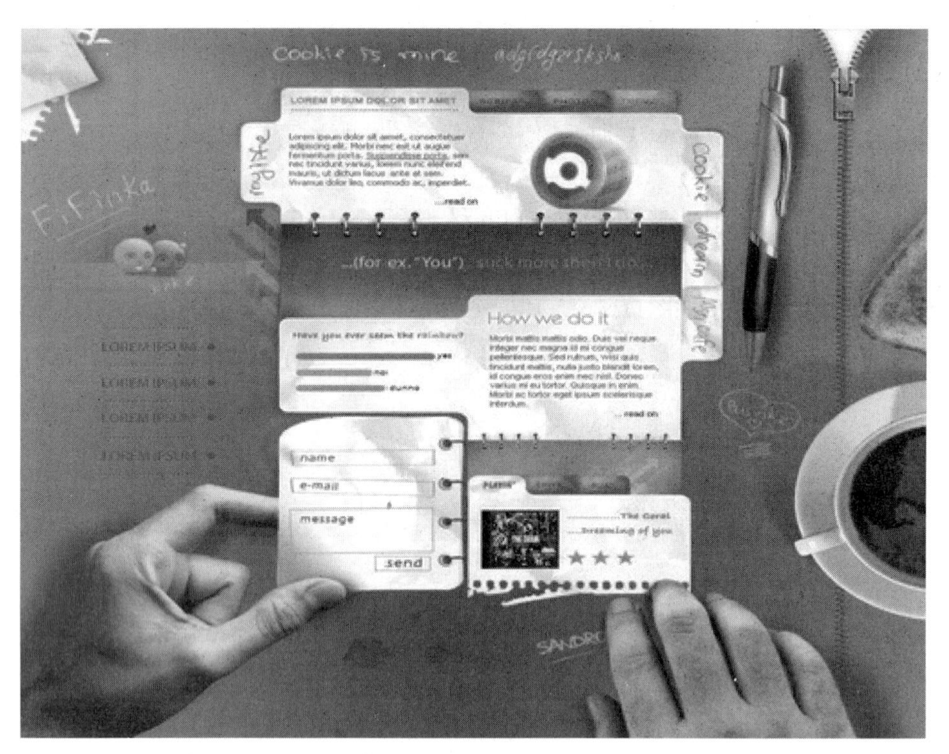

图1.2.76　优秀网页界面设计（图片来源：http：//www.deviantart.com/）

随着Dreamweaver、Photoshop、Flash等可视化专业网页设计与制作软件的出现，网页界面设计不再仅仅是只有计算机专业技术人员才能驾驭的技术，越来越多的艺术设计人员加入这一领域，其艺术性大大提高。同时，由于依靠Internet这一广阔的渠道，其传播速度快、图文互动、资源无限等特点受到众多用户的青睐，也带来了新的设计空间和设计理念，产生了深远的影响。

网站面向的对象是使用互联网的庞大网民，因此网页具有浏览人数多、内容丰富以及相对阅读时间短等特点。这就要求网页界面中所采用的视觉符号不仅要能够完整、明确地指代信息内容，还应具有一定的自身意义，即通过经验的、艺术的造型方式来规划符号形象。网页界面设计时在二维空间中传达视觉信息，网页界面设计的过程是一个将创意视觉化、符号化的过程，思维根据设计意象对视觉元素进行挑选、变换、组合，并将视觉元素进行有机的关联、编码，是指形成特定的符号系统。从视觉传达的角度说，网页界面的主要构成要素包括文字、图形、页面版式和色彩。

文字是人们在信息传达和交流中使用最为普遍的视觉符号。作为一种符号，文字的语义信息非常直观并容易被人理解和接受。文字在现代设计中的首要功能是传达，即迅速将信息传递给消费者。在互联网的世界里，用户访问网站的最终目的在于读取其中的内容。因此对浏览者而言，在网站界面中，文字是获取信息最直接、最准确的视觉元素，是信息传达的主体部分。在图形化界面出现之前，文字是机器与人交流的唯一媒介。好的文字设计和排版会为用户带来极大的方便，可以让网站的信息更为准确地传达给用户。因此文字是网页界面设计中不可忽视的重要元素，也是影响网页可用性的重要元素。文字主要有标题、内容信息、文字链接3种形式。

图形在网页界面中具有非常重要的作用，也是图形化界面的一个重要特征。它改变了图形化界面出现前界面的单调与枯燥，使计算机命令以一种可视化的方式出现在浏览者面前，极大地方便了用户的各种操作。图形在界面中的使用，不仅为界面带来一种全新的直观表现形式，而且将审美情趣置于图形设计中，以引起用户的注意，激发他们的阅读兴趣，其视觉印象要远远优于文字。图形的元素主要包括标题、背景、主图和链接图标4种。合理地运用图形，可以直观、生动、形象地表现设计主题，增强网页的宣传力、号召力和感染力，减少用户记忆负担，达到调节页面气氛和吸引用户的目的。

页面版式也称页面的构图。版式设计是网页界面设计的重要组成部分。其是指将文字、图形等视觉元素进行组合配置，使页面整体的视觉效果美观而易读，便于阅读理解，实现信息传达的最佳效果。许多设计成功的网页能够吸引浏览者，往往并非仅仅依赖于几张引人注目的图片或噱头式的标题，而是靠成功的版式设计。好的版式设计首先是以清晰的视觉导向使浏览者对网页内容一目了然。其次，又以巧妙的图文组合使浏览者获得悦目的视觉效果。

色彩的设计直接影响到网页界面的美观程度。由于浏览者对于色彩的感觉是美感中最大众化的一种形式，因此色彩所产生的美感是最直接也是最易感受的。在商务网站中，网页界面中的色彩象征了企业的精神和理念，展示了企业的文化内涵，通过带有主题倾向的色彩语言，使得网站与用户可以进行更为有效的情感沟通，提升用户对于网站的满意度。同时，设计师可以借助色彩将网站界面进行视觉区域的划分，配合网站的版式对内容进行合理规划，方便用户的浏览。

网页构成元素综合应用如图1.2.77所示。

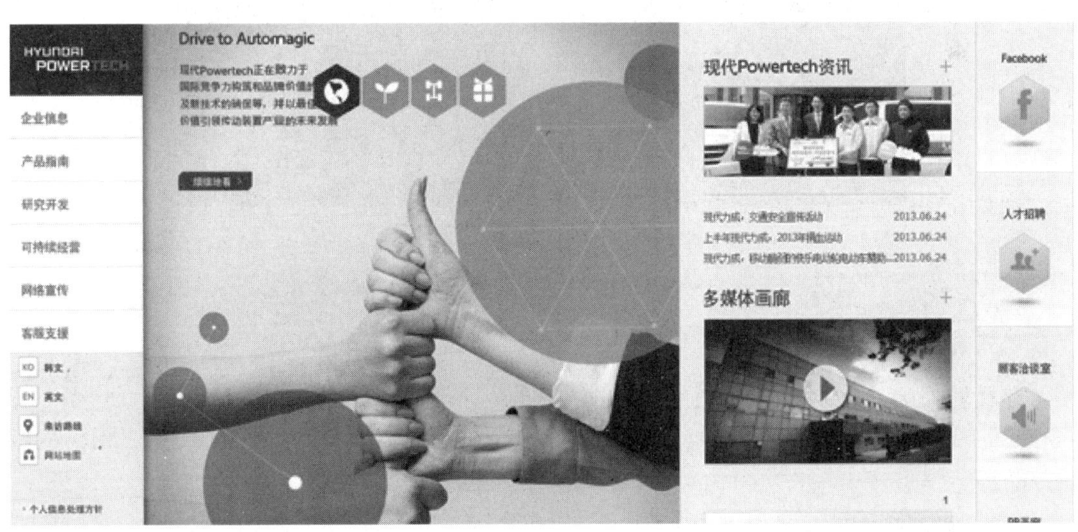

图1.2.77　网页构成元素综合应用（图片来源：http：//www.powertech.co.kr/cn/main.do）

1.2.2 博客Banner设计

1）背景效果制作

（1）步骤一：制作背景底色

新建“背景”图层，使用矩形选框工具，建立宽度为“1 300像素”，高度为“340像素”的矩形选区，并将选区内填充为红橙色（#f55f19），并使用快捷键“Ctrl+D”取消建立的选区，如图1.2.78所示。

图1.2.78

（2）步骤二：制作背景花纹图形

新建“背景花纹”图层，使用钢笔工具，并将绘制的类型设置为“路径”，绘制三角形的路径形状，如图1.2.79所示。

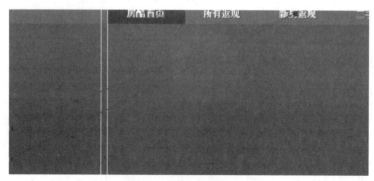

图1.2.79 制作背景花纹图形

⊕小贴士

路径转换为选区快捷键为“Ctrl+Shift+H”。

▶ Points 知识要点——路径工具

Photoshop CS6钢笔工具组是描绘路径的常用工具，而路径是Photoshop提供的一种最精确、最灵活的绘制选区边界工具，特别是其中的钢笔工具，使用其可以直接产生线段路径和曲线路径。

1）钢笔工具组

钢笔工具组如图1.2.80所示。

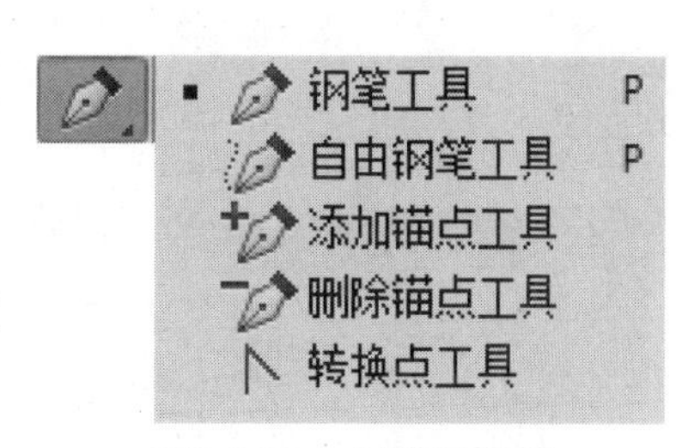

图1.2.80　钢笔工具组

①**钢笔工具**：以鼠标单击方式建立路径线段，通过调整锚点位置的控制手柄，能准确地控制路径线段。

②**自由钢笔工具**：以自由拖动的方式绘制路径线段。

③**添加锚点工具**：可以在路径线段上增加锚点。

④**删除锚点工具**：可以删除路径线段上已有的锚点。

⑤**转换点工具**：通过点选锚点转换直线锚点或曲线锚点。

2）钢笔工具属性栏

钢笔工具属性栏如图1.2.81所示。

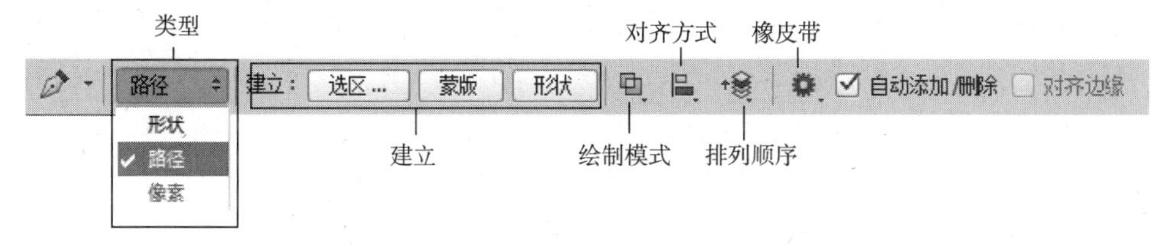

图1.2.81　钢笔工具属性栏

①**类型**：包括形状、路径和像素3个选项。每个选项所对应的工具选项也不同（选择矩形工具后，像素选项才可使用），也会产生不同的绘制效果，如图1.2.82所示。

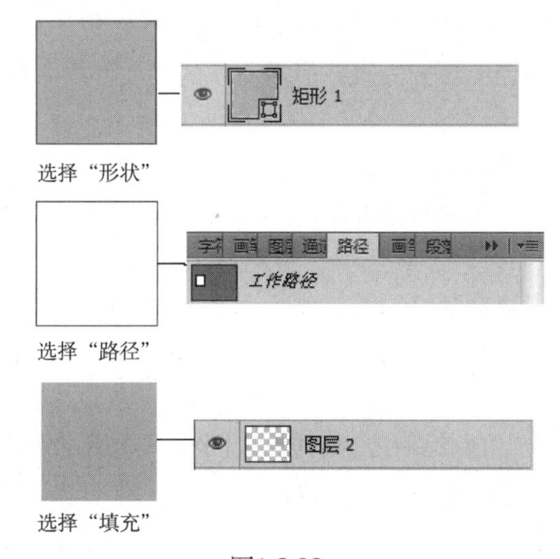

图1.2.82

②**建立**：建立是Photoshop CS6新加的选项，可以使路径与选区、蒙版和形状间的转换更加方便、快捷。绘制完路径后单击选区按钮，可用弹出“建立选区”对话框，在对话框中设置完参数后，单击“确定”按钮即可将路径转换为选区;绘制完路径后，单击蒙版按钮可以在图层中生成矢量蒙版;绘制完路径后，单击形状按钮可以将绘制的路径转换为形状图层，如图1.2.83所示。

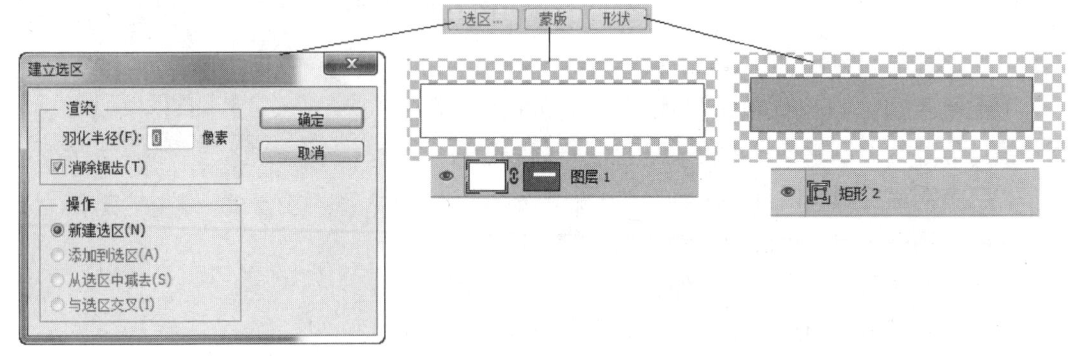

图1.2.83

③**绘制模式**：用于路径的运算，其使用方法与选区相同，实现路径的相加、相减、相交等运算，如图1.2.84所示。

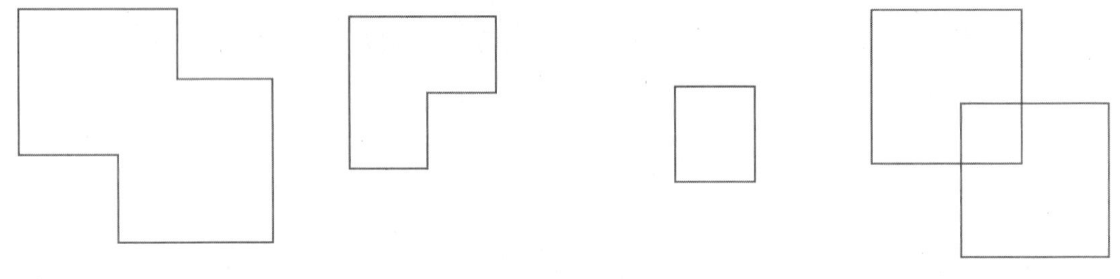

（a）合并形状效果　（b）减去顶层形状效果　（c）与形状区域相交效果　（d）排除重叠形状效果

图1.2.84　各种路径绘制模式效果

④**对齐方式**：设置路径的对齐方式，但需注意的是文件中必须有两条以上的路径被选择的情况下才可使用。

⑤**排列顺序**：设置路径的排列方式。

⑥**橡皮带**：设置路径在绘制时是否连续。

⑦**自动添加/删除**：如果勾选此选项，当钢笔工具移动到锚点上时，钢笔工具会自动转换为删除锚点样式；当移动到路径线上时，钢笔工具会自动转换为添加锚点的样式。

⑧**对齐边缘**：将矢量形状边缘与像素网格对齐。

3）路径绘制方法

用钢笔在画面中单击，会看到在击打的点之间有线段相连，按住Shift键可以让所绘制的点与上一个点保持45° 整数倍夹角（比如0° 、90° ），这样即可绘制水平或者是垂直的线段。

（1）绘制直线

在工具箱中选择钢笔工具，并在钢笔工具属性栏“类型”处选择路径。然后在需要绘制路径的位置单击鼠标，即可建立一个点，该点名为“锚点”，再将鼠标移动至另一位置处单击，即可绘制一条线段路径。采用同样的方法单击鼠标多次，最后将鼠标移动到路径的起点位置，单击鼠标即可创建一条封闭路径，如图1.2.85所示。

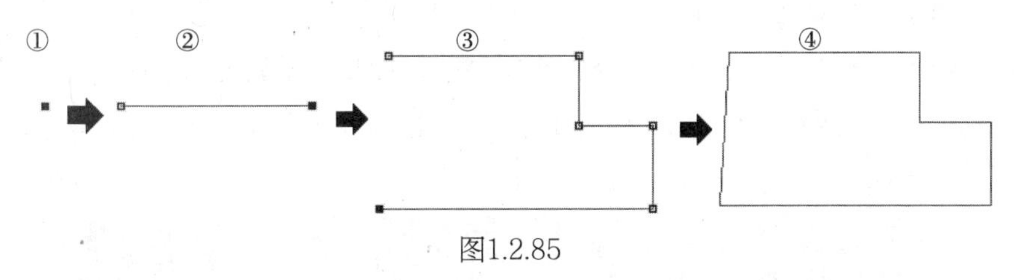

图1.2.85

（2）绘制曲线

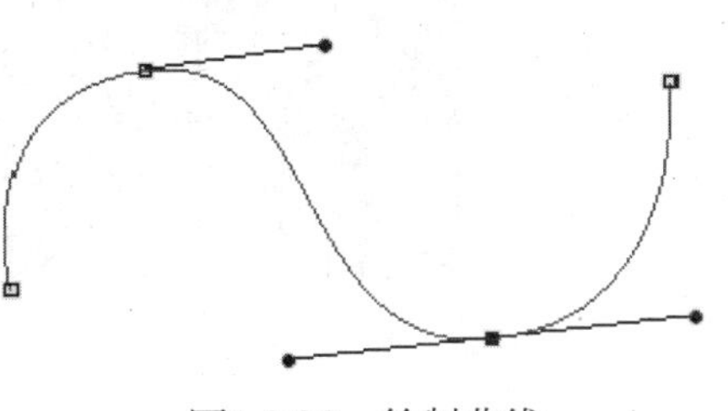

图1.2.86　绘制曲线

选择Photoshop CS6工具箱“钢笔工具”，在图像中单击绘制起点，再次单击绘制第二个锚点并按住鼠标左键拖动鼠标即可出现两个手柄，该手柄称为“方向柄”，也可使用转换点工具 拖出方向柄，从而将直线转化为曲线，如图1.2.86所示。

实际上，在绘制曲线时为提高绘图速度，也可在不切回工具的条件下，使用快捷键来完成转换点工具的切换，其方法是在定好第二个锚点后，不用到工具栏切换工具将鼠标移动到方向线手柄上，按住Alt键即可暂时切换到“转换点工具”进行调整；而按住Ctrl键将暂时切换到“直接选择工具”，可以用来移动锚点位置松开“Alt”或“Ctrl”键即恢复钢笔工具，可继续绘制。另外，还可通过按下“Alt”键单独调整某一个方向柄去向。

使用快捷键“Ctrl+Alt+T”调出自由变换定界框，并将“中心”点调整到定界框外的右上角，改变旋转的中心点，然后将路径进行一定角度的旋转，则可看见该路径被复制并进行了旋转，按下“Enter”键完成变换，如图1.2.87所示。

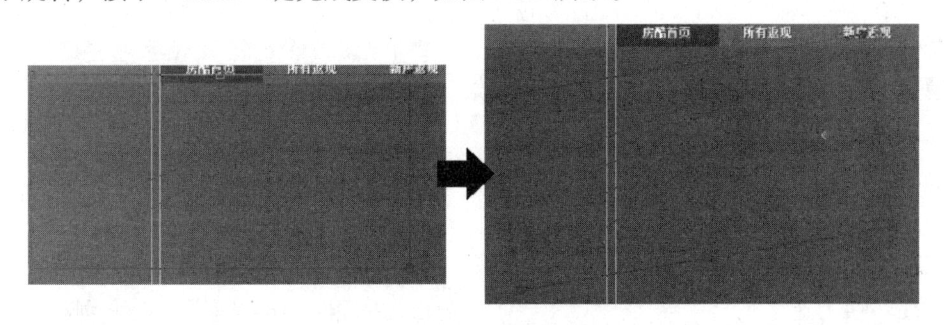

图1.2.87　复制变换路径

使用快捷键“Ctrl+Shift+Alt+T”对路径进行复制并进行重复旋转变换，形成背景图形，如图1.2.88所示。

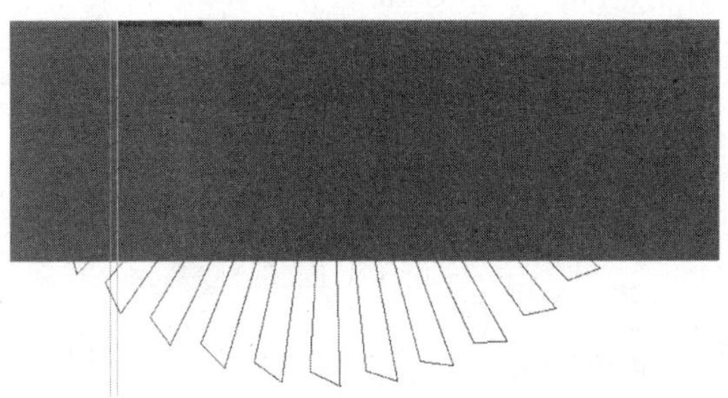

图1.2.88　Banner背景路径绘制效果

（3）步骤三：填充背景花纹

执行“窗口”菜单→“路径”命令，打开“路径面板”，即可在路径面板中看到前面所绘制的背景花纹图形路径。选中该路径，单击“路径面板”下方的“将路径作为选区载入 ”按钮，将路径转化为选区，如图1.2.89所示。

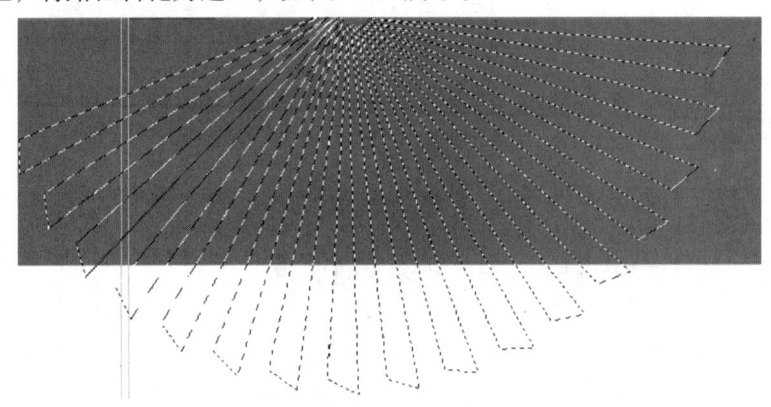

图1.2.89　路径转化为选区效果

⊕ 小贴士

路径转换为选区快捷键为“Ctrl+Enter”。

▶ Points 知识要点——路径面板

路径面板如图1.2.90所示。

填充路径：单击该按钮，将使用当前前景色填充当前路径。

描边路径：单击该按钮，将使用画笔工具和当前前景色为当前路径描边。

路径作为选区载入：单击该按钮，可以将当前路径转换为选区。

从选区生成路径：在已有选区的条件下单击该按钮，则可将当前选区转换为路径。

添加图层蒙版：该功能是Photoshop CS6的新增功能，单击该按钮，可将当前路径直接转换为图层蒙版。

路径
工作路径
当前路径
填充路径
描边路径
将路径作为选区载入
从选区生成路径
添加图层蒙版
创建新路径
删除当前路径

图1.2.90　路径面板

创建新路径：单击该按钮，将自动建立一个新路径。

删除当前路径：单击该按钮，将自动删除当前路径。

将前景色设置为橙色（#fc9530），渐变类型设置为“线性渐变”，并设置渐变的样式为“前景色到透明渐变”进行填充并取消选区，填充效果如图1.2.91所示。

图1.2.91　Banner背景填充效果

2）Banner图像合成

（1）步骤一：复制Banner图像素材

在Photoshop CS6中打开“建筑”素材文件，并使用移动工具将其复制到网页文件中，将其命名为“建筑”。使用快捷键“Ctrl+T”执行自由变换命令，按下“Shift”键拖动定界框的右下角，等比例地将图像缩小“45%”，效果如图1.2.92所示。

图1.2.92　素材大小变换效果

（2）步骤二：删除多余图像

将当前图层设置为“Banner背景”图层，执行“选择”菜单→“载入选区...”命令，在弹出的对话框中设置“通道”为“Banner背景透明”，操作设置为“新建选区”。设置完成后，单击“确定”按钮，将“Banner背景”图层形状载入为选区，如图1.2.93所示。

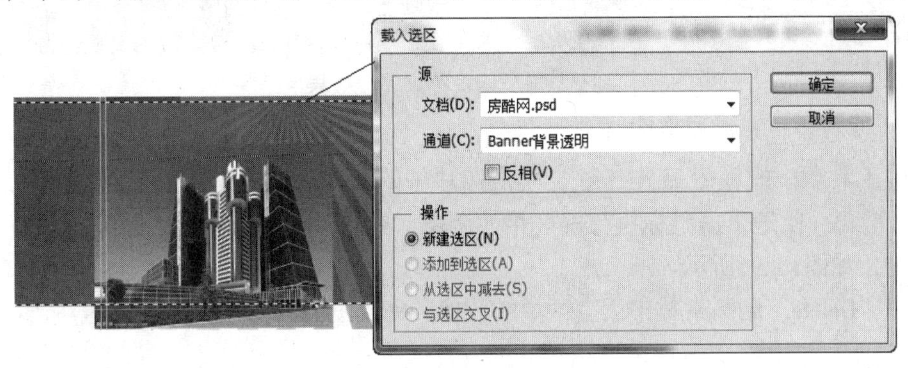

图1.2.93　载入选区

⊕ **小贴士：载入图层选区的快捷方式**

在按下“Ctrl”键的同时，用鼠标单击图层面板上的缩览图也可以载入图层的选区。

使用“Ctrl+Shift+I”执行选区反向操作，并使用“Delete”删除超出Banner区域范围的图像，如图1.2.94所示。

图1.2.94　删除多余图像

在不取消选区的前提下，将当前图层改为“背景花纹”图层，并使用“Delete”删除超出Banner区域范围的花纹图像。最后，取消选区，如图1.2.95所示。

图1.2.95　背景花纹完成效果

（3）步骤三：抠取图像素材

使用工具箱中的魔棒工具，单击图片中的天空区域，即可立刻产生选区。按下“Shift”键再一次地单击鼠标执行选区相加命令，最终，将图片素材中的天空部分全部用选区选中，如图1.2.96所示。

使用“Delete”删除素材中天空区域的图像，完成图像的抠取，如图1.2.97所示。

图1.2.96　素材背景选取效果

图1.2.97　Banner素材合成效果

▶ Points 知识要点——魔棒工具与快速选择工具

1）魔棒工具

Photoshop工具箱中的魔棒工具可以通过简单操作来创建选区，对背景简单且颜色比较单一的图像进行快速选取，如图1.2.98所示。

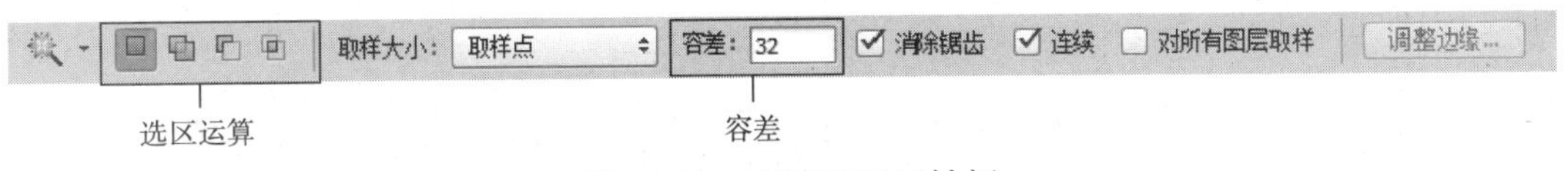

图1.2.98　魔棒工具属性栏

选区运算：与选框工具一样，4个按钮分别代表创建选区、添加选区、减少选区以及交叉选区，通过这4个按钮的选择完成选区的运算。

容差："容差"是影响Photoshop CS6魔棒工具性能的重要选项，用于控制色彩的范围，数值越大可选的颜色范围就越广。用于设置选取的颜色范围的大小，参数设置范围为0～255。输入的数值越高，选取的颜色范围越大；输入的数值越低，选取的颜色与单击鼠标处图像的颜色越接近，范围也就越小，如图1.2.99所示。

消除锯齿：用于消除选区边缘的锯齿。

连续：选中该复选框，可以只选取相邻的图像区域；未选中该复选框时，可将不相邻的区域也添加入选区。勾选"连续的"复选框和没有勾选"连续的"复选框获取选区后的对比，如图1.2.100所示。

（a）容差值为20的图像选取效果

（b）容差值为50的图像选取效果

图1.2.99　容差值比较

图1.2.100

对所有图层取样：当图像中含有多个图层时，选中该复选框，将对所有可见图层的图像起作用；没有选中时，魔棒工具只对当前图层起作用。

2）快速选择工具

快速选择工具类似于笔刷，通过调整圆形笔尖大小绘制选区。在图像中单击并拖动鼠标即可绘制选区。这是一种基于色彩差别但却是用画笔智能查找主体边缘的新颖方法，如图1.2.101所示。

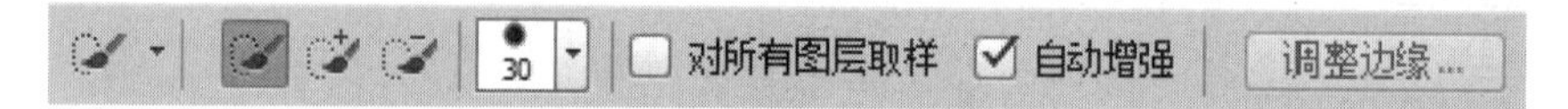

图1.2.101　快速选择工具属性栏

选区方式：3个按钮从左到右分别是新选区、添加选区、减去选区。没有选区时，默认的选择方式是新建；选区建立后，自动改为添加到选区；如果按住Alt键，选择方式变为从选区减去。

画笔 30：初选离边缘较远的较大区域时，画笔尺寸可以大些，以提高选取的效率；但对于小块的主体或修正边缘时则要换成小尺寸的画笔。总的来说，大画笔选择快，但选择粗糙，容易多选；小画笔一次只能选择一小块主体，选择慢，但得到的边缘精度高。

自动增强：勾选此项后，可减少选区边界的粗糙度和块效应。即“自动增强”使选区向主体边缘进一步流动并作一些边缘调整。一般应勾选此项。

对所有图层取样：当图像中含有多个图层时，选中该复选框，将对所有可见图层的图像起作用，没有选中时，魔棒工具只对当前图层起作用。

（4）步骤四：修饰图像素材

使用工具箱中的橡皮擦工具，将画笔大小设置为“125像素”，硬度为“0%”。在“建筑”图层的左边进行涂抹，擦除左边边缘图像，使得抠取的图像与背景更好地进行融合，如图1.2.102所示。

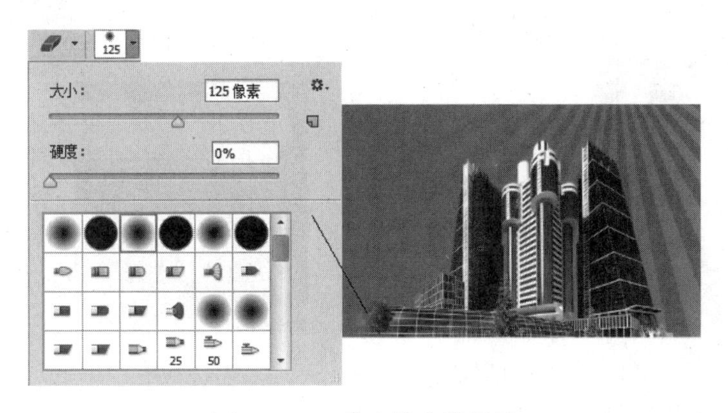

图1.2.102　橡皮擦参数设置

▶ Points 知识要点——橡皮擦类工具

1）橡皮擦工具

正如同现实中人们用橡皮擦掉纸上的笔迹一样，Photoshop中的橡皮擦就是用来擦除像素的，其作用是用来擦去图像中不需要的某一部分。如果要擦去的是背景图层，那么擦去的部分就会显示为所设定的背景色颜色；如果擦去的是普通图层，那么擦除后的区域将是透明的，如图1.2.103所示。

（a）原图

（b）背景图层擦除效果

（c）普通图层擦除效果

图1.2.103　橡皮擦工具擦除效果

对于橡皮擦工具的进一步设置可通过橡皮擦工具属性栏完成。在橡皮擦的工具属性栏中，可对画笔的大小、模式、不透明度、流量等进行设置，如图1.2.104所示。

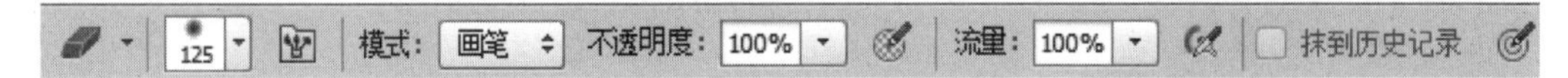

图1.2.104　橡皮擦工具属性栏

画笔：用以设置橡皮擦的画笔大小。

模式：选取橡皮擦的模式，包括“画笔”“铅笔”“块”3种模式。“画笔”模式下被擦除区域的边缘非常柔和；“铅笔”模式下被擦除区域的边缘非常锐利；“块模式”下橡皮擦变成一个方块并有轮弯转，如图1.2.105所示。

不透明度：设置橡皮擦擦除程度。当“不透明度”设置为“100%”时，可完全擦除图像；当“不透明度”设置为“50%”，则不能全部擦除图像，此时图像呈半透明效果，如图1.2.106所示。

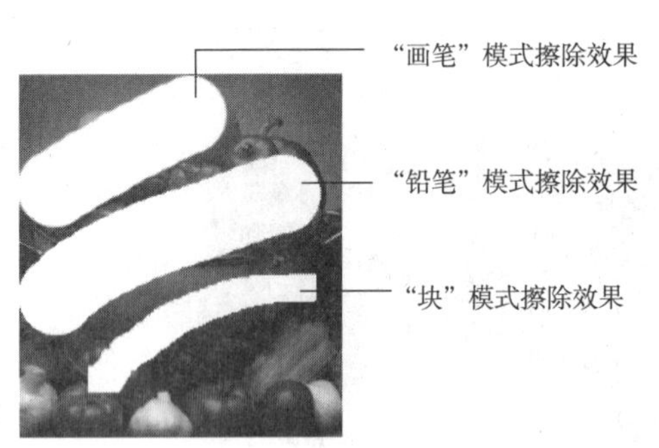

图1.2.105　各种模式擦除图像效果

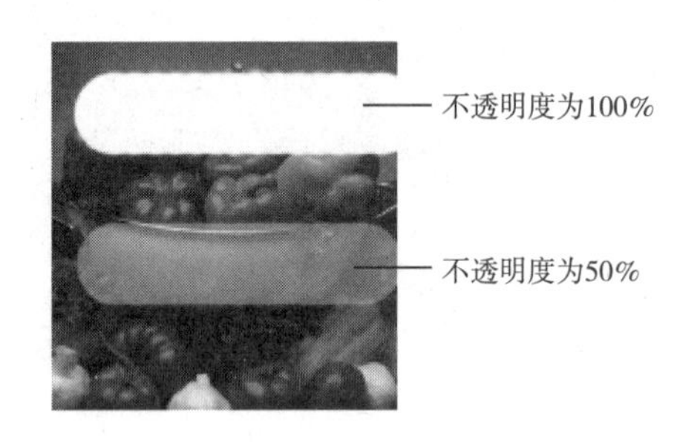

图1.2.106　不同透明度设置

流量：与画笔的设置相同。

抹到历史记录：可通过该设置将图形抹除到已存储状态，该功能需和历史记录一起连用。

2）背景橡皮擦工具

使用效果与普通的橡皮擦相同，都是抹除像素，可直接在背景层上使用，使用后背景层将自动转换为普通图层，而背景色橡皮擦工具擦除的图像位置为透明。因为背景色橡皮擦工具有“替换为透明”的特性，加上其又具备类似魔棒选择工具那样的容差功能，因此也可以用来抹除图片的背景。

3）魔术橡皮擦工具

魔术橡皮擦工具在作用上与背景色橡皮擦类似，都是将像素抹除以得到透明区域。只是两者的操作方法不同，背景色橡皮擦工具采用了类似画笔的绘制（涂抹）型操作方式。而这个魔术橡皮擦则是区域型（即一次单击就可针对一片区域）的操作方式。魔术橡皮擦与魔术棒工具类似，都是利用颜色和容差产生选区，但与魔术棒不同的是，魔术橡皮擦工具在选择像素的同时，将图像予以抹除，从而留下透明区域。换言之，魔术橡皮擦的作用过程可以理解为三合一：用魔棒创建选区、删除选区内像素、取消选区。而这一点，从魔术橡皮擦的工具属性栏中即可看出，如图1.2.107所示。

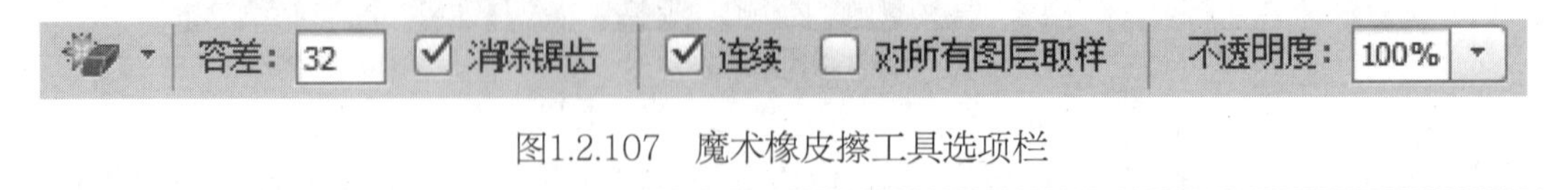

图1.2.107　魔术橡皮擦工具选项栏

将Banner图像涉及的所有图层选中，使用快捷键“Ctrl+G”将图层进行编组，并将其命名为“Banner图像”。

3）Banner广告文字设计

（1）步骤一：设计Banner标题文字

使用工具箱中的文字工具 T，输入文字“搜客大行动”。设置字体为“方正综艺简体”，消除锯齿方法为“锐利”，字体颜色为白色（#ffffff）。并打开文字工具选项栏上的“字符”面板，设置“仿粗体 T”和“仿斜体 T”字体样式，其字体大小设置如图1.2.108所示。

图1.2.108　广告标题文字设置

新建图层，按下“Ctrl”键，单击“搜客大行动”文字图层，将文字作为选区载入。执行“编辑”菜单→“描边...”命令，设置描边宽度为“4像素”，描边的颜色为红橙色（#ef560f），位置“居外”，如图1.2.109所示。

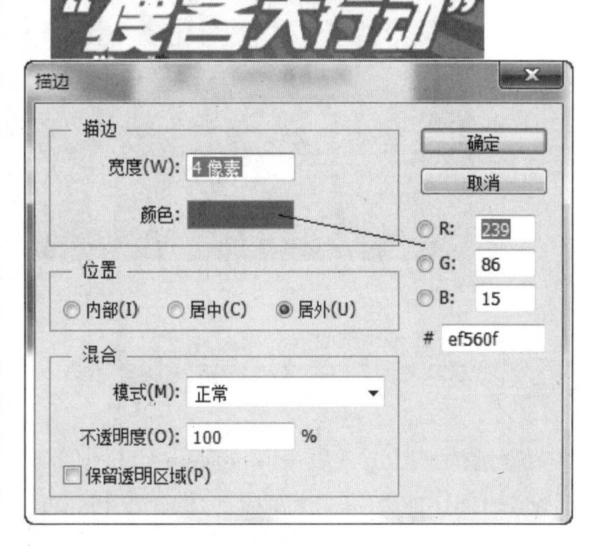

图1.2.109

使用工具箱中的文字工具 T，输入文字“首站告捷！”。设置字体为“方正综艺简体”，消除锯齿方法为“锐利”，字体颜色为浅黄色（#fff7d4），字体大小设置为“36像素”。并打开文字工具选项栏上的“字符”面板，设置“仿斜体 T”字体样式，如图1.2.110所示。

图1.2.110

新建图层，按下“Ctrl”键单击“首站告捷！”文字图层，将文字作为选区载入。执行“编辑”菜单→“描边...”命令，设置描边宽度为“4像素”，描边的颜色为红橙色（#ef560f），位置“居外”，如图1.2.111所示。

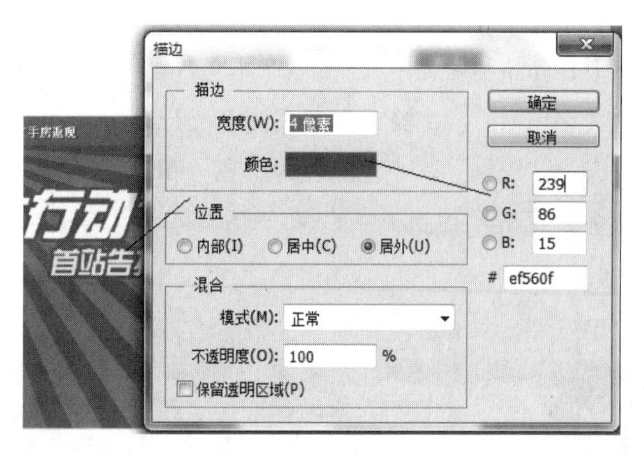

图1.2.111

（2）步骤二：设计Banner内容文字

使用工具箱中的圆角矩形工具 ，设置绘制类型为“形状”，单击并拖动鼠标建立宽度为“324像素”，高度为“74像素”的圆角矩形，如图1.2.112所示。

图1.2.112

⊕ 小贴士：创建固定大小形状的快捷方式

选择形状工具后在Photoshop CS6图像窗口中单击鼠标，此时弹出“创建矩形”对话框，可以设置和更改矩形的宽度和高度。

单击形状工具属性栏中的填充设置，在其下拉菜单中单击拾色器按钮 ，在弹出的拾色器中将圆角矩形的形状颜色修改为深红色（#c22101），如图1.2.113所示。

图1.2.113

⊕ 小贴士：载入图层选区的快捷方式

修改形状图层的颜色还可通过双击图层面板中形状图层上的形状图层图标 ，在弹出的拾色器中进行修改。

▶ Points 知识要点——形状工具属性栏

形状工具组包含多个工具，可以用该工具绘制矩形、圆角矩形、椭圆、直线、多边形以及软件本身提供的自定义图形形状，如图1.2.114所示。

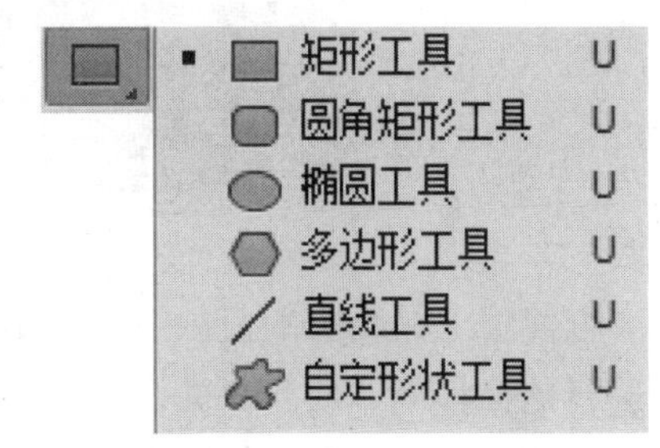

图1.2.114　形状工具组

与路径不同的是，绘制类型设置为“形状”时，会在绘制的同时自动在图层面板上生成一个命名为“形状”的图层。该图层是Phtoshop的特殊图层之一，图层在绘制时自动填充当前所设置的前景色，并带有矢量蒙版。在Photoshop CS6中，可以直接为形状图层设置多种渐变及描边的颜色、粗细、线型等属性，从而更加方便地对矢量图形进行控制，如图1.2.115所示。

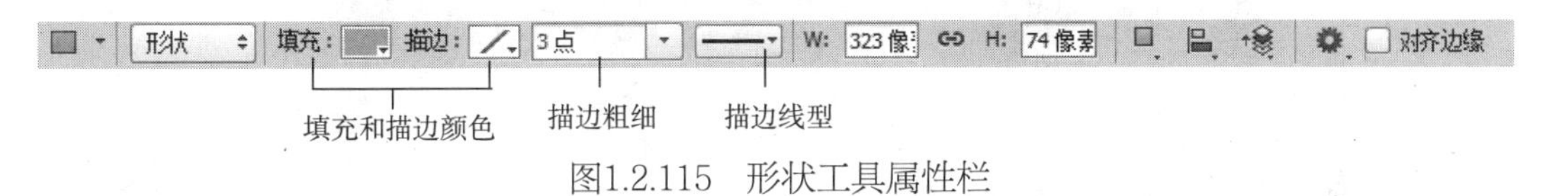

图1.2.115　形状工具属性栏

填充或描边颜色：单击填充颜色或描边颜色按钮，在弹出的面板中（图1.2.116）可以选择形状的填充或描边颜色，其中可以设置类型为无、纯色、渐变和图案4种。

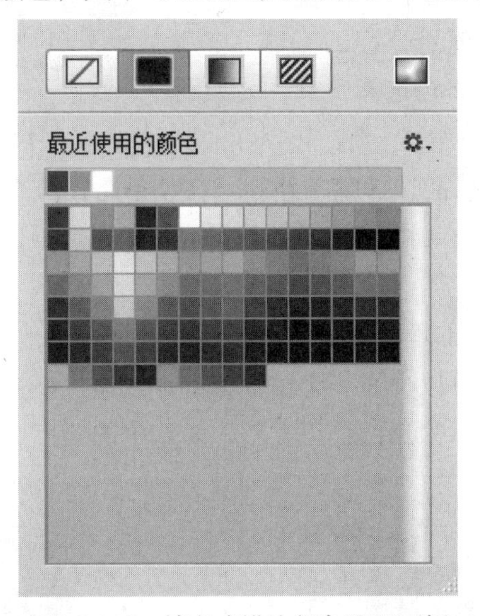

图1.2.116　填充或描边颜色设置面板

描边粗细：可设置描边线条的粗细数值。

描边线型：在此下拉列表中可设置描边的线型、对齐方式、端点及角点的样式。

使用工具箱中的转换点工具，在绘制圆角矩形的顶边位置单击右键，选择“添加锚点”命令，添加3个锚点。并使用转换点工具将新建的锚点逐一单击，将新建的锚点转换为直线锚点，如图1.2.117所示。

图1.2.117　添加锚点

使用工具箱中的直接选择工具 ，将已添加3个锚点的中间一个锚点选中，向上方进行略微拖动，将圆角矩形更改为对话框形状，如图1.2.118所示。

图1.2.118　形状图形修改

▶ Points 知识要点——选择路径工具

选择路径是Photoshop中的经常性操作之一。Photoshop提供了两种用于选择路径的工具，分别是“直接选择工具”和“路径选择工具”，如图1.2.119所示。

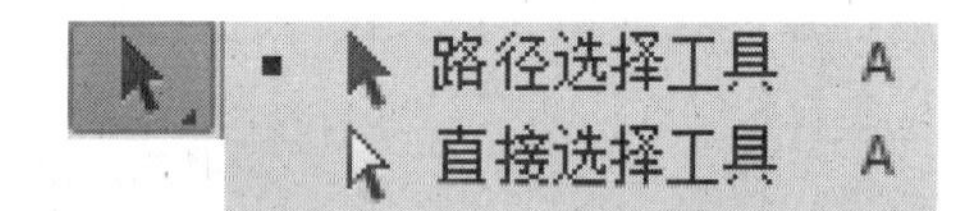

图1.2.119　选择路径工具组

路径选择工具 ：只能选择整条路径。在整条路径被选中的情况下，路径上的锚点全部显示为黑色小正方形（图1.2.120）。在这种状态下可以方便地对整条路径执行移动、变换等操作。

直接选择工具 ：可以选择路径的一个或多个锚点，如果单击并拖动锚点还可以改变其位置。使用此工具可以选择一个锚点，也可以通过框选多个锚点进行编辑。当处于被选定状态时，锚点显示为黑色小正方形，未选中的锚点则显示未空心小正方形，如图1.2.121所示。

图1.2.120　显示锚点

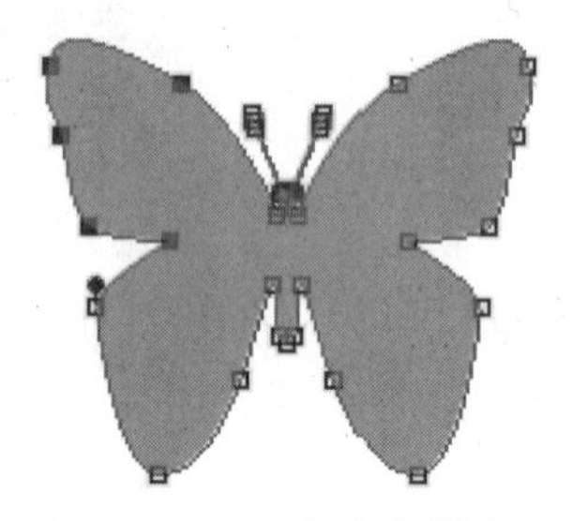

图1.2.121　未选中锚点

选择文字工具 T，单击鼠标后进行拖动建立文本框，输入如图1.2.122所示文字。设置字体为“微软雅黑”，字体大小为“14像素”，消除锯齿方法为“锐利”，字体颜色为淡黄色（#ffe8a9）。并打开文字工具选项栏上的“字符”面板，将“重庆”设置为“仿斜体”字体样式。

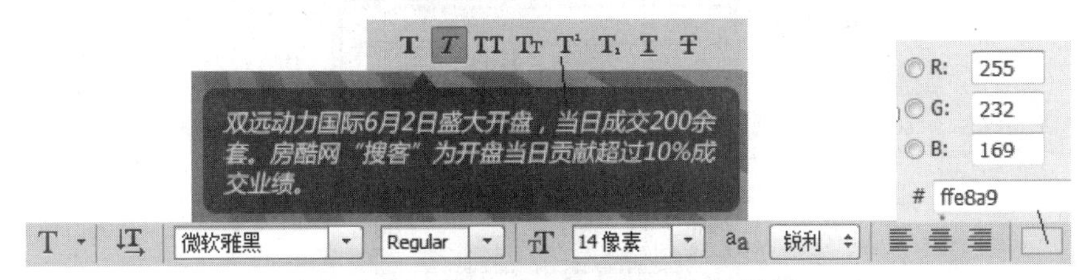

图1.2.122　Banner文字内容字体设置

按下“Ctrl”键单击形状图层的缩略图，以形状图层外观形状为选区载入，建立选区。使用快捷键“Shift+F6”执行羽化选区的命令，设置羽化半径为“2像素”，将选区进行羽化，如图1.2.123所示。

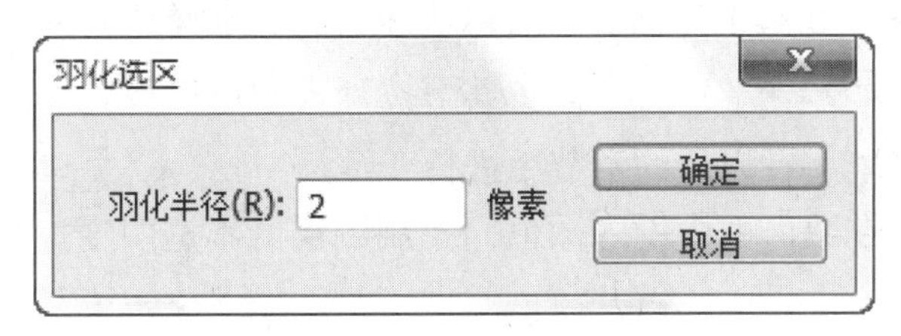

图1.2.123　羽化效果设置

在形状图层的下方新建图层，命名为“投影”。将前景色设置为黑色，使用快捷键“Alt+Delete”执行填充前景色命令。取消选区后，将工具切换为移动工具，利用方向键，将“投影”图层向右向下各移动1像素，并设置图层模式为“正片叠底”，并设置图层不透明度为“75%”，效果如图1.2.124所示。

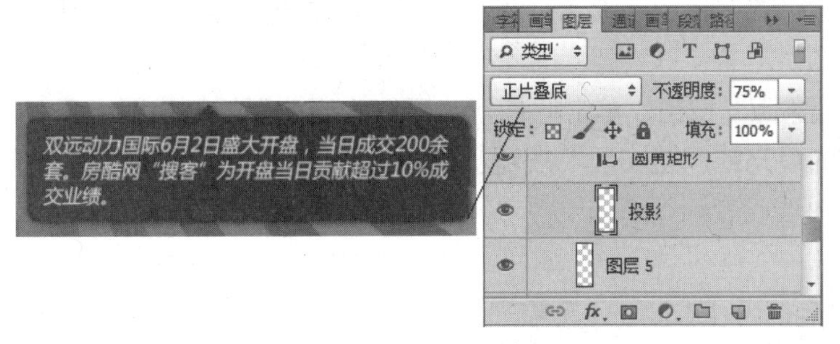

图1.2.124　投影效果

▶ Points 知识要点——图层面板

“图层”面板集成了Photoshop中绝大部分与图层相关的常用命令与操作。使用该面板可以快速完成对图形进行新建、复制、删除、显示/隐藏、添加图层样式等操作。在任务一中已对图层面板中的新建图层、删除图层、显示/隐藏图层以及链接图层等操作进行了详细介绍，在此处将对图层面板中的其他功能进行讲解。

使用快捷键“F7”执行“窗口”菜单→“图层”命令，显示“图层”面板，可见其具体功能分区如图1.2.125所示。

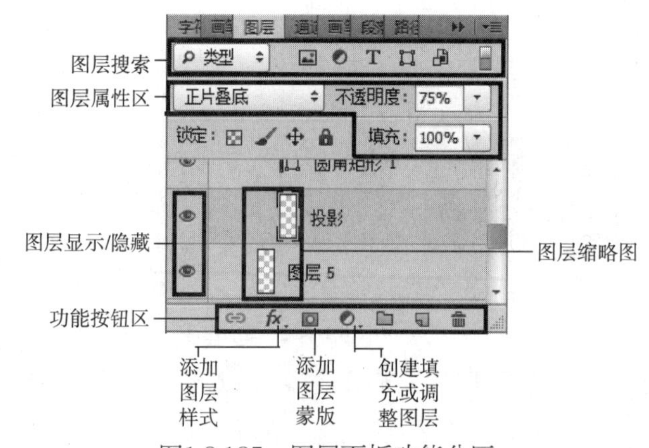

图1.2.125　图层面板功能分区

类型 类型：在其下拉列表中可以快速查找、选择及编辑不同属性的图层。

图层混合模式 正片叠底：在其下拉列表中可以设置图层混合模式，主要用于图像的合成，该功能将在以后的章节中进行介绍。

不透明度：通过在数值框中键入数值来控制图层的不透明度。数值越小，则当前图层越透明。

填充：通过在数值框中键入数值来控制图层中非图层样式部分的不透明度。

锁定：分别锁定图层的透明区域编辑性、图形区域编辑性、移动图层编辑性以及将图层全部锁定等。

图层缩览图：在“图层”面板中用来显示图像的图标。通过观察此图标，能够方便地选择图层。

“添加图层样式”按钮：单击此按钮，可以在弹出的菜单中选择图层样式，然后为当前图层添加图层样式。

“添加图层蒙版”按钮：单击此按钮，可以为当前图层添加图层蒙版。

“创建新的填充或调整图层”按钮：单击此按钮，可以在弹出的菜单中为当前图层创建新的填充图层或者调整图层。

（3）步骤三：设计Banner补充文字

选择文字工具，输入“房酷网3000名‘搜客’已经集结...”文字。设置字体为“微软雅黑”，字体大小设置如图1.2.126所示，消除锯齿方法为“锐利”，字体颜色设置为白色（#ffffff）。并为文字设置“仿斜体”字体样式。

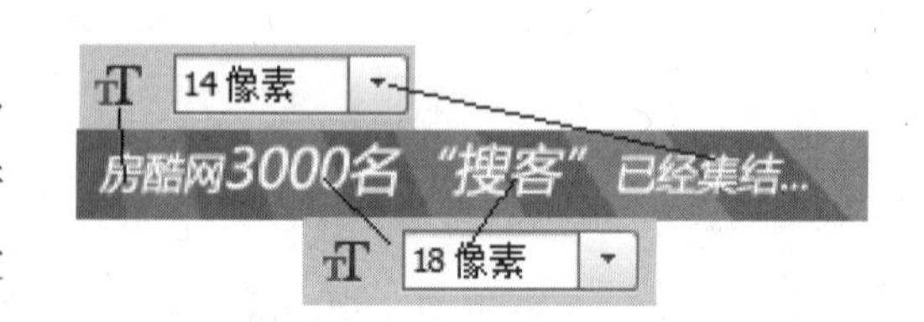

图1.2.126　Banner补充文字参数设置

选择文字工具，输入“你在哪儿？”文字。设置字体为“微软雅黑”，字体大小为“36像素”，消除锯齿方法为“锐利”，字体颜色设置为白色（#ffffff），并为文字设置“仿斜体”字体样式，如图1.2.127所示。

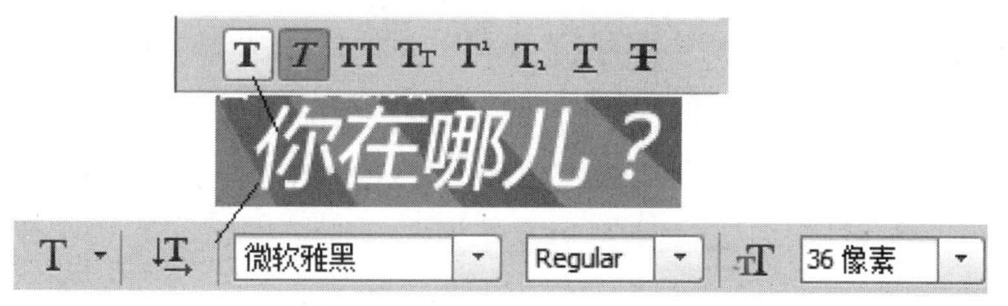

图1.2.127　Banner文字参数设置

将Banner广告文字涉及的所有图层选中，使用快捷键“Ctrl+G”将图层进行编组，并命名为“Banner广告文字”。

4）网站说明性广告设计

（1）步骤一：制作广告背景

使用工具箱中的矩形工具，绘制宽度为“303像素”，高度为“330像素”的矩形，并设置其该矩形的填充颜色为肉色（#f4e5d0），描边颜色为“无”，如图1.2.128所示。

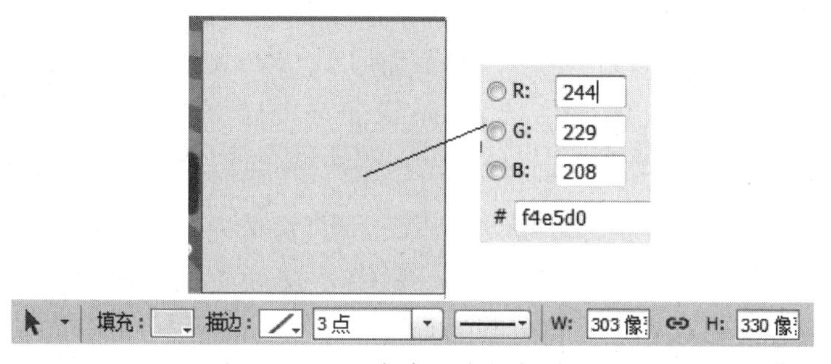

图1.2.128　广告背景绘制效果

使用工具箱中的画笔工具，设置画笔笔尖形状为“柔边圆”，字体大小设置为“150像素”，前景色设置为黑色。在绘制的矩形下方新建图层，并利用画笔在矩形的边缘略微涂抹，如图1.2.129所示。

图1.2.129　广告背景阴影绘制效果

制作矩形的投影效果。绘制完成后将图层的图层混合模式改为“正片叠底”，不透明度调整为“30%”，如图1.2.130所示。

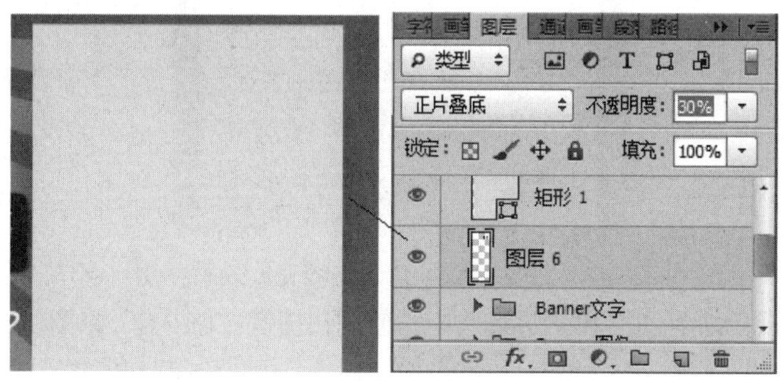

图1.2.130　投影效果图层模式设置

（2）步骤二：制作广告内容

在Photoshop CS6中打开“广告图标1”素材，并将其复制到网页文件中。再使用文字工具 T，输入“100%真实返现”文字。设置字体为“微软雅黑”，字体大小为“18像素”，消除锯齿方法为“平滑”，字体颜色为绿色（#62981c），如图1.2.131所示。

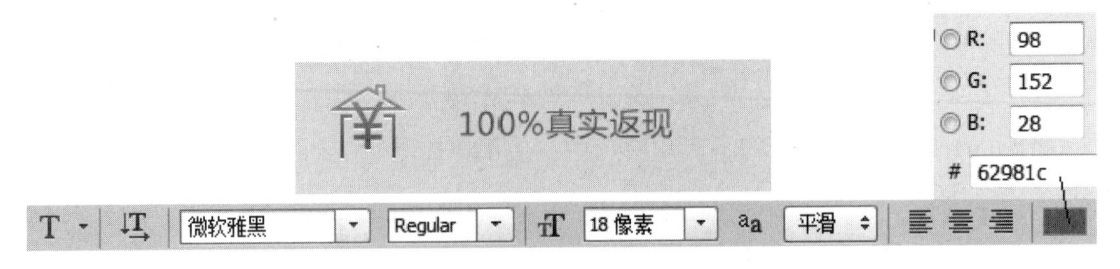

图1.2.131　广告文字设置

使用直线工具 ╱ 绘制宽度为“303像素”，高度为“1像素”的直线，并将其颜色设置为土黄色（#d9bd8e），如图1.2.132所示。

图1.2.132　广告分隔线设置

将该直线形状图层拖动到图层面板中的“创建新图层”按钮，复制该图层。将复制的直线形状图层颜色改为白色，并使用方向键将图层向下移动1像素，形成双线分隔线效果，如图1.2.133所示。

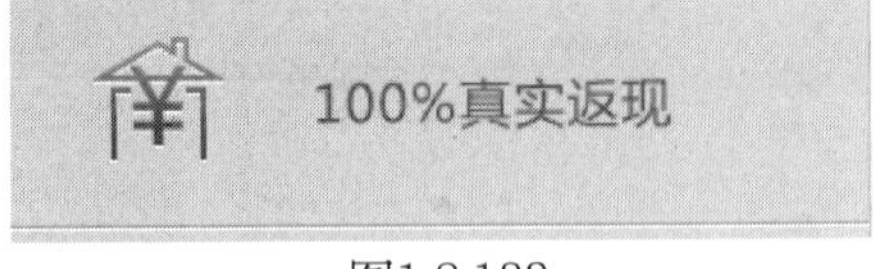

图1.2.133

用同样的方法，完成其余内容的制作，如图1.2.134所示。

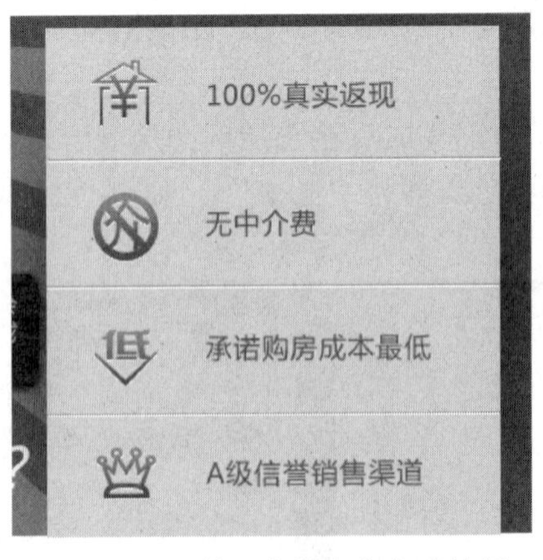

图1.2.134　说明广告内容完成效果

将本部分涉及的所有图层和图层组选中，使用快捷键“Ctrl+G”将图层进行编组，并将其命名为“Banner”。

知识拓展：网络广告设计

随着Internet在全球范围的发展，互联网络已成为一个全球性的信息系统，并被人称为是继报纸、广播以及电视以后的第四大传播媒体。网络广告应运而生，成为一种最新的广告形式，被称为“第五大媒体”，并随着网络传播的发展和电子商务的应用而成长，并成为电子商务业务核心之一——网络营销的重要手段。其中，网幅广告占所有Web广告的54%以上，是网页中最常见的广告形式。最醒目的网幅广告是出现在网站主页的顶部（一般为右上方位置）的“旗帜广告”，也称为“页眉广告”或“头号标题”，其形式颇像报纸的报眼广告。又因其外观多为长条形状，Banner一般还翻译为起止广告、旗形广告和横幅广告。网幅广告的尺寸在1997年IAB（Internet Architecture Board）提出的标准性网幅广告尺寸（又称为“IAB CASIE Banner Size”）作出了制订，目前常见的尺寸包括468×60（或80）像素、392×72像素、234×60像素、125×125像素、120×90像素、120×60像素、88×31像素、120×240像素。凭借这种广告方式，广告主可以精心构筑融合感性与理性的宣传区域，有效加强网幅广告的宣传效果，如图1.2.135所示。

图1.2.135　各种尺寸的Banner广告（图片来源：http：//www.zcool.com.cn）

网络广告设计在设计上应注意如下事项。

1)主题明确

从某种程度上说，广告传播的结果就是最终树立企业与品牌形象在受众心目中的固定印象和价值认同。所以网络广告要突出产品主题，让用户一眼就能识别广告含义，减少过多的辅助干扰元素。切忌，Banner被切割得太细碎，内容繁多，没有浏览重心。很多广告主往往会认为传达的信息越多，用户越有兴趣，其实并不然，什么都想说的广告，就是什么都没说好，如图1.2.136所示。

2)重点文字突出

用文字进一步地告诉用户广告的主要内容，将重点内容的文字设计得更为醒目，并将次要内容进行弱化，使得用户快速了解广告的内容，促使其进行单击观看，如图1.2.137所示。

图1.2.136　主题鲜明的网络广告设计（图片来源：www.zcool.com.cn）

图1.2.137　Banner广告文字处理（图片来源：http：//www.wwee.cc/）

3)符合阅读习惯

用户的浏览习惯是从左到右、从上到下，因此在进行网络广告内容排列时也需要将内容按照用户浏览习惯进行排列，如图1.2.138（a）所示，而不是凌乱地进行排列，如图1.2.138（b）所示。

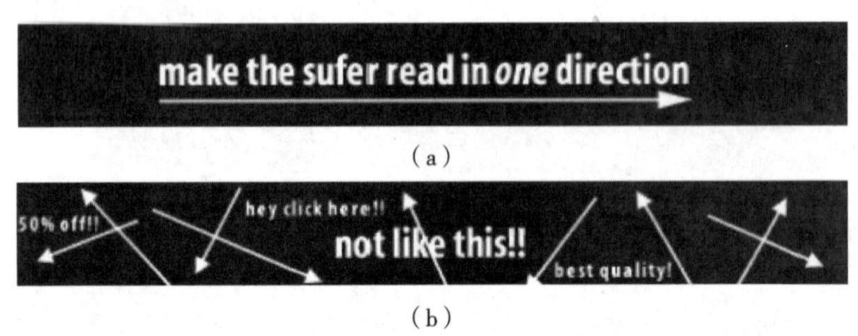

（a）

（b）

图1.2.138　Banner内容排列（图片来源：《Banner设计手册》）

4)用最短时间激起单击欲望

带有浓厚商业色彩的广告容易使用户从心理上产生抵触。网络广告在设计和策划时，需介绍网站或产品将为用户做什么，通过给新用户以一定的益处和配以鼓动人心的措辞口号来引导和吸引他们。另外，用户浏览网页的集中注意力时间一般也就是几秒钟，所以不需要太多过场动画，需第一时间进行产品的展示，命中主题。

5)色彩不要过于醒目

有些广告主要求使用比较夸张的色彩来吸引访问者眼球，希望由此提升Banner的关注度。实际上，过于鲜艳的颜色虽然能吸引眼球，但往往会使访问者感觉刺眼、不友好甚至产生反感。所以，过度耀眼的色彩是不可取的。

6)产品数量不宜过多

很多广告主总是想展示更多的产品，少则4～5个，多则8～10个，结果会使得整个Banner变成产品的堆砌。Banner的显示尺寸非常有限，摆放太多产品，会使视觉效果大打折扣。所以，产品图片不是越多越好，易于识别才是关键。

7)信息数量要平衡

很多人总认为信息多就好，觉得所有信息都很重要，都要求突出，结果却适得其反。如果Banner上满是吸引点，那用户只会被注意，所以在Banner的有限空间内做好各种信息的平衡和协调非常重要。

8）留空

Banner画面中需要留空，留空可以使图形和文字有呼吸的空间。

1.2.3　房地产团购网站首页内容设计

1）制作网站说明板块

（1）步骤一：绘制板块边框

使用矩形工具，绘制宽度为“978像素”，高度为“127像素”的矩形形状。设置矩形的填充颜色为“无”，描边颜色为红橙色（#f65f1a），描边宽度为“1点”。为该形状图层命名为“边框”，如图1.2.139所示。

图1.2.139

（2）步骤二：制作板块内容

将“Banner图标1”素材复制到当前文件中。使用文字工具 T，输入“什么是返现”文字。设置字体为“微软雅黑”，字体大小为“18像素”，消除锯齿方法为“犀利”，设置字体颜色为红橙色（#f66f1e）。打开文字工具选项栏上的“字符”面板，并设置为“仿粗体”字体样式，如图1.2.140所示。

图1.2.140

使用文字工具 T 建立文本框，输入板块说明内容。设置字体为“宋体”，字体大小为“12像素”，消除锯齿方法为“无”，设置字体颜色为深灰色（#4a4a4a），按“仿粗体”的文字样式设置。将突出显示的“1%～9%”的文字字体大小修改为“14像素”，添加“仿粗体”的文字样式设置，并将颜色更改为红橙色（#f65f1a），如图1.2.141所示。

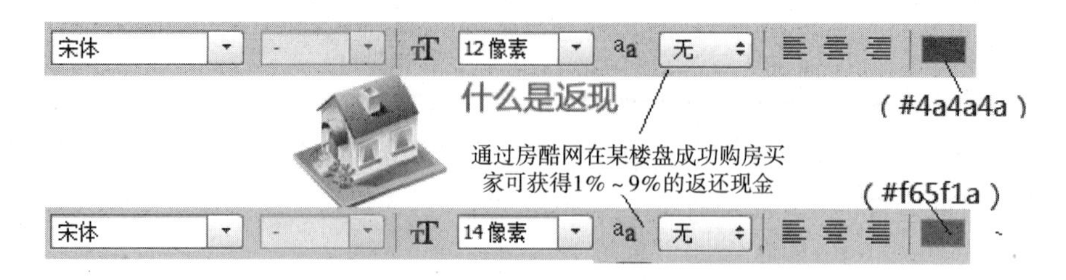

图1.2.141

采用同样的方法完成其他内容的制作，效果如图1.2.142所示。

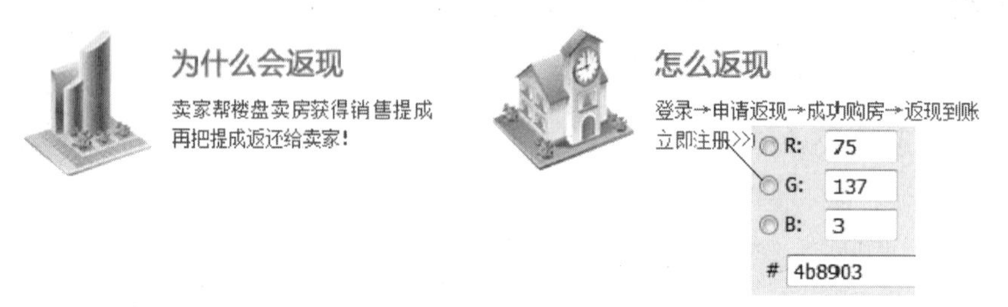

图1.2.142

将该板块涉及的所有图层选中，使用快捷键“Ctrl+G”将图层进行编组，并命名为“说明板块”。

2）制作网站左侧“楼盘展示”内容

（1）步骤一：绘制内容边框

使用矩形工具，绘制宽度为“692像素”，高度为“212像素”的矩形形状。设置矩形的填充颜色为“无”，描边颜色为红橙色（#f65f1a），描边宽度为“1点”，如图1.2.143所示。

图1.2.143

再次使用矩形工具，绘制宽度为“690像素”，高度为“27像素”的矩形形状。设置矩形的填充颜色为“无”，描边颜色为红橙色（#fff5eb），描边宽度为“3点”，如图1.2.144所示。

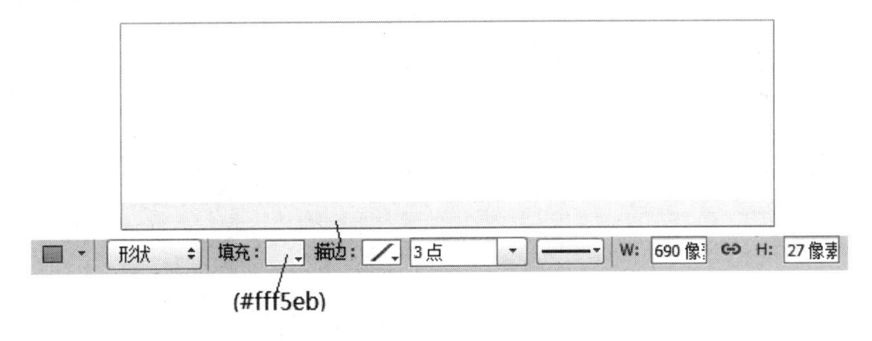

图1.2.144

（2）步骤二：制作图片内容

将“爱加欧郡”素材复制到当前文件中，建立宽度为“300像素”，高度为“112像素”的选区框选住图片。使用快捷键“Ctrl+Shift+I”执行选区反向命令，并按下“Delete”键删除选区内图像。最后，使用快捷键“Ctrl+D”取消选区，如图1.2.145所示。

图1.2.145

将“爱加欧郡标志”素材复制到当前文件中。选择铅笔工具，在铅笔工具属性栏中的画笔形状处单击右侧的三角形按钮，在其弹出的下拉菜单中单击橡皮带按钮，在下拉菜单中选择“方头画笔”，并在弹出的对话框中单击“追加”按钮，载入“方头画笔”画笔形状，如图1.2.146所示。

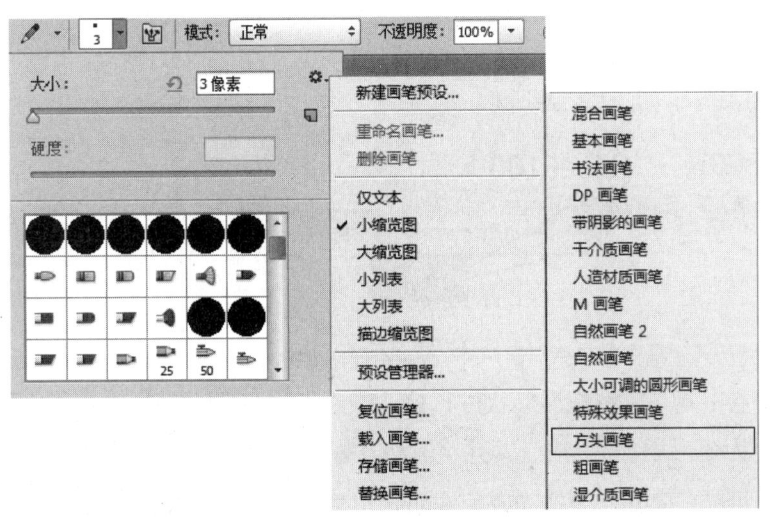

图1.2.146　载入“方头画笔”

使用快捷键“F5”执行“窗口”菜单→“画笔”命令打开“画笔”面板，设置画笔的形状为“方头画笔”，大小设置为“3像素”，圆度为“36%”，间距为“198%”。新建图层，设置前景色为灰色（#969696）后，绘制虚线，如图1.2.147所示。

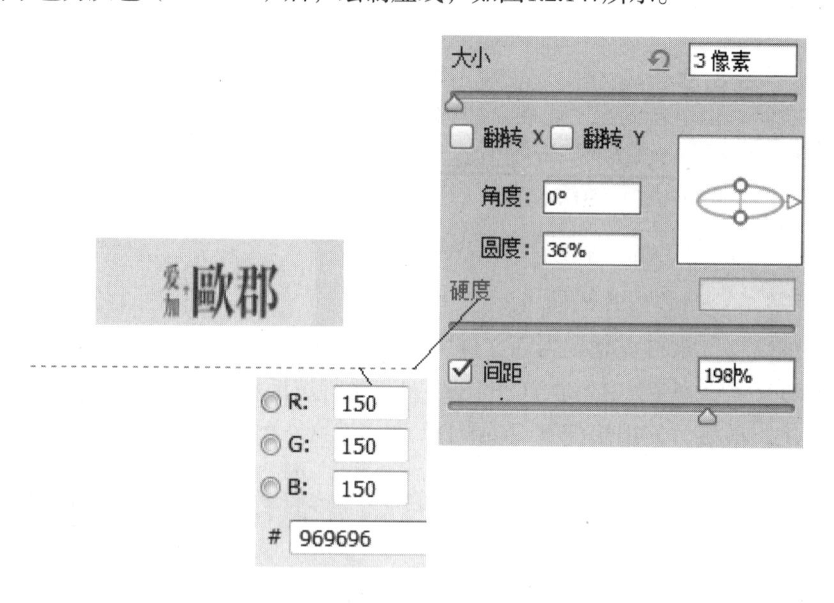

图1.2.147　绘制虚线设置

（3）步骤三：制作文字内容

选择文字工具 T，输入“爱加欧郡”文字。设置字体为“宋体”，字体大小为“14像素”，消除锯齿方法为“无”，字体颜色为深灰色（#2e2e2e），并为字体添加“仿粗体”字体样式，如图1.2.148所示。

图1.2.148　文字内容完成效果

选择矩形工具绘制宽度为“50像素”，高度为“23像素”的矩形形状，设置其填充颜色为红橙色（#ff6800），描边颜色为红色（#ee6100），描边宽度为“1点”，如图1.2.149所示。

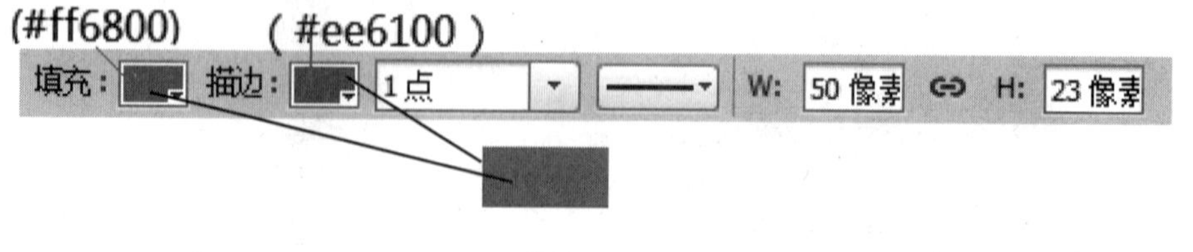

图1.2.149

选择转换点工具将矩形形状进行修改。在矩形形状右侧边上单击右键，选择“添加锚点”命令为矩形添加3个锚点，并将其依次单击转换成为直线锚点。再使用直接选择工具将中间锚点向外略微拖动，完成对矩形形状的修改，如图1.2.150所示。

选择文字工具 T，输入“返现”文字。设置字体为“宋体”，字体大小为“12像素”，消除锯齿方法为“无”，字体颜色为白色（#ffffff），如图1.2.151所示。

图1.2.150　矩形形状修改　　　　图1.2.151

选择文字工具 T，分别输入文字“700”与“元”。设置“700”的字体为“Arial”，字体大小为“24像素”，消除锯齿方法为“锐利”，字体颜色为红橙色（#ff6800）；设置“元”字体为“宋体”，字体大小为“12像素”，消除锯齿方法为“无”，字体颜色设置为深灰色（#2e2e2e），如图1.2.152所示。

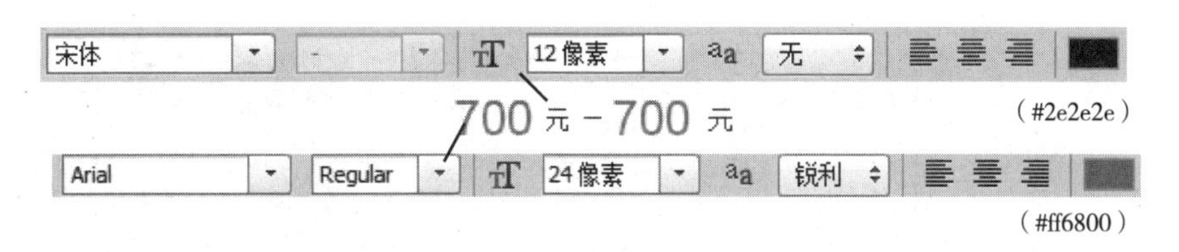

图1.2.152

选择文字工具 T，输入文字内容。设置字体为“宋体”，字体大小为“12像素”，消除锯齿方法为“无”，字体颜色设置为深灰色（#2e2e2e）。

选择文字工具 T，输入文字内容“7647”。设置字体为“Arial”，字体大小为“18像素”，消除锯齿方法为“锐利”，字体颜色为红橙色（#ff6800），如图1.2.153所示。

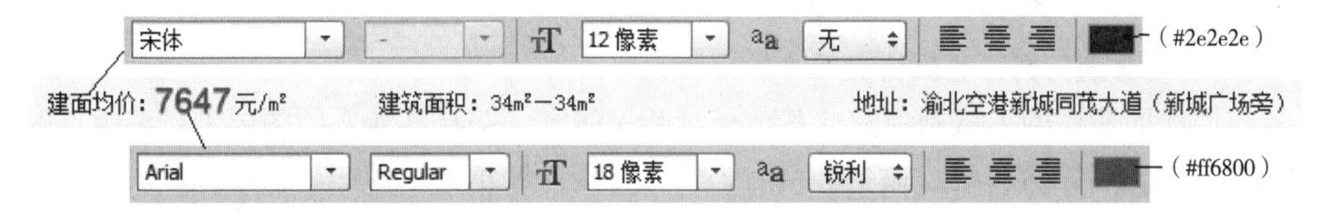

图1.2.153

（4）步骤四：制作“独家卖家返现”装饰形状

选择钢笔工具，将绘制类型设置为“形状”，边框的右上角绘制三角形修饰形状。设置该修饰图形形状的填充颜色为渐变，设置渐变角度为“45° ”，具体颜色设置如图1.2.154所示。

选择文字工具 T，输入文字内容“独家卖家返现”。设置字体为“微软雅黑”，字体大小为“18像素”，消除锯齿方法为“锐利”，字体颜色为白色（#ffffff）。复制该文字图层，并将复制的副本置于文字图层的下方，修改其文字颜色为深红色（#d53c03），并使用方向键向下移动“1像素”。

按住“Shift”键将两个文字图层都选中后，使用“Ctrl+T”执行自由变换命令，将文字图层旋转“45° ”，完成效果如图1.2.155所示。

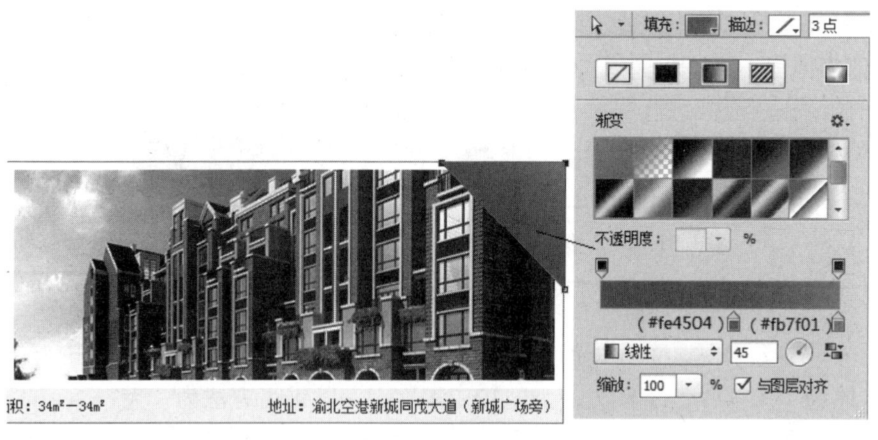

图1.2.154

图1.2.155

将图片内容涉及的所有图层选中，使用快捷键“Ctrl+G”将图层进行编组，并命名为“爱加欧郡”。

（5）步骤五：制作其他楼盘图片展示内容

按照前面所述的方法制作完成其他楼盘图片内容，并将其涉及的图层进行编组，并以展示的楼盘名称对组进行命名。最后，将所有楼盘展示内容的图层组选中，用快捷键“Ctrl+G”将图层进行编组，并命名为“左侧内容”，如图1.2.156所示。

图1.2.156　楼盘展示内容

3）制作网站右侧“快捷按钮”板块

（1）步骤一：制作“免费注册”与“登录”按钮

绘制栏目板块边框。使用矩形工具，绘制宽度为“270像素”，高度为“128像素”的矩形形状。设置矩形的填充颜色为“无”，描边颜色为红橙色（#f65f1a），描边宽度为“1点”。

在此使用矩形工具，绘制宽度为“114像素”，高度为“39像素”的矩形形状。设置矩形的填充颜色为浅灰色（#f4f4f4），描边颜色为灰色（#cbcbcb），描边宽度为“1点”，效果如图1.2.157所示。

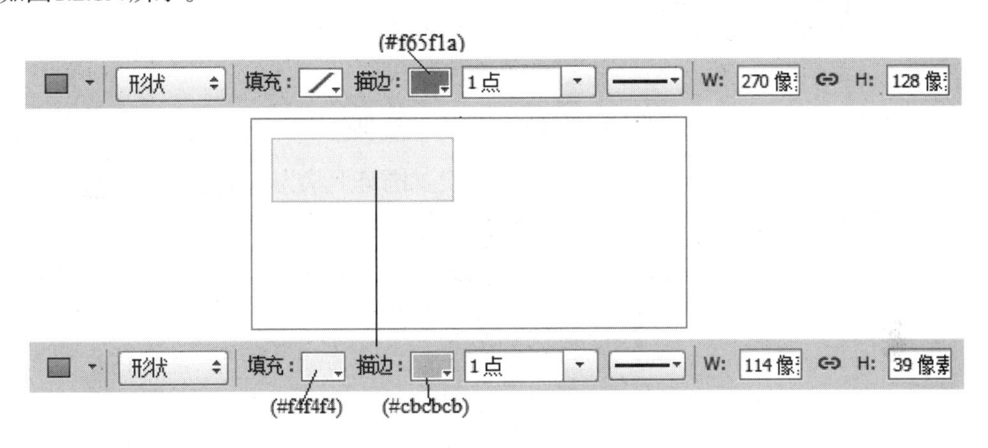

图1.2.157

选择文字工具，输入“免费注册”文字。设置字体为“微软雅黑”，字体大小为“16像素”，消除锯齿方法为“平滑”，设置字体的颜色为黑灰色（#4b4b4b），如图1.2.158所示。

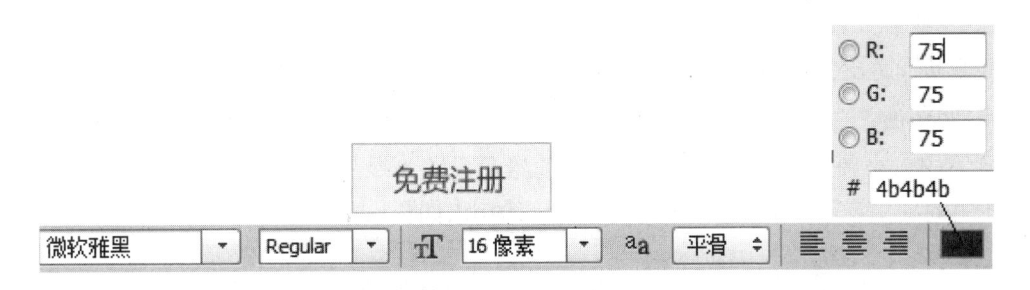

图1.2.158　按钮文字设置

将按钮边框与按钮文字图层选中，使用快捷键“Ctrl+G”将图层进行编组，并将其命名为“免费注册”。按下“Alt”键并用移动工具将该图层组进行拖动完成复制该图层组的命令，将文字改为“登录”，效果如图1.2.159所示。

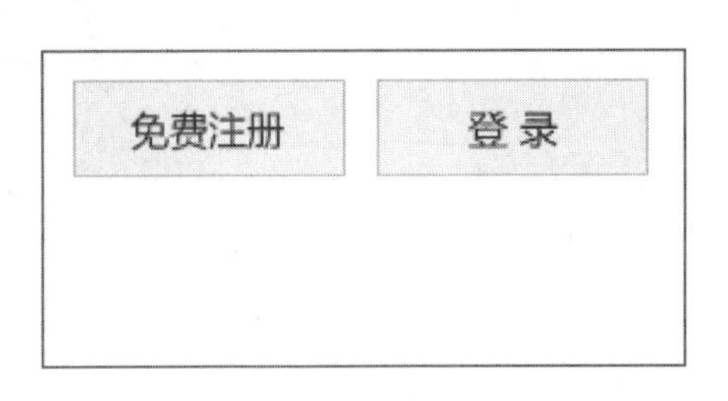

图1.2.159　按钮制作效果

（2）步骤二：制作“发布卖房需求”按钮

绘制栏目板块边框。使用矩形工具，

绘制宽度为“212像素”，高度为“48像素”的矩形形状。设置矩形的填充颜色为绿色（#24a002），描边颜色为深绿色（#248504），描边宽度为“1点”，并为图层命名为“边框”，如图1.2.160所示

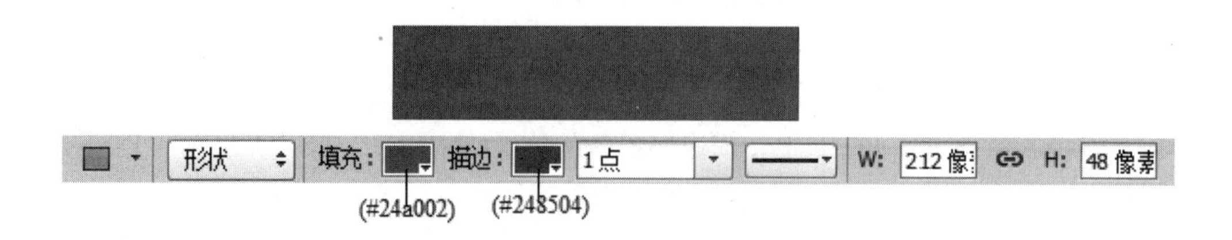

图1.2.160

绘制按钮高光。新建图层，按住“Ctrl”键单击“边框”形状图层的图层缩略图，将矩形形状作为选区载入。选择画笔工具，设置画笔形状为“柔边圆”，画笔硬度为“0%”，设置画笔的直径大小为“150像素”。设置前景色为浅绿色（#89f259），在建立的选区上方单击鼠标左键，绘制按钮高光效果，如图1.2.161所示。

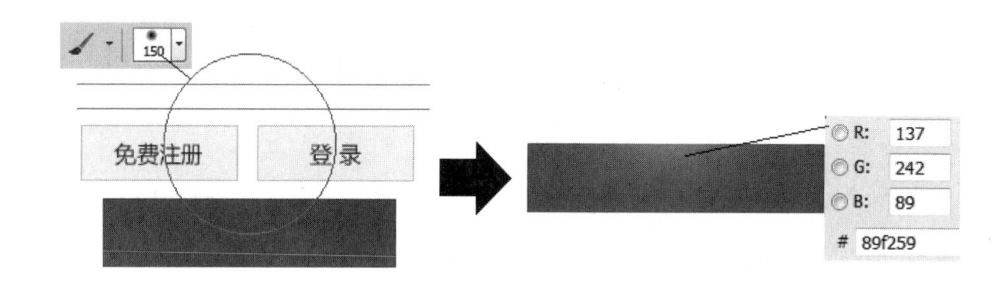

图1.2.161　按钮高光绘制

绘制按钮投影。在按钮“边框”图层的下方新建图层。使用矩形选框工具，绘制宽度为“212像素”，高度为“16像素”的矩形选框。选择画笔工具，保持画笔形状不变，只将画笔的大小调整为“70像素”，并将前景色设置为绿灰色（#a4c79a）。利用“柔边圆”画笔的羽化效果，在选区上方进行涂抹，绘制出如图1.2.162所示按钮的投影效果。

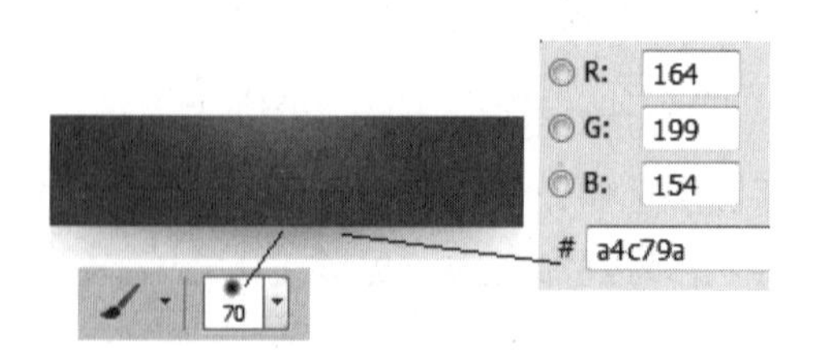

图1.2.162　按钮投影绘制效果

⊕ 小贴士

在当前图层的下方建立新图层，可以按下“Ctrl”键单击图层面板的“创建新图层”按钮，则可马上建立处于当前图层下方的新图层。

绘制按钮反光。选择直线工具，设置填充颜色为淡黄绿色（#e0ffae），描边为“无”，设置直线宽度为“210像素”，高位“1像素”，如图1.2.163所示。

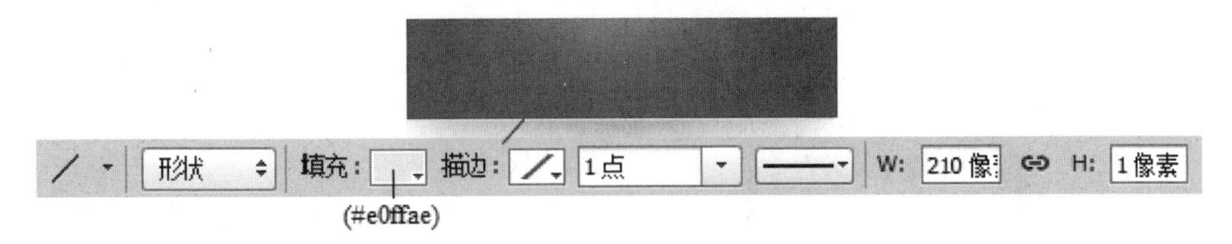

图1.2.163　按钮反光效果

选择文字工具，分别输入“发布卖房需求”文字。设置字体为“微软雅黑”，字体大小为“24像素”，消除锯齿方法为“平滑”，设置字体颜色为白色（#ffffff）。

将该部分涉及的所有图层和图层组选中，使用快捷键“Ctrl+G”将图层进行编组，并命名为“快捷按钮”，如图1.2.164所示。

图1.2.164　快捷按钮板块完成效果

4）制作网站右侧“分类导航”板块

（1）步骤一：制作板块边框及栏目条

使用矩形工具，绘制宽度为“270像素”，高度为“382像素”的矩形形状。设置矩形的填充颜色为红橙色（#fc7c01），描边颜色为“无”，如图1.2.165所示。

再次使用矩形工具，绘制宽度为“246像素”，高度为“313像素”的矩形形状。设置矩形的填充颜色为白色（#ffffff），描边颜色为“无”，如图1.2.166所示。

选择文字工具，分别输入“分类导航”文字。设置字体为“微软雅黑”，字体大小为“18像素”，消除锯齿方法为“平滑”，设置字体颜色“白色”。并打开文字工具选项栏上的“字符”面板，设置“仿粗体”字体样式，如图1.2.167所示。

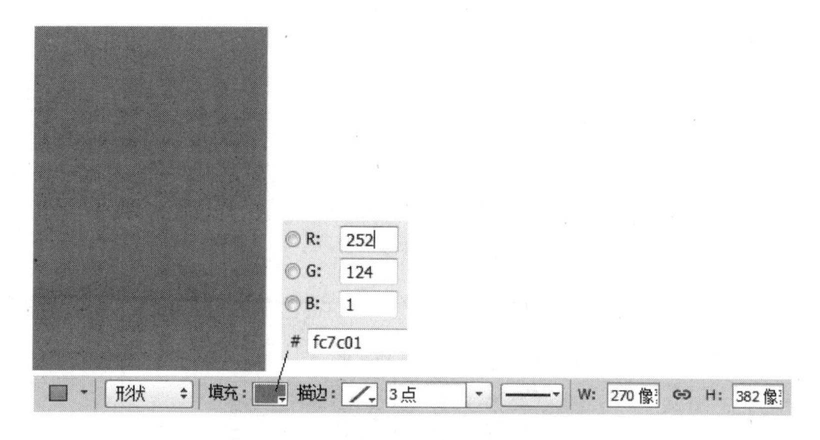

图1.2.165

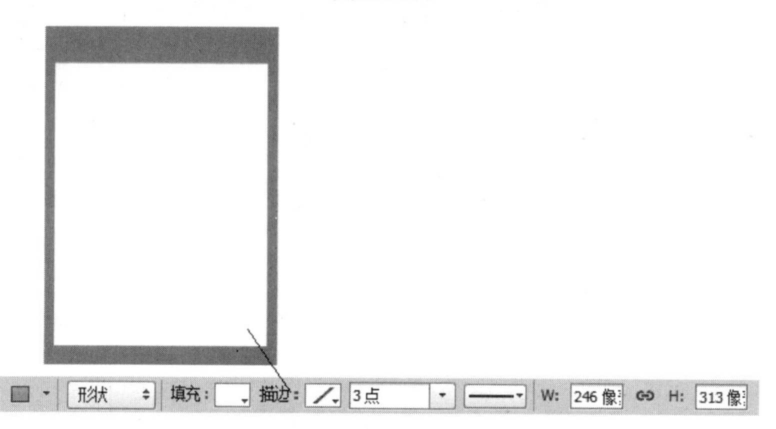

图1.2.166

图1.2.167

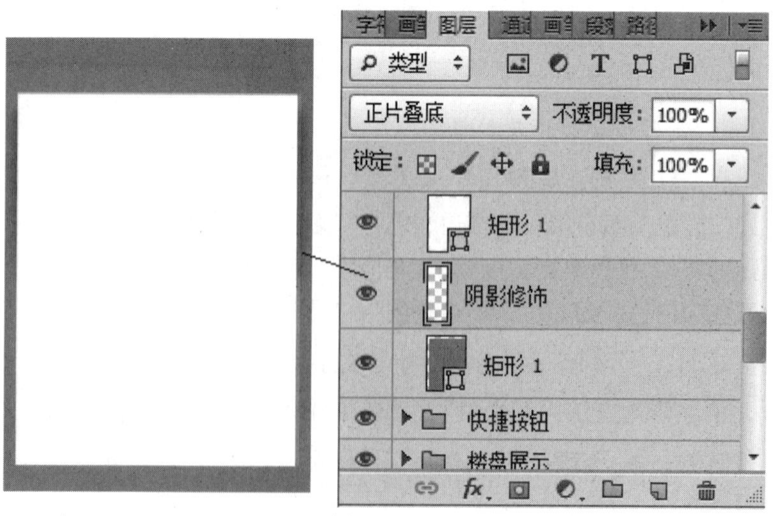

图1.2.168

（2）步骤二：制作板块内容

选择文字工具 T 建立文本框，输入板块内容。设置字体为“宋体”，字体大小为“14像素”，消除锯齿方法为“无”。打开文字工具选项栏上的“字符”面板，设置“价格”与“区域”两个内容标题的字体样式为“仿粗体”，行距为“30像素”，其余文字内容的行距为“24像素”，字体颜色设置如图1.2.169所示。

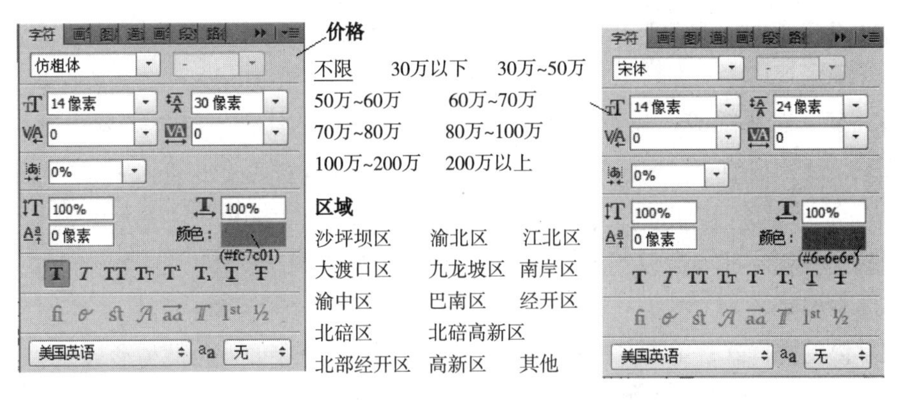

图1.2.169 内容文字设置

⊕ 小贴士

在进行网页设计时，正文的文字字号通常采用“12像素”和“14像素”。同时，为避免字体问题，字体类型一般都采用“宋体”，考虑到与Dreamweaver的通用性问题，在设置消除锯齿上多采用“无”。

▶ Points 知识要点——字符面板

Photoshop中所有文字格式的设置参数都被集成在“字符”面板中，可以在选择任意一个“文本工具”的情况下，单击工具选项栏中的切换字符和“段落面板”按钮，弹出如图1.2.170所示“字符”面板。

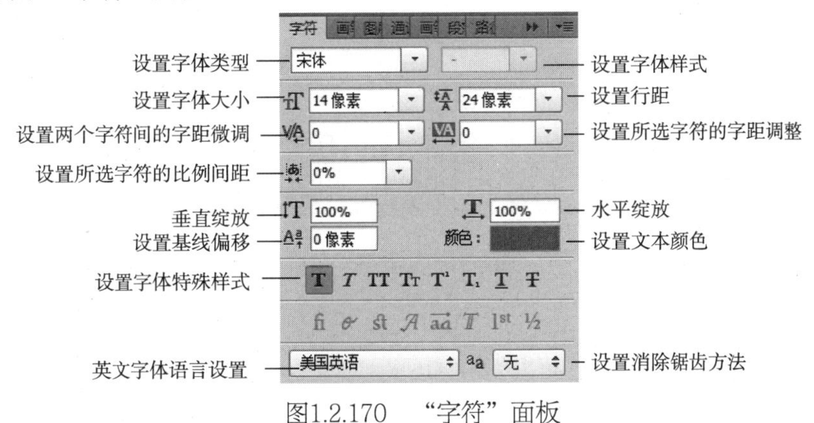

图1.2.170 “字符”面板

设置行距：在此数值框中输入数值或在下拉菜单中选择一个数值，可以设置两行文字之间的距离，数值越大行间距越大。网页中常用的行间距值有18像素、20像素和24像素；当有分割线等修饰图形修饰段落文字时，行距通常会设置到30像素或36像素。

设置所选字符的字距调整：此数值控制了所有选中的文字间距，数值越大字间距越大。字间距越大，文字从视觉上看会比较分散而轻松；字间距越小，文字从视觉上越紧凑而整体。

设置所选字符的比例间距：此数值控制了所选中文字的间距。数值越大，间距越大；数值越小，间距越小。

垂直缩放、水平缩放：设置文字水平或者垂直缩放的比例。选择需要设置比例的文字，在IT和T数值框中输入百分数，即可调整文字的垂直或水平缩放比例。如果数字大于100%，文字的高度或宽度增大；如果数值小于100%，文字的高度或者宽度缩小。

设置基线偏移：此参数仅用于设置文字的基线值，对于水平排列的文字而言，正数向上、负值向下偏移。

设置字体特殊样式：单击其中的按钮，可以将选中的文字改变为此种形式显示。这些按钮依次为仿粗体、仿斜体、全部大写字母、小型大写字母、上标、下标、下画线和删除线。

设置消除锯齿的方法：在此下拉列表中选择一种消除锯齿的方法。

（3）步骤三：制作虚线修饰线

选择铅笔工具，设置画笔形状为“方头画笔”，画笔大小为“3像素”，画笔的间距为“330%”，前景色为橙红色（#fc7c01）。新建图层，并在该图层上绘制虚线修饰线，如图1.2.171所示。

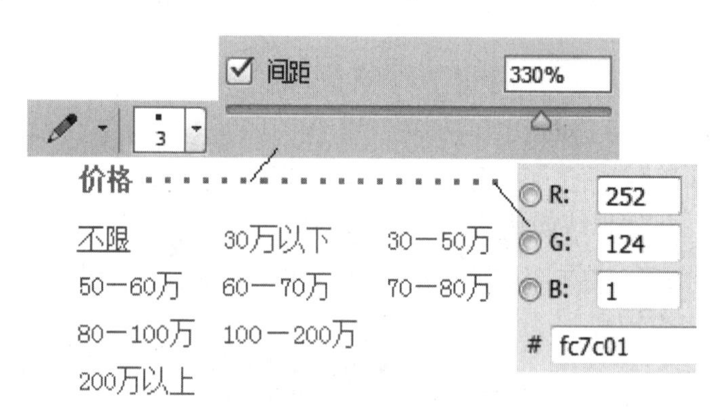

图1.2.171

按下“Alt”键使用移动工具拖动，复制绘制的分隔线，完成“分类导航”板块的制作。并将该部分涉及的图层使用“Ctrl+G”快捷键进行图层编组，为图层组命名为“分类导航”，如图1.2.172所示。

5）制作网站右侧“分类导购”板块

（1）步骤一：修改板块边框

按下“Alt”键使用移动工具拖动，复制“分类导航”板块。选择直接选择工具选中红橙色边框形状图形的下方两个锚点进行拖动，改变图形形状的长度。同样的方法，更改白色边框图形形状长度，效果如图1.2.173所示。

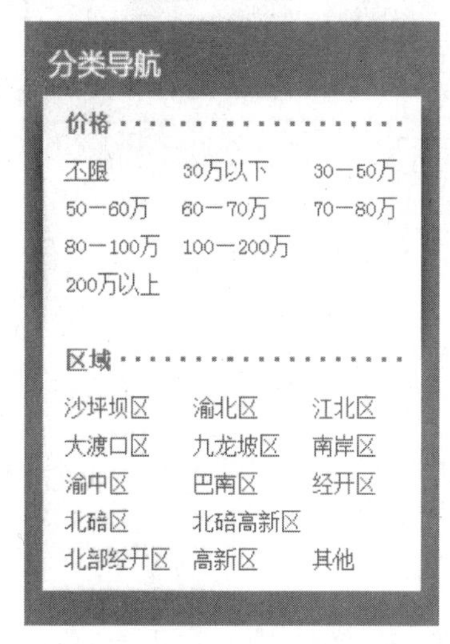

图1.2.172　“分类导航”板块完成效果

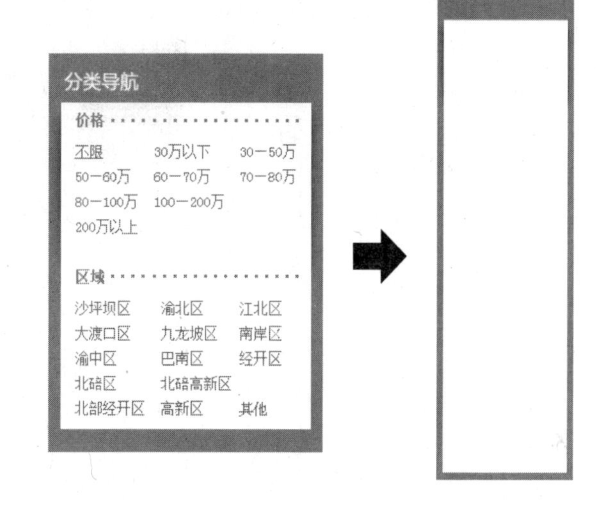

图1.2.173

（2）步骤二：制作板块内容

按照前面“分类导航”板块的制作方法，完成该部分内容的制作，完成效果图如图1.2.174所示。

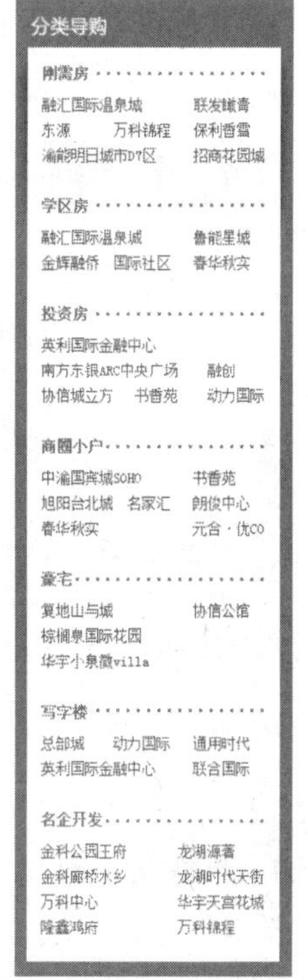

图1.2.174　“分类导航”完成效果

6）制作网站右侧“活动公告”板块

（1）步骤一：制作板块边框及栏目条

使用矩形工具，绘制宽度为“270像素”，高度为“224像素”的矩形形状。设置矩形的填充颜色为白色（#ffffff），描边颜色为红橙色（#f65f1a），描边宽度为“1点”。

再次使用矩形工具，绘制宽度为“268像素”，高度为“38像素”的矩形形状，设置矩形的填充颜色为浅橙色（#feecd8），描边颜色为“无”，如图1.2.175所示。

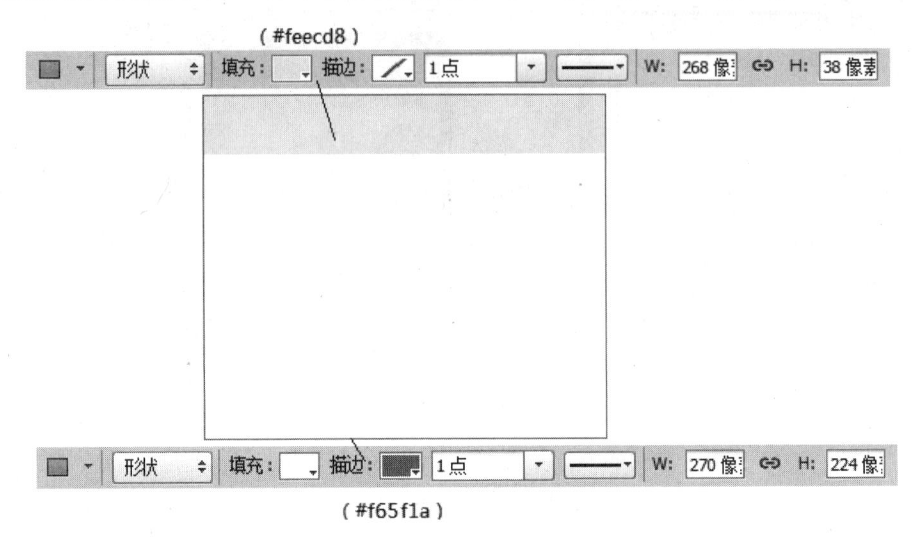

图1.2.175

选择文字工具，分别输入“活动公告”文字。设置字体为“宋体”，字体大小为“14像素”，消除锯齿方法为“无”，字体颜色为红橙色（#ff4b00）。打开文字工具选项栏上的“字符”面板，设置“仿粗体“字体样式，如图1.2.176所示。

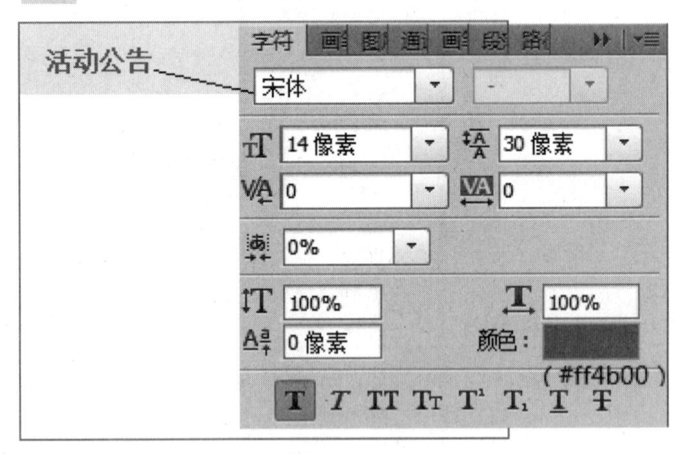

图1.2.176

（2）步骤二：制作板块内容

选择文字工具建立文本框，输入板块文字内容。设置字体为“宋体”，字体大小为“12像素”，消除锯齿方法为“无”，字体颜色为黑灰色（#3a3a3a）。并打开文字工具选项栏上的“字符”面板，设置“行距”为“24像素”，如图1.2.177所示。

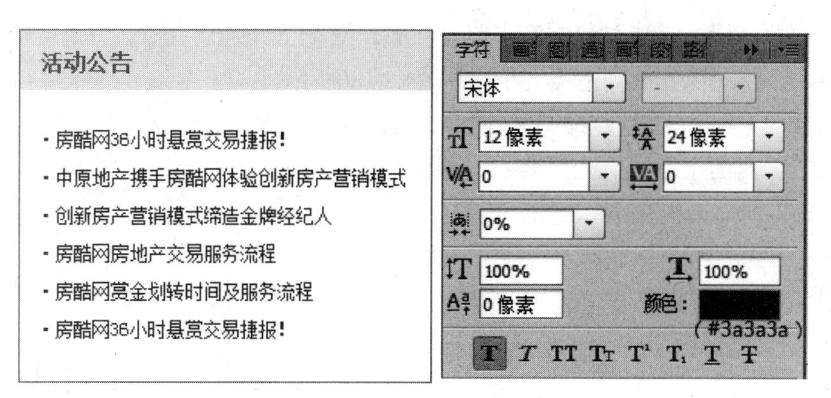

图1.2.177

将该板块涉及的所有图层选中，使用快捷键“Ctrl+G”将图层进行编组，并命名为“活动公告”。

7）制作网站右侧“品牌客户”板块

（1）步骤一：复制板块边框及栏目条

按下“Alt”键复制“活动公告”图层组，并更名为“品牌客户”。使用文字工具，将“活动公告”改为“品牌客户”。选择直接选择工具选中板块外边框，将形状边框的下面两个锚点选中向上进行直线拖动，将板块高度缩短为“38像素”，如图1.2.178所示。

图1.2.178　“品牌客户”板块边框效果

（2）步骤二：制作板块内容

使用矩形工具，绘制宽度为“118像素”，高度为“52像素”的矩形形状。设置矩形的填充颜色为白色（#ffffff），描边颜色为浅灰色（#cccccc），描边宽度为“1点”，如图1.2.179所示。

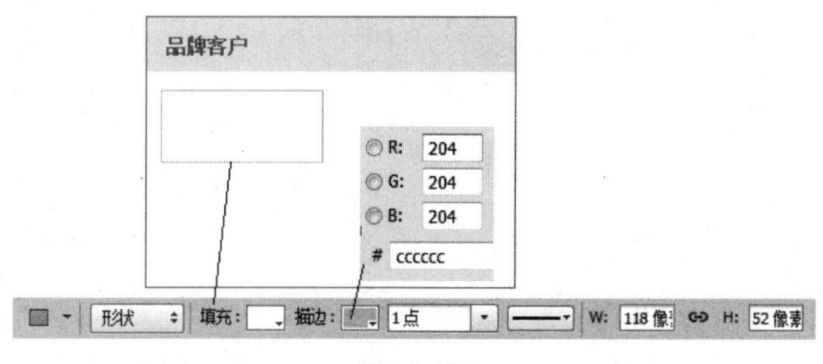

图1.2.179

将“中原地产标志”素材复制到当前文件中，使用“Ctrl+T”执行“编辑”菜单→“自由变换”命令，将图像缩放到适当大小，如图1.2.180所示。

使用同样的方法，完成板块的其他内容，完成效果如图1.2.181所示。

图1.2.180

图1.2.181　“品牌客户”板块完成效果

将本板块涉及的所有图层选中，使用快捷键“Ctrl+G”将图层进行编组，并命名为“品牌客户”。

8）制作网站底部“流程说明”板块

（1）步骤一：制作流程说明按钮

使用矩形工具，绘制宽度为“227像素”，高度为“56像素”的矩形形状。设置矩形的填充颜色为白色（#ffffff），描边颜色为肉色（#f4caa1），描边宽度为“1点”。

使用转换点工具在矩形的右边框中点位置添加锚点，并将其转换为直线锚点。再使用直接选择工具，将添加的锚点向右边移动，效果如图1.2.182所示。

图1.2.182

使用椭圆形工具，绘制宽度为“29像素”，高度为“29像素”的正圆形形状。设置矩形的填充颜色为橙红色（#ff4f06），描边颜色为朱红色（#f65f1a），描边宽度为“1点”，如图1.2.183所示。

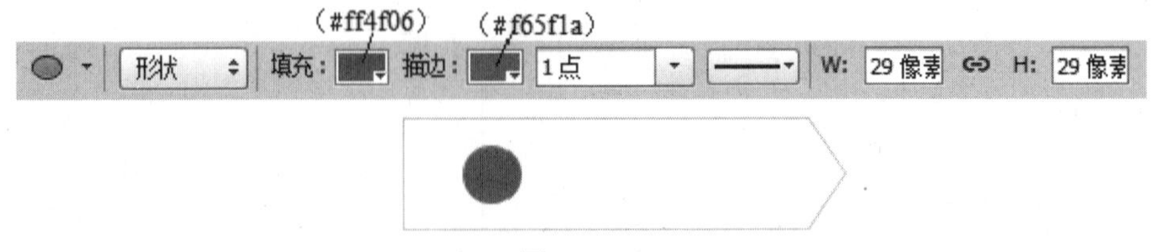

图1.2.183

选择文字工具T，输入数字“1”。设置字体为“Arial”，字体大小为“24像素”，消除锯齿方法为“锐利”，字体颜色为白色（#ffffff）。打开文字工具选项栏上的“字符”

面板▤，设置“仿粗体”和“仿斜体”字体特殊样式。

再次选择文字工具 T，输入文字“注册/登录”。设置字体为“宋体”，字体大小为“14像素”，消除锯齿方法为“无”，字体颜色为朱红色（#ff4c05）。打开文字工具选项栏上的“字符”面板▤，设置“仿粗体”字体特殊样式，如图1.2.184所示。

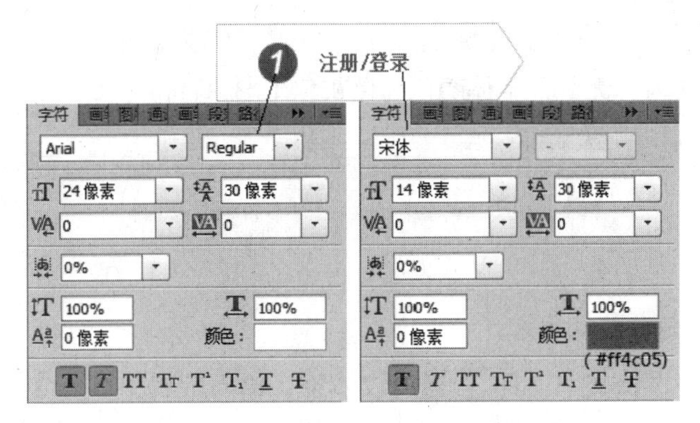

图1.2.184　流程按钮文字设计

按照同样的方法制作完成其他剩余按钮的制作，完成效果如图1.2.185所示。

图1.2.185

（2）步骤二：制作流程说明文字

使用矩形工具■，绘制宽度为“980像素”，高度为“193像素”的矩形形状。设置矩形的填充颜色为白色（#ffffff），描边颜色为肉色（#f4caa1）。

选择文字工具 T 建立文本框，输入流程说明文字。设置字体为“宋体”，字体大小为“12像素”，消除锯齿方法为“无”，字体颜色为灰色（#656565）。并打开文字工具选项栏上的“字符”面板▤，设置“行距”为“20像素”，如图1.2.186所示。

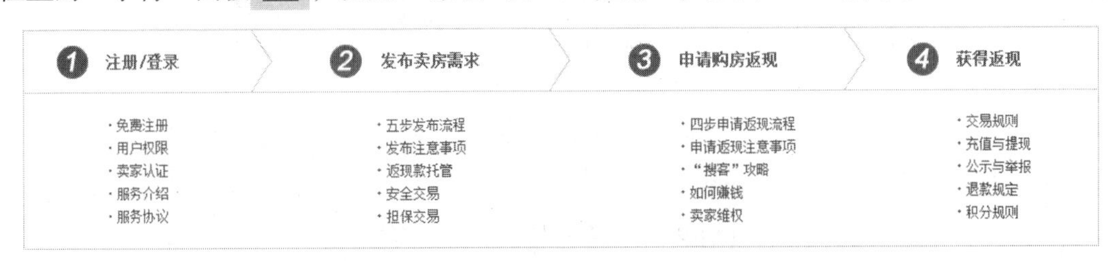

图1.2.186　“流程说明”板块完成效果

将该板块涉及的所有图层选中，使用快捷键“Ctrl+G”将图层进行编组，并命名为“流程说明”。

9）制作网站底部“版权”板块

（1）步骤一：制作“快速链接”板块

使用矩形工具■，绘制宽度为“980像素”，高度为“45像素”的矩形形状。设置矩形的填充颜色为浅橙色（#ffe9d5），描边颜色为肉色（#f4caa1），描边宽度为“1点”，如图

1.2.187所示。

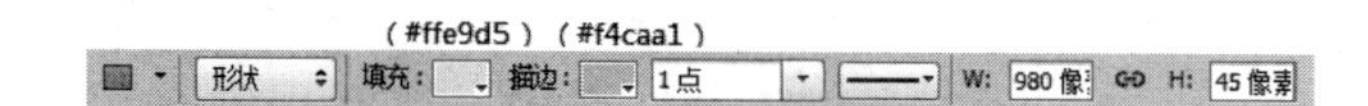

图1.2.187

选择文字工具 T，输入快速链接文字。设置字体为“宋体”，字体大小为“12像素”，消除锯齿方法为“无”，字体颜色为黑灰色（#3a3a3a），如图1.2.188所示。

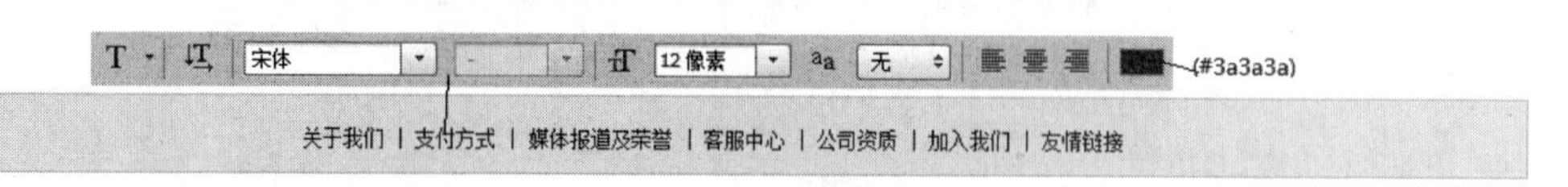

图1.2.188

（2）步骤二：制作版权内容

输入版权文字。选择文字工具 T 建立文本框，输入版权文字。设置字体为“宋体”，字体大小为“12像素”，消除锯齿方法为“无”，字体颜色为黑灰色（#3a3a3a），如图1.2.189所示。

图1.2.189 版权文字制作

将“版权图片”素材复制到当前文件中，并将该板块涉及的所有图层选中，使用快捷键“Ctrl+G”将图层进行编组，并命名为“版权”，完成页面的界面设计，如图1.2.190所示。

图1.2.190 版权设计完成效果

知识拓展：网页版式设计与色彩设计

1）网页版式设计

网页版式设计是指在有限的屏幕空间内，按照设计师的想法、意图将网页的形态要素按照一定的艺术规律进行组织和布局，使其形成整体视觉印象，最终达到有效传达信息的视觉设计。其以有效传达信息为目标，利用视觉艺术规律，将网页的文字、图像、动画、音频、视频等元素组织起来，产生感官上的美感和精神上的享受，充分体现了设计师的艺术风格。

网页界面的版式设计与传统媒体虽有共同之处，如它们均是在传达信息的同时，使版面给人在感官和精神上以美的享受。但网页的排版与传统媒体，如报纸、杂志等又有较大的差异。首先，网页界面与印刷品不同，它没有所谓的长宽比例。在水平方向上，网页界面受到计算机显示器分辨率设置的显示，需对宽度进行一定的设定，如在1 024×768的屏幕分辨率环境下，网页的宽度控制在1 000像素以内。而在垂直方向上，由于页面可以借助滚动条进行滚动，因此版面的长度是不受到任何限制的。其次，与印刷品是静止的不同，网页界面以计算机及各种设计软件等“无形化”的数字物质媒介来完成，是动态、变化的。再次，印刷品的每一页内容和信息量是限制的，而网页界面可以将诸多信息内容和页面视觉元素全部编排在一个页面上，其版式的创作更加自由、灵活。由此可以看出，对网页界面与印刷品来说，其版式设计受到的限制更少，设计师可以在网页界面中更加灵活、自由地发挥自己的创意；但同时也需注意到，由于计算机显示器等设计师不可控制因素，也使得网页界面在设计时比传统印刷品更具难度。

由于网页不受长度的限制，因此在网页界面中装载的内容也是不受限制的。这就造成了目前国内的一些网站不管自己的网站属于何种性质，为了追求页面信息内容的丰富性，都尽量将自己的页面内容做多、做长，且没有明确的功能区域划分，而将所有内容简单地罗列在一个页面上，并不假思索地将图片、动画等元素塞到网页界面中，整个网页就像一个大杂烩，五花八门。未考虑布局设置的规范化和条理化，也未考虑网页的统一美观性，使得用户在浏览过程中很难找到所需要的信息，使网页传达信息的功能大打折扣，用户也不能体验到美的享受，严重影响阅读效率以及无法激起浏览者的阅读欲望。

功能区域明确的网页版式设计如图1.2.191所示。

图1.2.191　功能区域明确的网页版式设计（图片来源：Voyager网站首页）

网页界面的版式设计一定要基于人的视觉生理及心理特征，而影响网页界面中版式设计的主要因素为视容量和视觉流程。网页以传播信息为最终目的，因此界面中存在诸多视觉信息元素，如标志、导航、文字标题、正文、装饰性图片等。一旦用户接受到的视觉信息超出一定的视觉容量，就会引起用户的抵触心理，并感到不适。因此网页界面的版式设计中对视觉容量应尤为重视。由于人在获取信息时存在容量限制，因此在处理复杂信息时会将其分为大的板块和单元，从整体方面来说，网页界面在计算机屏幕中每一屏的板块设置必须得到控制，以减少用户的记忆负担。根据美国心理学家George A.miller对人类短时记忆的研究，人脑每次能记住5～9项，因此网页界面的整体版式在设计时需将每屏的页面内容控制在5～9项。从网页版式的细节上讲，按照网页界面中的视觉信息不宜过多，以避免构图的过分复杂和烦琐。视觉信息尽量采用明确的视觉符号，以加快视觉识别的信息和理解的程度，对于重要信息，应有意识地适当加大视觉符号的面积，使单位面积的信息量相对较少。采用疏密、大小、多少的对比手法，以求得视觉上认知度的提高。并采用重点强调的手法，如对重要边框的边框线加强的方式，以强化视觉感知及感知速度。另外，还可注重不同视觉符号在造型与构图上的排列组合关系，运用整齐有序的视觉符号有效地缩短注视时间，加大视觉容量。

视觉流程是视线随页面各构成元素在空间沿一定轨迹运动的过程。用户在阅读网页界面内容时，会很自然地按照各种诉求内容一步步地进行阅读，这条无形的视觉空间流动线就形成了视觉流程。一般来说，人的视觉习惯为从左向右，从上向下看，因此一个网页界面带给用户的自然视觉流程是从左上方到右下方的一个顺时针方向的弧形曲线，而左上部和中上部则被称为“最佳视域”。在进行版式设计时，应将重要信息或视觉流程的停留点安排在“最佳视域区”内。

通过对视觉容量和视觉流程的了解，设计师可以根据视觉移动规律，将网页中的各种视觉信息有序地组织在一起，以帮助用户清晰、流畅、快捷、愉悦地接受信息。

网页界面中“最佳视域”的应用如图1.2.192所示。

图1.2.192　网页界面中“最佳视域”的应用（图片来源：http：//www.siin.cn）

虽然目前互联网上的网页界面五彩缤纷，千变万化，但实际上网页界面的版式是有一定的规律可循。网页视觉设计师Relen指出：“现今大部分的网页版面都是由栏式结构和区域结构这两种基础格局结构演化而来的。”

栏式结构是将网页进行纵向分割，将网页竖分为几列，其类型名称也已分为了几列来命名，比如分为两列，其名为两栏式；三列则命名为三栏式。网页界面最多为分成五列的情况，其中三栏式是网页中最常见的版面设计形式，常被应用于信息量大、更新速度快的网站中。栏式结构布局的网页界面整体大气、开阔、充实，国内外许多大型网站如雅虎、新浪、腾讯等都采用这种分栏方式，如图1.2.193所示。

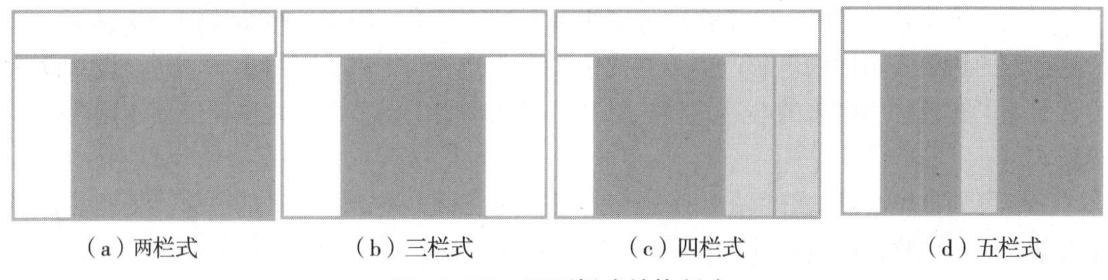

（a）两栏式　（b）三栏式　（c）四栏式　（d）五栏式

图1.2.193　网页栏式结构版式

区域结构的网页界面版式是利用辅助线、图形、色彩等方式将网页页面横向进行分割。这种分割方法不受栏式结构中列的限制，可更加自由、灵活地划分网页界面，设计师的创意能得到更大发挥，因此这种设计通常显得精巧而创意十足，适合于信息量较小的页面。这种版式还因分割方式的不同分为规则和不规则分割，如图1.2.194所示。

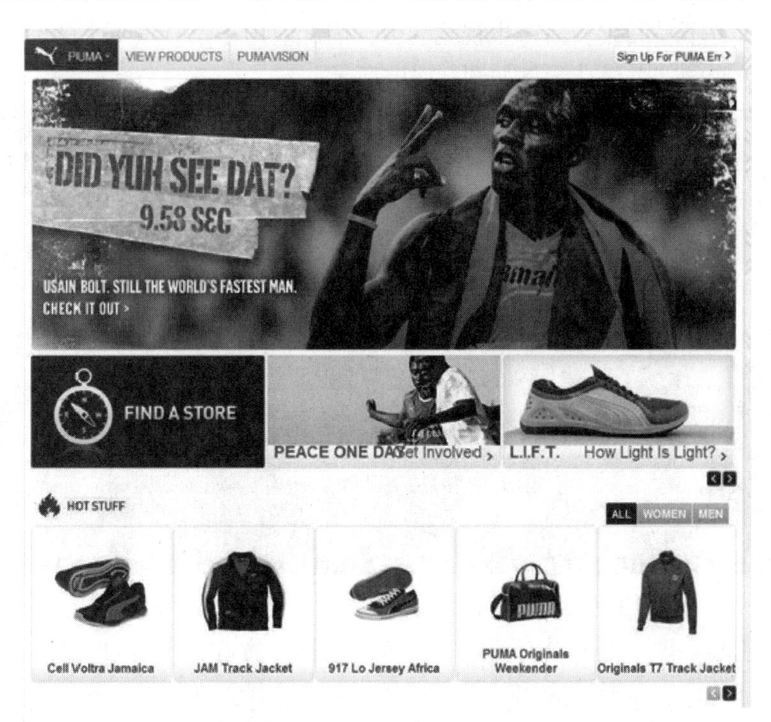

图1.2.194　网页区域结构版式（图片来源：http：//www.puma.com）

整体来看，栏式结构大气、简洁，区域结构精巧、灵活，需要注意的是栏式结构与区域结构并不是对立的，设计师可以根据网页界面中信息量的变化和信息类型的需要进行相应调整；同时，设计师可根据网页的信息内容和数量的变化，将这两种格局所形成版式风格优势结合起来，使得设计的页面既具备栏式结构的大气，又具备区域结构的精美，必然更加适应信息形式的变化和人们的审美追求。

2）网页色彩设计

色彩是艺术表现的要素之一。在网页设计中，根据和谐、均衡和重点突出等形式美原则，将不同的色彩进行组合、搭配以构成具有美感的页面。

（1）网页界面中的色彩心理

当人们在看到色彩时，除了会感觉到物理方面的影响，心理上也会立即产生感觉，这即是色彩的意象。不同的色彩产生不同的色彩意象，从而带来不同的色彩心理，设计师需要清楚地了解色彩所带来的心理感受，将其更好地应用于网页作品之中，以满足用户的审美需求。

①红色的色彩心理。红色是一个强有力且使人注目、兴奋、激动的色彩，因此往往容易引起人们的注意，这也使其在各种媒体中被广泛使用。红色具有较好的明视效果，属于具有前进感、扩张感的暖色，用以传达活力、积极、热诚、温暖等含义，中国人常用它作为象征吉祥、欢乐、喜庆、幸福用色。另外，红色也具有警示作用，用以表达警告、危险、禁止、防火等含义。

红色是充满活力的色彩，可以令人感觉到热情和力量。在网页设计时，红色既可以作为主色使用，也可以作为强调色使用。但需要注意的是，当红色作为主色使用时，由于其占用的面积较大，不易阅读，易产生视觉疲劳，因此应用于信息量不大的网页界面中。

红色为主色彩的网页设计示例如图1.2.195所示。

图1.2.195　红色为主色彩的网页设计示例（图片来源：http：//imluckyad.com/）

②橙色的色彩心理。橙色具有活泼、兴奋、温馨、甜蜜、华丽的性格，是情感和谐、生活幸福的象征色。金秋时节成熟的果实都呈现金黄的橙色，因此，橙色是象征丰收与喜悦的色彩。橙色也具有诱惑、炫目、动人的表情，是一种给人以味道感觉的色彩，能增进食欲，常被用于食品包装、标志设计、广告设计、食品陈列等方面。另外由于橙色明视度高，也常用于工业安全用色中。

在网页设计中，以高彩度的橙色作为主色，给人以新鲜具有活力的感受。橙色常常被用于各种不同信息类型的网站，但大多作为点缀，以增强整个网页界面的活力，从而产生丰富的视觉效果，如图1.2.196所示。

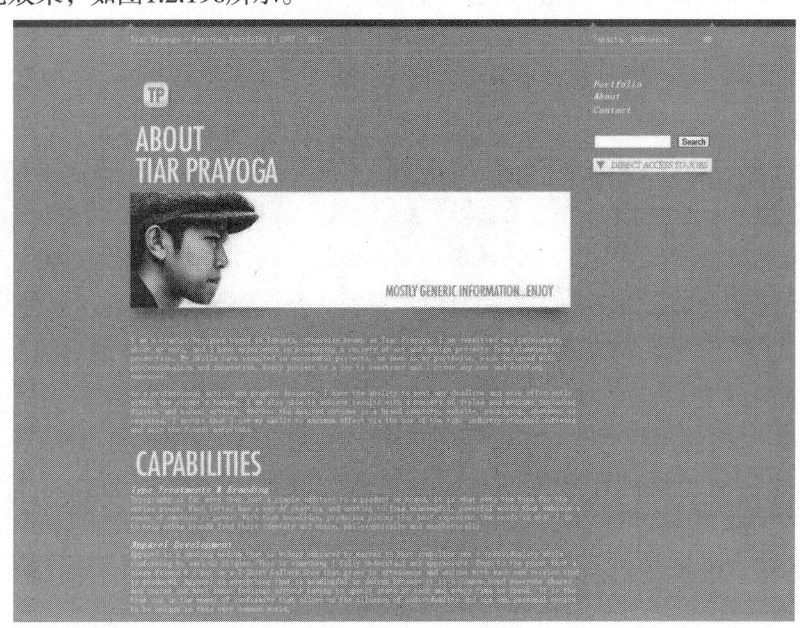

图1.2.196　橙色为主色彩的网页设计示例（图片来源：http：//www.tiarprayoga.name/）

③黄色的色彩心理。黄色是明视度最高、纯度最高的色彩。象征着照理黑暗的智慧之光，同时也象征着封建帝王的权力与财富。黄色的活泼、轻盈、纯净的个性成为青春、朝气的象征色。另外，黄色也被用于工业安全拥塞，用以警告危险或提醒注意。

以黄色为主色的网站并不多见，但黄色由于极易搭配而成为站点配色中使用较为广泛的颜色之一。在各类信息网站中都常遇见，并得到大部分浏览者的认可。黄色与黑色是最为经典的搭配方式，黑色能为艳丽的界面增添一种稳重感，同时这种配色方式易于辨认，清晰度高，具有较强的可读性，并且还能增强网页界面的质量感，弱化黄色所带来的刺激感，色彩对比度高，富有特色，易于记忆，如图1.2.197所示。

图1.2.197　黄色与黑色搭配的网页设计示例（图片来源：http：//bns.plaync.com/intro/）

④绿色的色彩心理。绿色是视觉最乐于接受的色彩，给人以平静、舒适、和平、返璞归真、回归自然的心理感受，表现人们充满希望、健康成长、生命永恒的色彩，象征着旺盛的生命活力，符合服务业和卫生保健业的诉求，在工厂中为了避免操作时眼睛疲劳，许多机械也采用绿色。绿色也常用于医疗机构场所，用以标识医疗用品。

在网页设计中，绿色因具有较高的宽容度，能够与多种色彩搭配和谐，所以它也是网页中较常使用的色彩。以绿色为主色彩的网页界面，带有环保清新的意义，如图1.2.198所示。

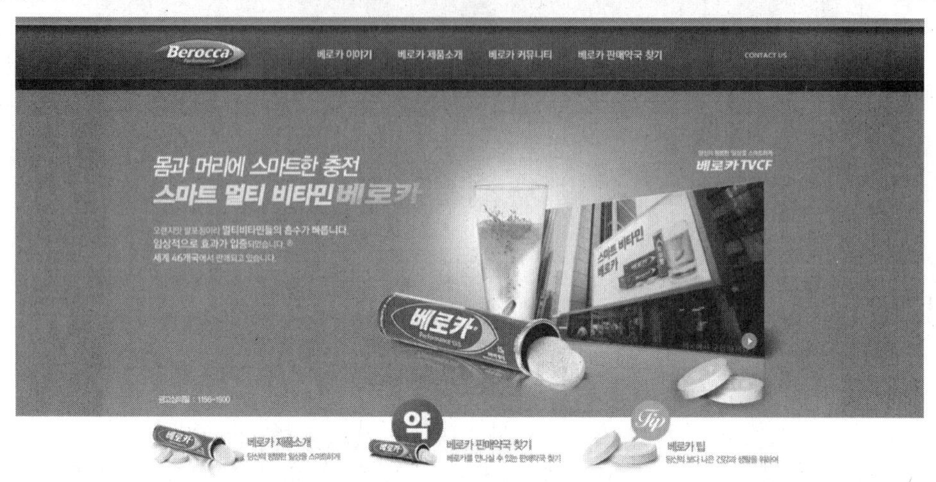

图1.2.198　绿色为主色的网页设计示例（图片来源：http：//www.berocca.co.kr/）

⑤蓝色的色彩心理。蓝色属于收缩的冷色，给人以沉稳、清澈、纯净、安静、冷漠、理智、准确的意象。蓝色是显示人们智慧、力量、理想的色彩，是现代科学的象征色。因此，在商业设计中，强调科技、效率的商品或企业形象大多选用蓝色，它是企业网站中使用频率最高的色彩。另外，受西方文化的影响，蓝色也代表忧郁，这种意象也常用于文学作品或感性诉求的商业设计中，如图1.2.199所示。

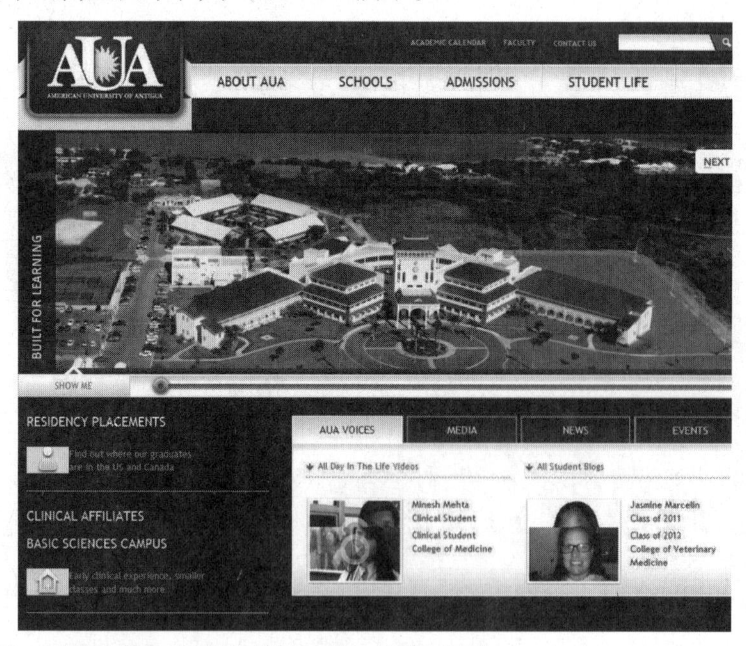

图1.2.199　蓝色为朱色彩的网页设计示例（图片来源：http：//www.auamed.org/）

⑥紫色的色彩心理。紫色具有超凡脱俗的妩媚、柔和、高雅的品质，是女性美和男女爱情的象征色，也是具有强烈女性化性格的色彩。这种色彩在应用上相当受限，除了和女性有关的商品或企业形象之外，其他类的设计通常不采用其作为主色。另外，紫色的艺术感较强烈，其明视度较低，象征着神秘、魔幻和优雅，给人印象深刻。同时，因其配色的不同，有时又具有威胁性和鼓舞性，如图1.2.200所示。

图1.2.200　紫色为主色彩的网页设计示例（图片来源：http：//www.ellotte.com/）

⑦褐色的色彩心理。褐色具有典雅、安定、沉静、平和、亲切等意象，给人情绪稳定、容易相处的感觉。在商业设计上，褐色通常用来表现原始材料的质感，如麻、木材、软木等；或用来传达咖啡、茶、麦等饮品原来的色泽。还可以用来强调古典优雅的企业或商品形象，如图1.2.201所示。

图1.2.201　褐色为主色彩的网页设计示例（图片来源：http：//www.laghc.com/）

⑧黑色的色彩心理。黑色是明度最低的无彩色，它具有的抽象表现力和神秘感强于任何一种色彩的深度，在心理上黑色是一种很特殊的色彩，它既象征权威、高雅、低调、创意、科技，也象征了罪恶和寂寞。在商业设计中常应用于科技产品，如计算机、跑车、摄影机等。另外，黑色也象征着庄重，因此常被应用于特殊场合的空间设计。以黑色为主色调的网页界面设计作品，能很好地衬托出高彩度色，如红色、橙色、黄色等，使其成为网页界面中的亮点，可以使得界面深邃、神秘、动感且具备现代气息，如图1.2.202所示。

图1.2.202　黑色为主色彩的网页设计示例（图片来源：http：//www.de-ssion.com/）

⑨白色的色彩心理。白色是明度最高点的色彩，属于中性色，代表明快、洁净、纯真、高雅，其明视度与注目度都非常高。由于白色是全色相，能满足视觉的生理要求，因此与其他色彩都能混合。在商业设计中，白色具有高级、科技的意象，纯白色单独使用会有寒冷、严峻的感觉，因此常与其他色彩搭配进行使用。网页界面中，因强调具有较高的阅读可视性，白色往往作为网页内容的背景而使用，因此白色成为网页界面中使用最多的颜色。例如在图1.2.203所示的个人网站界面设计中，以白色为背景色，更好地烘托了个人作品，整个设计显得明快、清爽，且可读性较强。

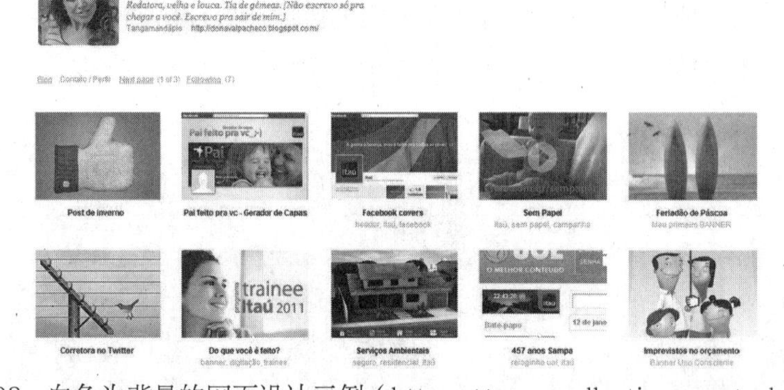

图1.2.203　白色为背景的网页设计示例（http：//cargocollective.com/valpacheco）

⑩灰色的色彩心理。灰色象征诚恳、沉稳、考究、柔和、高雅的意象，属于中间性格色彩。在展示金属材料等高科技产品时，几乎都采用湖色来传达高级、科技的形象。使用灰色时，大多利用不同层次变化组合或搭配其他色彩，才不会给人以过于朴素、沉闷、呆板、僵硬的感觉。在网页设计中，灰色的性格过于模糊，因此不会将其作为网页的主色彩，它的使用通常是与其他有彩色进行搭配，另外灰色与白色一样常用于网页背景，以便于页面内容的阅读，如图1.2.204所示。

（2）网页界面色彩的搭配

①色相关系与搭配。色相是感知最强烈的色彩属性，设计者甚至可以忽视明度和纯度，只根据色相的关系进行设计，色相环上位置越接近的色彩，具有的视觉特征越相似。相反，位置距离越远，它们的视觉特征对比越强烈。色彩的色相关系可以总结为3种，即类似色、互补色和分裂补色。

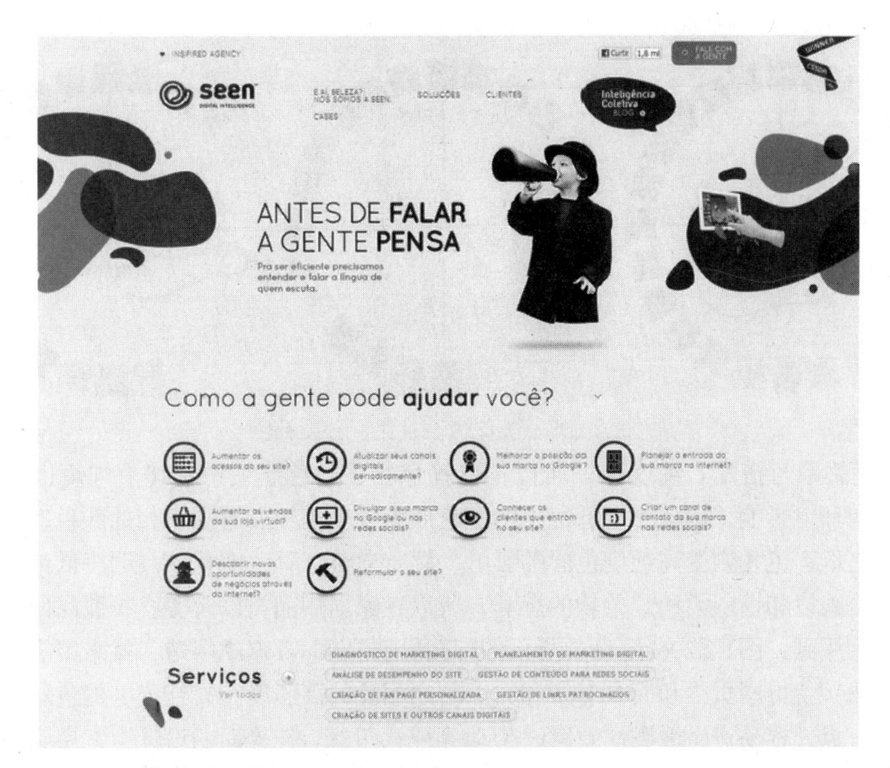

图1.2.204　白色为背景的网页设计示例（http：//cargocollective.com/valpacheco）

a.类似色搭配。类似色是指在色环上彼此相邻的颜色。因为它们反射的光波极为相似，所以非常和谐。在十二色环上通常以5个颜色为极限。由于这种配色方式色相对比明显，既对比又调和，形成自然、柔和丰富、活泼的色彩意境，效果和谐、高雅、柔和、素净、色调明确，因此在网页设计中极为常用。

b.补色搭配。补色是指在色环上位置彼此相对的一对颜色，可以将它们合成获得中性色，光线合成的中性色是中性灰色，而印刷色彩合成的中性色为暗褐色。任何一对互补色都包含了完整的三原色，所以它们成对地出现就是为弥补对方的不足，以达到完整和完美的效果。补色的搭配方式在网页设计中也应用得较为普遍。补色形成强烈的对比效果，传达出活力、能量、兴奋等意义。补色要达到最佳的效果，最好是其中一种面积比较小，另一种比较大。

c.分裂补色搭配。分裂补色是指3种在色环上相距120° 的颜色。其中，每种颜色都是其他两种颜色的互补色，也就是等距色搭配，即同时用补色及类比色的方法来确定的颜色关系。这种颜色搭配既具有类比色的低对比度美感，又具有补色的力量感，形成了一种既和谐又有重点的颜色关系，如图1.2.205所示。

d.明度关系与搭配。明度有对比和韵律。当把一种色彩放到明度不同的环境中，它的明度会受环境的影响而发生变化。通常情况下，无论类似色还是系列色，在使用时应忽略色相和纯度，明度—灰度级差得越远的越易引起用户注意。传统艺术类是依靠折射光使用户产生印象，如果没有外来光源，印刷或绘画类作品在黑暗中将不会被人们看到，也就不存在色彩问题。Web界面的明度在特殊使用环境下，是由计算机屏幕显示的，是自发光。因此，其灰度阶与印刷类作品是完全不同的两套系统。

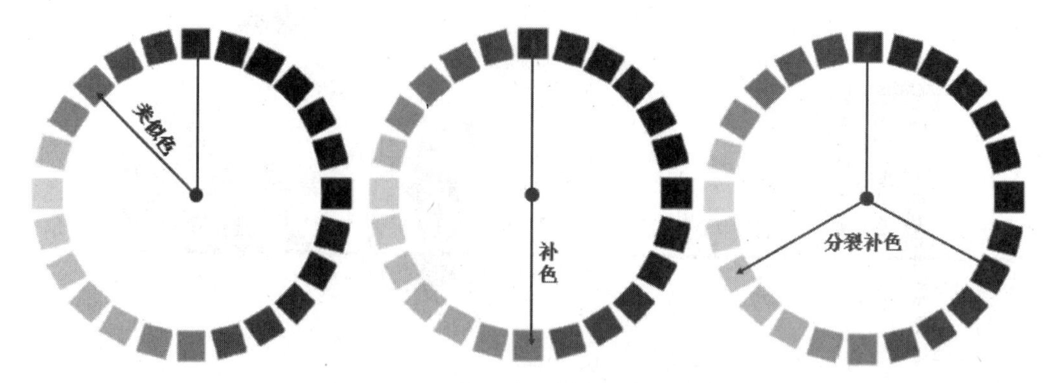

图1.2.205　类似色、补色、分裂补色

e.纯度关系与搭配。纯度这一属性不依赖色相，与色温关系密切。纯度也同明度一样，受周围环境影响，例如一个低纯度的颜色放上一个高纯、不同色相的颜色，其明度会让人感觉更低，色相则受高纯度色彩的影响，感觉向其互补色变化。高明度低纯度的色彩感往往会给人以和谐、柔和、柔软的感觉，所以在家居用品类以及美容护肤品网站的界面设计中经常用到，图1.2.206（a）中所示的韩国护肤品flowerofsalt网站，就采用了高明度低纯度的色调，使得网页柔和而具有亲和力。与之相反的高彩度（高纯度）的色彩会刺激人的视觉兴奋点，容易产生活泼、新鲜、生动等视觉印象。在界面的设计上常用到高纯度和高明度的色彩的对比和协调手法，如图1.2.206（b）所示。

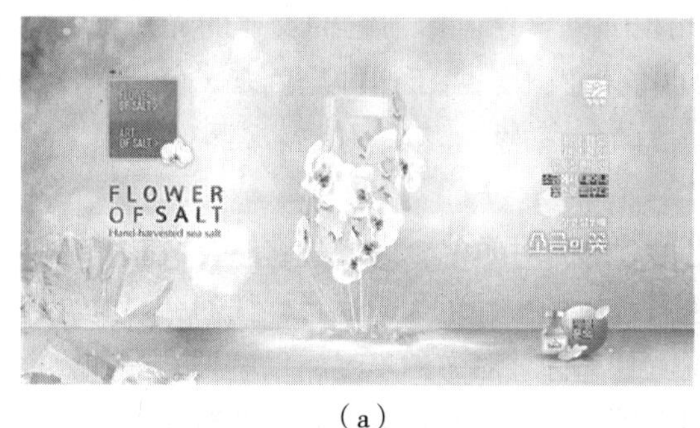

（a）

（b）

图1.2.206　色彩纯度搭配网页设计图例

f.色温关系与搭配。色彩可以分为以红黄为主的暖色系和以蓝紫为主的冷色系两大色系，各个色系之间的色彩调配属于类似色设计，不同色系的组合则属于渐变色设计。这些色系的搭配都可以产生不同的视觉印象。例如暖色通常应用于购物类网站、电子商务网站、食品类网站和儿童类网站等，用以体现琳琅满目、活泼、温馨等效果，如图1.2.207（a）所示；而冷色则长应用于高科技、游戏类网站，以表达严肃、稳重等效果，如图1.2.207（b）所示。

总而言之，网页设计者如何更好地将色彩应用于网页界面设计需把握下述原则。

（1）从用户出发进行色彩设计

设计者在进行具体的网页界面设计前，应当对网站用户的心理状态和对色彩的喜好进行详细地调查和分析，并结合网站的属性和品牌或企业自身的理念和形象，选择恰当的色调，以设计更符合用户心理的企业形象，便于用户识别和接受。

（a） （b）

图1.2.207 色温搭配网页设计图例

（2）从视觉上突出网站的一致性

固定网页中主要元素，如标志、导航等内容的色调和形态，灵活地根据用户认知和网站自身形象设计网站配色，使网站在保证整体格调统一的前提下做到色彩丰富具有层次。

（3）注意色彩的辨识度，保证网站的可读性

网页比传统媒体更注重内容的可读性。在进行色彩设计时，要考虑到辨识度高的色彩进行搭配，以方便用户进行阅读。同时，不同辨识度的色彩搭配，也可帮助用户从视觉上判断内容的主次关系，以方便其快速查找和阅读自己所需要的信息。

（4）注重色彩的搭配的协调性

色彩的对比使得网页更具活力和变化，根据用户心理特征和网站自身特点，恰当地运用类似色、互补色和分裂补色进行色彩的搭配，并根据色彩的波长及纯度，适当调整其色彩面积，或加入黑白灰等中性色进行调和，可使网页色彩更具有协调感和韵律感，最终给人以美的视觉感受。

1.2.4 项目经验小结

通过此次项目的制作，了解了团购网站的设计方法和设计要点，掌握了Photoshop CS6新建文件、存储文件、图层操作以及移动工具、画笔工具、橡皮擦工具、选择工具、形状工具等多个基础工具的使用和操作，初步掌握基本图形合成技术，并对网页界面、网页Banner广告设计以及网页版式设计有了初步认识，为独立设计网页界面打下了基础。

请将您的项目经验总结填入下框：

1.3 学习情境3 团购网站页面制作

通过学习情境2的学习，房酷网首页的效果图已经成形，但得到的只是一个图片文件，要使网页效果图变成真正的网页，包含网页元素，还需要利用网页制作工具用HTML语言将切片得到的“组件”再拼装回去。Dreamweaver是可视化的网页制作工具，很容易上手，可以让人们轻松地制作出自己的网页。 常用的“所见即所得”网页制作工具，现推荐大名鼎鼎的Adobe Dreamweaver，本书使用的版本是Adobe Dreamweaver CS6。

什么是“可视化”？什么又是“所见即所得”呢？所谓“可视化”，是指利用计算机图形学和图像处理技术，将数据转换成图形或图像在屏幕上显示出来，并进行交互处理的理论、方法和技术。Dreamweaver采用图形化界面，用户只需在图形化界面中进行操作，就可以制作网页，并且，用户在Dreamweaver中制作成什么样，在浏览器中就能看到什么样，也就是“所见即所得”。 Dreamweaver字面意思为“梦幻编织”，其有着不断变化的丰富内涵和经久不衰的设计思维，它能充分展现设计者的创意，实现设计者的想法，锻炼设计者的能力，使设计者成为真正的网页设计大师。

通常，网页可以分为静态网页和动态网页。静态网页页面上的内容一般不会改变，只有网管可根据网站所有者的需要更新页面。动态网页的内容随着用户的输入和互动而有所不同，或者随着用户、时间、数据修正等而改变。

本学习情境将以团购网站房酷网www.fooqoo.com首页静态页面为素材，着重介绍利用Dreamweaver制作网页的基本方法及技巧。

表1.3.1 任务安排表

能力目标（任务名称）	知识目标	学时安排/学时
搭建建设网站的基本工作环境及房酷网首页结构框架	认识Dreamweaver操作界面 掌握管理站点的方法 初步掌握插入表格、设置表格属性	3
制作房酷网首页内容	掌握段落、强制换行、图像的插入方法 掌握单元格属性设置 掌握超链接的使用 掌握表单的使用	6
利用CSS控制房酷网首页部分文字样式	了解CSS基本语法 初步掌握CSS类选择器 初步掌握类型分类	3

1.3.1 搭建建设网站的基本工作环境

“工欲善其事，必先利其器”，现在来了解Dreamweaver的操作环境以及站点的创建。新建站点，需对Dreamweaver有个大概了解，本任务就是熟悉Dreamweaver工作界面以及如何创建静态网站站点和网页。养成在制作网页前先建立站点的习惯，为以后系统地管理和维护网站做好基础并建设好站点结构。

Dreamweaver设计视图布局提供了将全部元素置于一个窗口中的集成工作区。在集成工作区中，全部窗口和面板集成在一个应用程序窗口中。用户可以选择面向设计人员的布局或面向手工编码人员需求的布局。在较低的版本中，初次启动Dreamweaver时会要求设置工作区，选择使用设计者工作区还是编码者工作区。而在Dreamweaver CS6版本中已不需要再选择，软件默认使用设计者工作区。打开Dreamweaver CS6后，软件初始界面如图1.3.1所示。

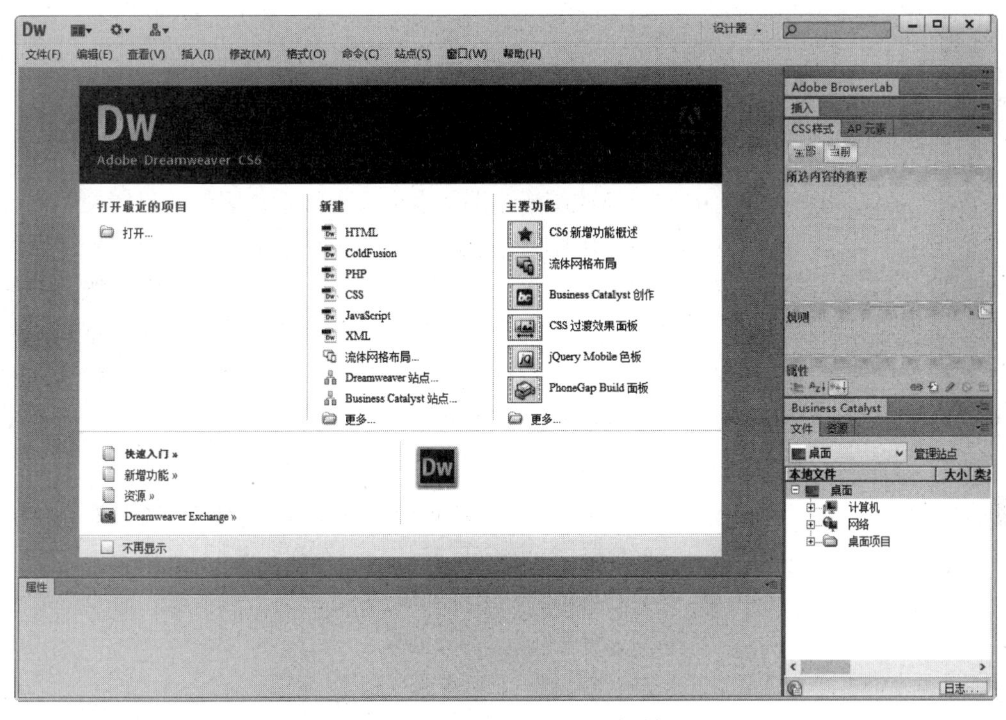

图 1.3.1　Dreamweaver CS6初始界面

1）新建站点

在Dreamweaver中可以有效地建立多个站点。搭建站点有两种方法，一是利用向导完成；二是利用高级设定来完成。

（1）步骤一：创建站点根目录

在搭建站点前，用户首先在自己的计算机上新建一个以英文或数字命名的空文件夹作为将要制作的网站的根文件夹。如在本机C盘下新建文件夹，并命名为fooqoo，作为本次案例网站的根目录。

⊕ 小贴士

站点是文件与文件夹的集合，一个网站中包含很多网页文件及素材文件，如图片、音乐，包含该网站所有本地文件及文件夹的文件夹称为该网站的根文件夹，此目录成为网站的根目录。网站所有文件及文件夹命名尽量不使用中文，以免日后制作过程中文件路径包含中文字符，致使文件无法正常显示。命名尽量有意义，如图像文件夹一般命名为images，样式表文件夹一般命名为style，等等。

（2）步骤二：在Dreamweaver中新建站点

启动Dreamweaver，选中菜单栏中“站点”→“新建站点”，如图1.3.2所示。

图1.3.2　新建站点菜单位置

弹出“新建站点”对话框，在“站点”选项卡里第一行“站点名称”文本框中将站点命名为 “fooqoo”，如图1.3.3所示。

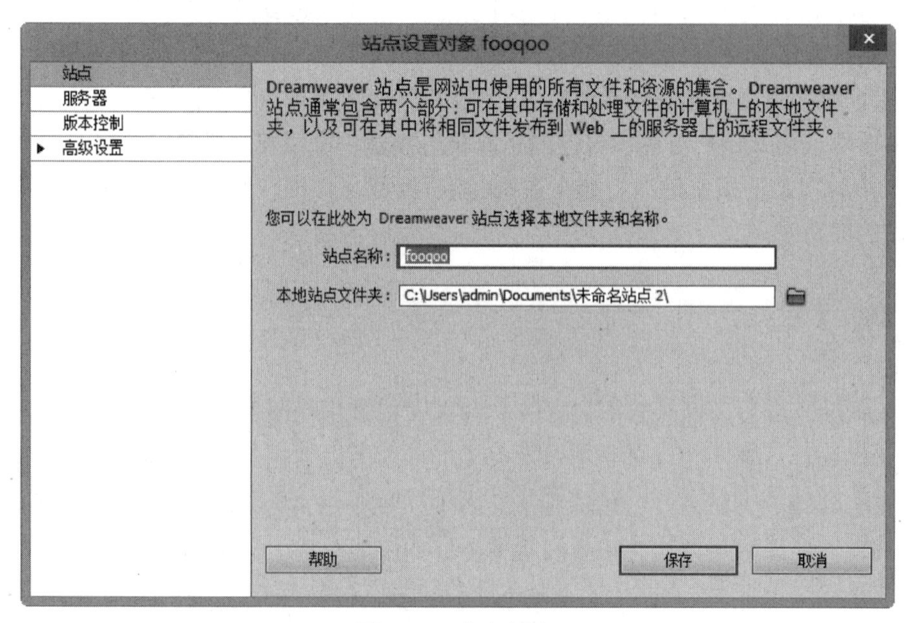

图1.3.3　命名站点

单击“本地站点文件夹”输入框后面的文件夹选择图标，在弹出的文件夹选择窗口中选择步骤一中在本机中创建的网站根文件夹fooqoo，如图1.3.4所示。

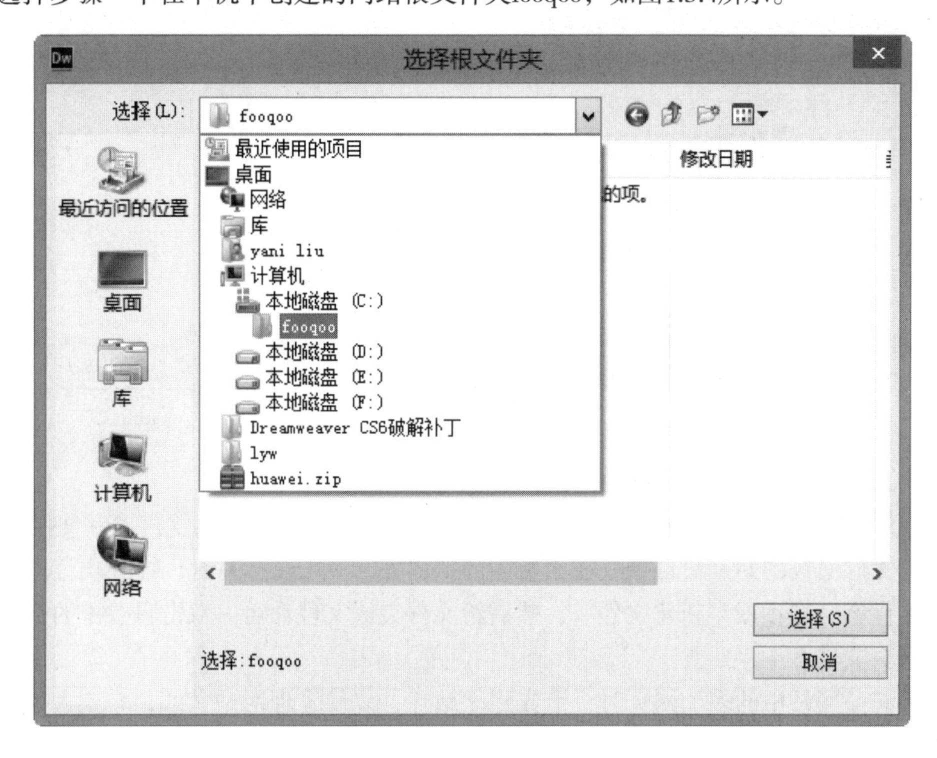

图1.3.4　选择站点根文件夹

回到新建站点主窗口，如图1.3.5所示。

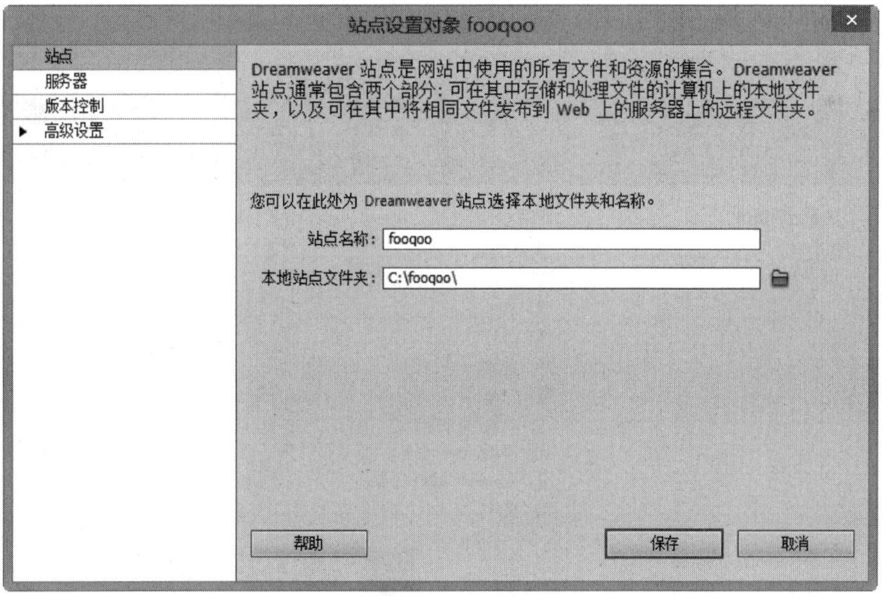

图1.3.5　站点设置主窗口

单击“保存”，完成站点设置。在Dreamweaver中的文件面板由图1.3.6更新为如图1.3.7所示。

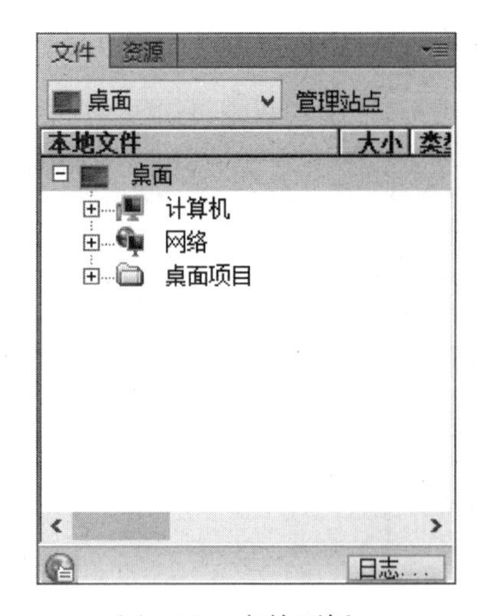

图1.3.6　文件面板1

图1.3.7　文件面板2

到此，就完成了该静态站点的创建。

在文件面板中，可根据前面对网站的设计，来新建站点中需要的文件夹和文件。

选中文件面板的站点根目录或在面板中的空白处，单击鼠标右键，在弹出菜单中选择“新建文件夹”选项或“新建文件”，然后给文件夹或文件命名。双击目录中的文件则可编辑该网页文件。

制作同一网站中的多个网页时，请先建立站点，以便管理网站文件，希望大家养成良好的习惯。

2）新建文档

创建新的网页，可使用Dreamweaver起始页创建新页，如图1.3.8中所示新建文件栏。

图1.3.8　Dreamweaver CS6起始页

或者选择“文件”→“新建”，快捷键为“Ctrl+N”，弹出如图1.3.9所示“新建文档”对话框，如图1.3.9所示。

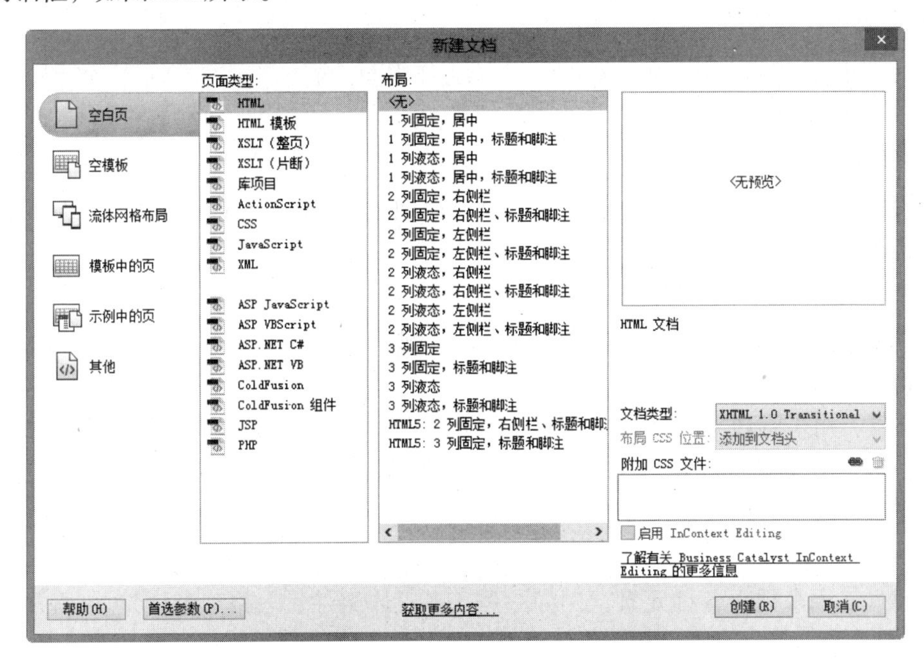

图1.3.9　新建文档对话框

从各种预先设计的页面布局中选择一种。比如：从空白页面制作静态网页，选择“空白页”分类，页面类型为“HTML”，单击“创建”按钮。Dreamweaver即展开工作区界面（一个空白页）。Dreamweaver的标准工作界面包括：菜单栏、文档工具栏、文档工作区、标签选择器、属性面板和浮动面板组，如图1.3.10所示。

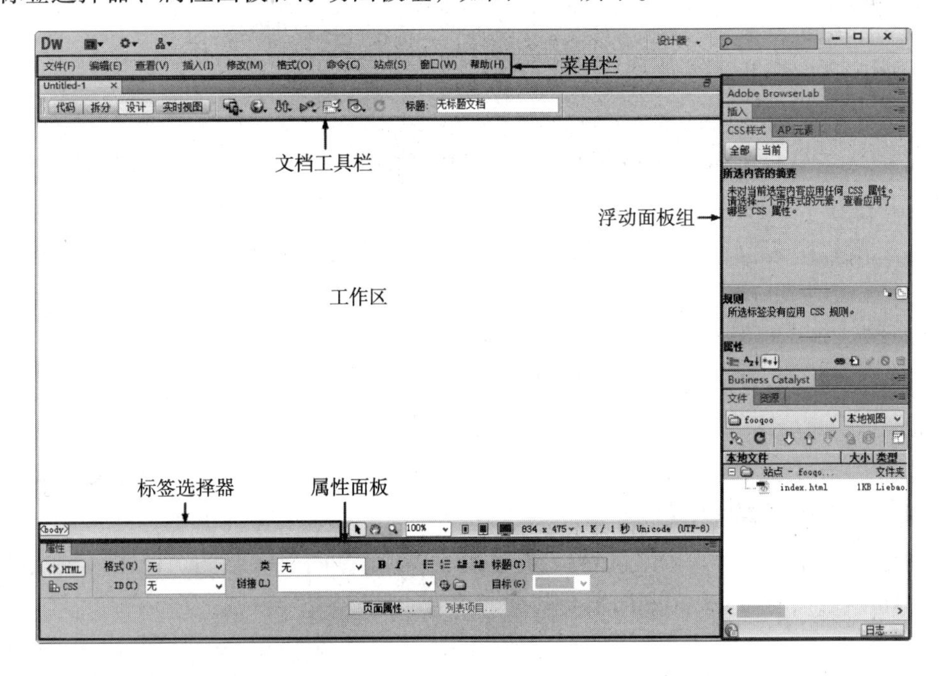

图1.3.10　Dreamweaver CS6工作界面

工作界面包括：应用程序栏、菜单栏、文档工具栏、文档窗口、状态栏、属性面板和浮动面板组。

▶ Points 知识要点——Dreamweaver CS6工作界面介绍

1)应用程序栏

应用程序窗口顶部包含一个DW图标，布局、扩展Dreamweaver、站点等程序控件、工作区切换器以及搜索控件。

2)菜单栏

Dreamweaver CS6的菜单共有10个，即文件、编辑、查看、插入、修改、格式、命令、站点、窗口和帮助。

①文件：用来管理文件。例如新建、打开、保存、导入、转换、多屏查看等。

②编辑：用来编辑文本。例如剪切、复制、粘贴、查找、替换以及首选参数设置等。

③查看：用来管理、切换视图模式以及显示工具栏、隐藏工具栏、标尺、网格线等辅助视图功能。

④插入：用来插入各种元素，例如图片、多媒体组件、表格、超链接、Spry、jQuery Mobile组件等。

⑤修改：具有对页面属性及页面元素修改的功能，例如表格的插入、单元格的拆分、合并、对齐对象以及对库、模板和时间轴等的修改。

⑥格式：用来对文本的格式化操作等。

⑦命令：包含所有的附加命令项。

⑧站点：用来创建和管理站点。

⑨窗口：用来显示和隐藏控制面板以及各种文档窗口的切换操作。

⑩帮助：联机帮助功能。

3)文档工具栏

“文档”工具栏中包含各种按钮，它们可使用户在文档的不同视图间快速切换（如“代码”视图、“设计”视图、同时显示“代码”和“设计”视图的“拆分”视图）。“文档”工具栏中还包含一些与查看文档、在本地和远程站点间传输文档有关的常用命令和选项。

4)文档窗口

显示用户当前创建和编辑的文档。

5)状态栏

状态栏用于显示当前编辑文档的其他有关信息。如文档的大小、估计下载时间、窗口大小、缩放比例和标签选择器等。

标签选择器用于显示环绕当前选定内容的HTML标签的层次结构。单击该层次结构中的任何HTML标签，可以选择该标签及其全部内容。

6)属性面板

属性面板用来显示和编辑当前选定页面元素（如文本、图像等）的最常用属性。属性面板的内容因选定的元素不同会有所不同。因为属性面板并不是将所有文档窗口中页面元素的属性加载在面板上，而是根据选择的对象来动态显示其属性。例如，当前选择了一个表格，那么表格的相关属性就会出现在属性面板上；如果选择了一幅图像，那么属性面板就会出现该图像的相关属性。

7)浮动面板组

示例包括“插入”面板、“CSS 样式”面板和“文件”面板。这些面板根据功能被分成了若干组，它们都可以处在编辑窗口之外，可以使用拓展按钮或在选项卡标题上单击鼠标右键选择功能使其展开或最小化。浮动面板都可以通过“窗口”菜单中的命令有选择地被打开和关闭。

大概了解了工作环境的窗口界面之后，再来看如何在工作区中编辑网页。用户可以在这个空白页输入文本、插入图像、添加表格等并进行编辑。但在进行一切操作之前，用户应先保存这个空白页。选择“文件”→“保存”，在“保存”对话框中，浏览到本地站点根文件夹下。填入文件名，保存退出。

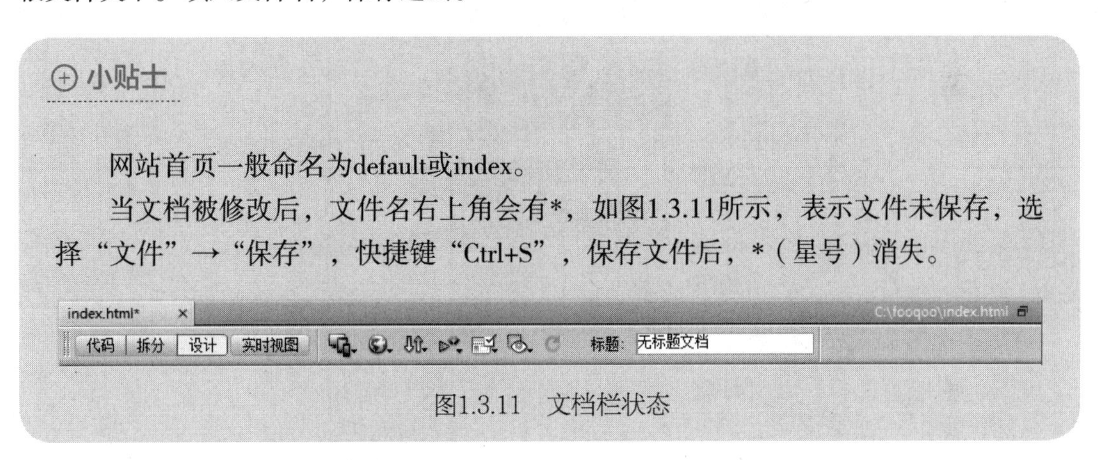

⊕ 小贴士

网站首页一般命名为default或index。

当文档被修改后，文件名右上角会有*，如图1.3.11所示，表示文件未保存，选择“文件”→“保存”，快捷键“Ctrl+S”，保存文件后，*（星号）消失。

图1.3.11　文档栏状态

1.3.2　搭建房酷网首页结构框架

创建网页结构实际就是对导航栏、栏目，以及正文内容这三大页面基本组成元素进行组织布局。根据页面内容侧重点的不同，用户可以将网页分为导航型、内容型及导航内容结合型3种。房酷网首页即为导航内容结合型。

目前网页布局的主流技术是DIV+CSS（层叠样式表）和Table（表格）布局。但CSS对于初学者而言较为复杂，入门较慢。因此，本书选用传统的表格布局。表格布局技术开发速度快，容易控制，浏览器兼容也好。

本次任务为利用表格布局技术搭建房酷网首页（图1.3.12）的基本结构，以此来训练制作网页的基本技巧。

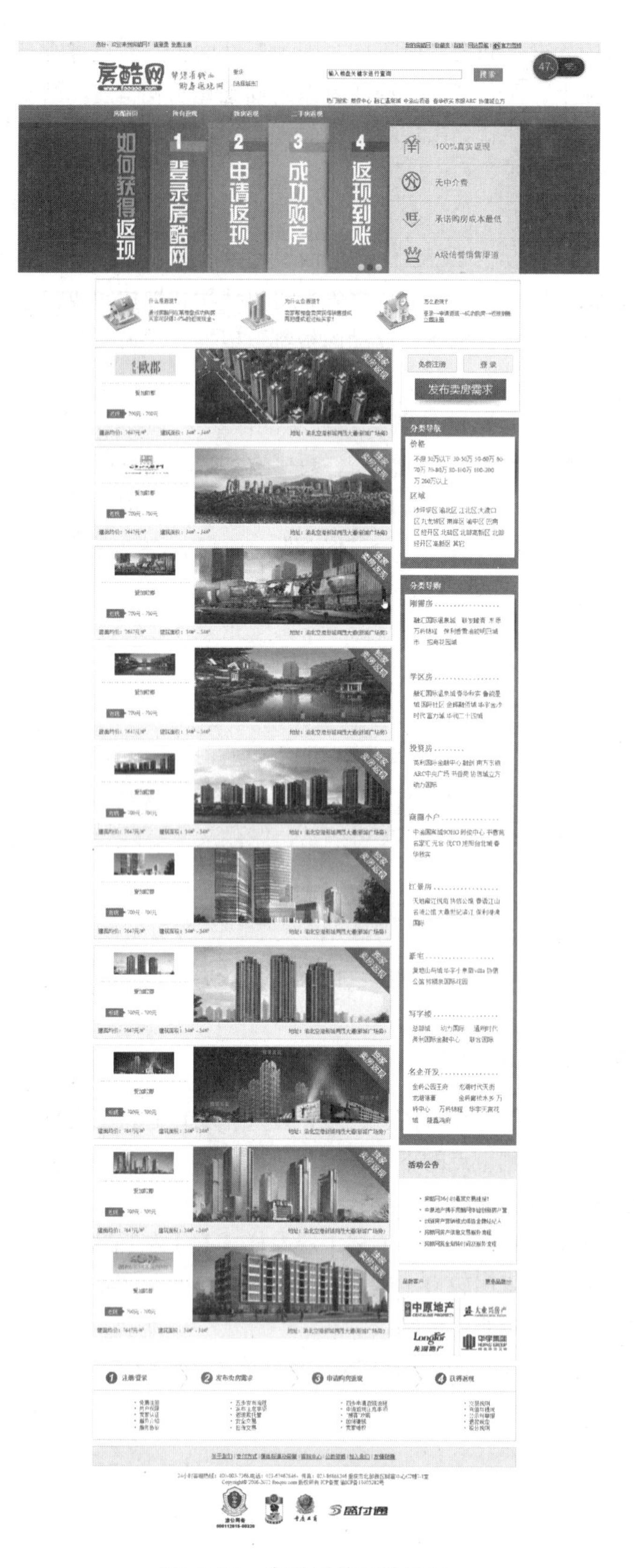

图1.3.12　房酷网首页效果图

1）创建HTML文档

按照任务一中新建文档的方法，新建空白页面文档，选择页面类型为“HTML”，网页命名为index.html。

▶ Points 知识要点——网页

网页是构成网站的基本元素，是承载各种网站应用的平台。通俗地说，设计者的网站就是由网页组成的，如果设计者只有域名和虚拟主机而没有制作任何网页的话，设计者的客户仍无法访问您的网站。

网页（Web page）是一个文件，它存放在世界某个角落的某一部计算机中，而这部计算机必须是与互联网相连的。网页经由网址（URL）来识别与存取，是万维网中的一“页”，是超文本标记语言格式（标准通用标记语言的一个应用，文件扩展名为.html或.htm），通过网页浏览器来阅读，如IE浏览器、Firefox浏览器等。

在网页上单击鼠标右键，选择菜单中的 “查看源文件” ，就可以通过记事本看到网页的源代码。可以看到，网页实际上只是一个纯文本文件。它通过各式各样的标记对页面上的文字、图片、表格、声音等元素进行描述（例如字体、颜色、大小），而浏览器则对这些标记进行解释并生成页面，于是就得到设计者现在所看到的画面。 为什么在源文件看不到任何图片？ 网页文件中存放的只是图片的链接位置，而图片文件与网页文件是互相独立存放的，甚至可以不在同一台计算机上。

文字、图片、超链接是构成一个网页的最基本的元素。除此之外，网页的元素还包括动画、音乐、程序等。

通常用户看到的网页，都是以htm或html后缀结尾的文件，俗称HTML文件。不同的后缀，分别代表不同类型的网页文件。比如生成网络页面的脚本或程序CGI、ASP、PHP、JSP、SHTML甚至其他更多。

来源：百度百科http：//baike.baidu.com

2）设置页面外观

单击”属性”面板中的“页面属性”按钮，在弹出的对话框中选择“外观（CSS）”分类，设置“大小”为12像素，“文字颜色”为#666，“背景颜色”为 #FFF，“背景图像”选择images文件夹中的bodybg.gif图像，“重复”设置为repeat-x，“左边距”“上边距”“右边距”“下边距”均设置为0，如图1.3.13所示，单击“确定”按钮后，Dreamweaver设计视图如图1.3.14所示。

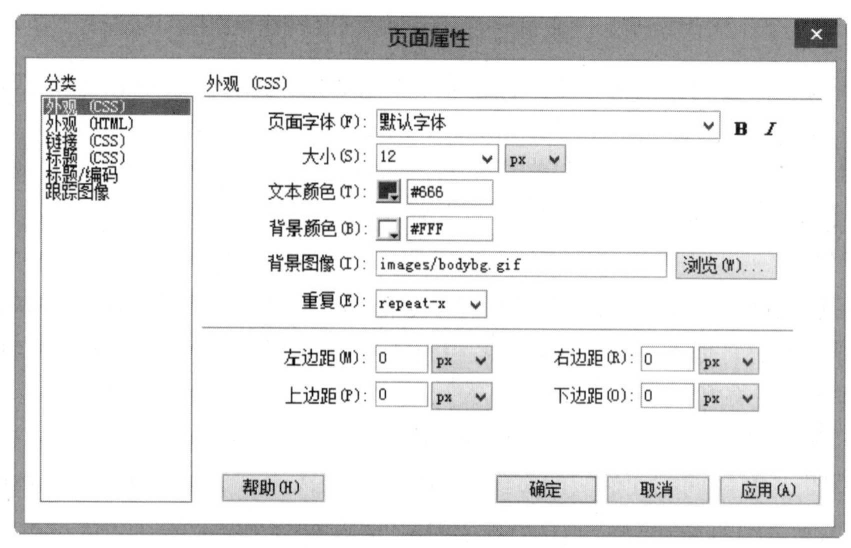

图1.3.13　页面属性对话框

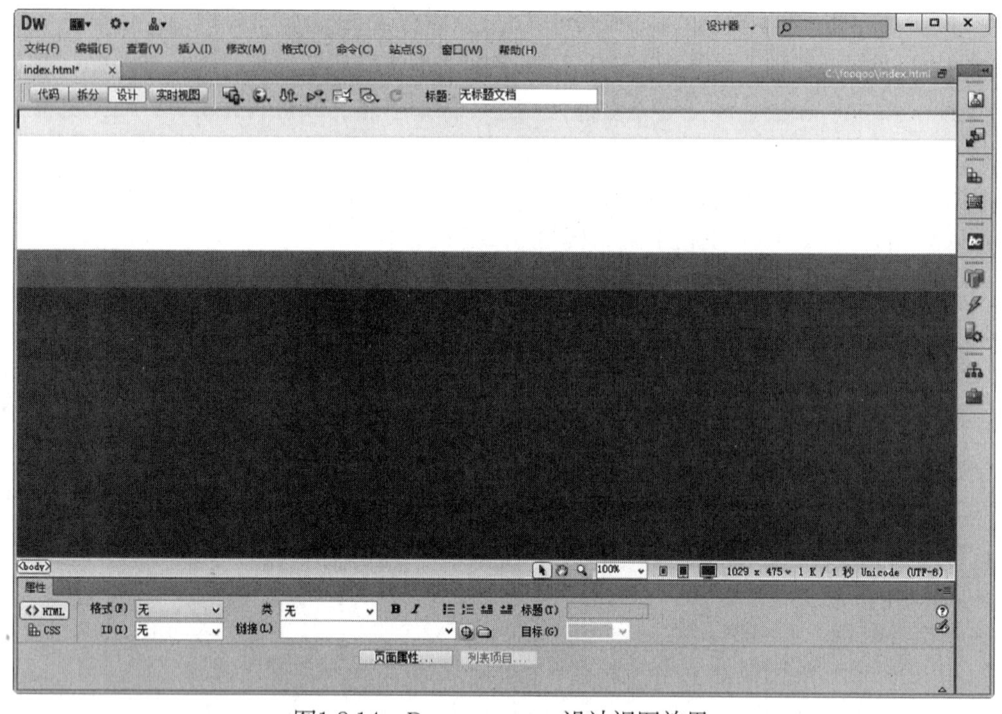

图1.3.14　Dreamweaver设计视图效果

▶ Points 知识要点——页面属性

页面属性是WEB网页的基本属性，包括外观、链接、标题、文档编码、跟踪图像等。

①在“外观”设置选项中，可以设置页面的一些基本属性。用户可以定义页面中的默认文本字体、文本字号、文本颜色、背景颜色和背景图像等。“左边距”“右边距”“上边距”“下边距”是用来设置页面文档主体部分与浏览器上下左右边框的距离。

②“链接”选项内是一些与页面的链接效果有关的设置。“链接颜色”定义超链接文

本默认状态下的字体颜色，“变换图像链接”定义鼠标放在链接上时文本的颜色，“已访问链接”定义访问过的链接的颜色，“活动链接”定义活动链接的颜色。“下画线样式”可以定义链接的下画线样式。

③“标题”用来设置标题字体的一些属性。这里的标题指的并不是页面的标题内容，而是可以应用在具体文章中各级不同标题上的一种标题字体样式 。设计者可以定义“标题字体”以及6种预定义的标题字体样式，包括粗体、斜体、大小和颜色。

④“标题/编码”中标题则用来修改新建文档的标题，显示在浏览器标题处和编辑软件的标题处；编码可修改页面编码信息。一般来说，现主要采用GB 2312（汉字编码字符集）和UTF-8（万国码，用在网页上可以同一页面显示中文简体繁体及其他语言）。文档类型就是默认的DTD信息，一般定制为XHTML 1.0 Transitional。

⑤使用跟踪图像作为一个向导来重现页面设计，而页面设计是在图形应用程序中作出的一个页面模型。跟踪图像可以是JPEG、GIF，或者PNG图像。设计者可以隐藏该图像，设置其透明度，改变其位置。跟踪图像仅在Dreamweaver中可见，其绝不会出现在浏览器的页面中。当“文档”窗口中跟踪图像可见时，页面真正的背景图像和颜色将不可见。然而当在浏览器中查看页面时，背景图像和颜色将是可见的。

⊕ 小贴士

属性设置实质上是为页面添加了一个CSS样式，查看代码视图可见网页<head>部分自动生成了样式代码。页面属性设置后HTML新增代码如下：

```
<style type="text/css">
<!--
body, td, th {
    font-size: 12 px;
}
body {
    background-color: #FFB902;
}
-->
</style>
```

3）搭建页面结构

（1）步骤一：分析页面结构

根据页面效果图1.3.12所示，页面从上到下分为顶部工具栏、网站标志栏、整站导航栏、Banner栏、网站功能提示栏、内容主区域、返利向导栏、快速链接栏、版权信息部分9个部分。由于本书采用表格布局技术，因此，设计者将在Dreamweaver工作区中插入9个表格。

（2）步骤二：确定表格宽度

观察页面效果图1.3.12发现，网页的内容在浏览器窗口的中间，仿佛中间有个无形的框。找到效果图中能体现这个框的最大宽度的区域，利用Photoshop中标尺工具或QQ截图工具等量出其宽度，作为布局表格的宽度。

如图1.3.15所示，笔者选择Banner的宽度作为布局表格的宽度，在Photoshop中利用标尺工具量得宽度为985 px。

图1.3.15　确定表格宽度

⊕ 小贴士

在无法确定表格宽度时，可以不设置表格宽度，此时表格宽度会自适应内容宽度，或预估表格宽度，在加入内容后再适当调整。

（3）步骤三：插入布局表格

①插入顶部工具栏布局表格。顶部工具栏分左右两栏。单击Dreamweaver CS6工作界面右边的“插入”浮动面板，选择“常用”菜单，单击“表格”按钮（快捷键“Ctrl+Alt+T”），如图1.3.16所示。在弹出的对话框中设置表格行数为1，列数为2，表格宽度为985 px，边框粗细、单元格边距、单元格间距均为0 px，如图1.3.17所示，属性设置完成后单击“确定”按钮。

图1.3.16　插入表格

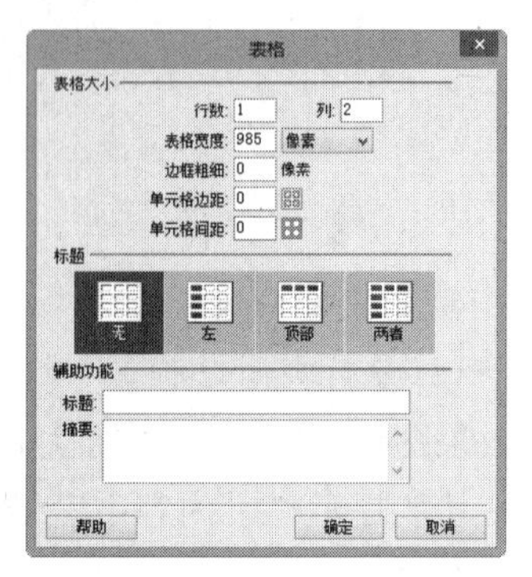

图1.3.17　表格对话框

新插入的表格默认为选中状态（表格边框黑色加粗显示，并出现3个黑色方块状的控制柄），对齐方式为左对齐，属性面板显示表格属性，设计视图如图1.3.18所示。

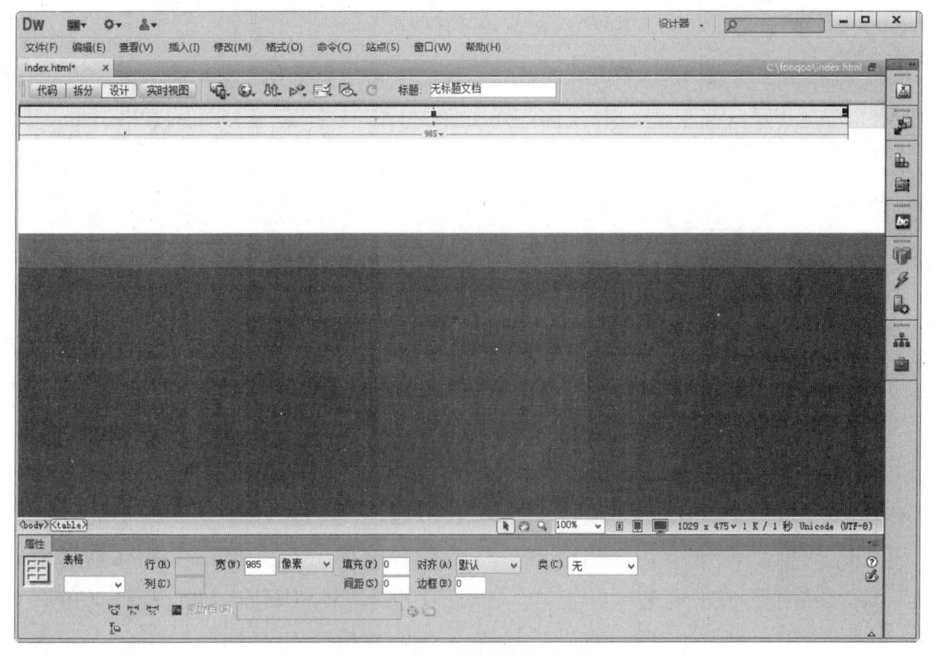

图1.3.18　设计视图效果

为达到任务页面效果需要，在表格属性面板中更改表格“对齐”为“居中对齐”，并命名表格为“topbar”，属性面板如图1.3.19所示。

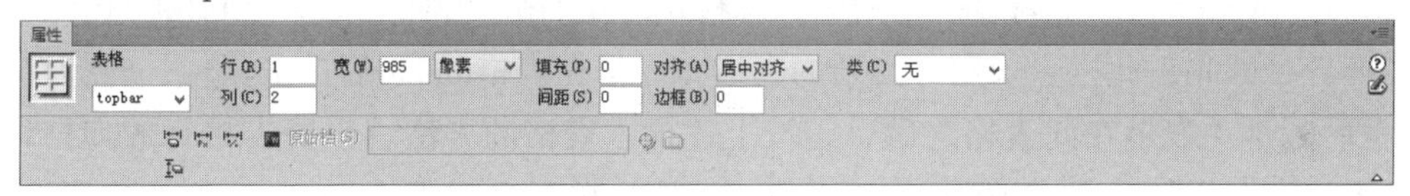

图1.3.19　顶部工具栏布局表格属性面板

▶ Points 知识要点——表格

表格由行、列构成。横向为行，纵向为列，行列交叉部分成为单元格，如图1.3.20所示。

表格和单元格都有边框，可在“属性”面板中分别设置颜色属性，但在“属性”面板中只能统一设置宽度。

单元格中内容与单元格边框之间的距离成为填充，单元格与单元格之间的距离称为间距，如图1.3.21所示。

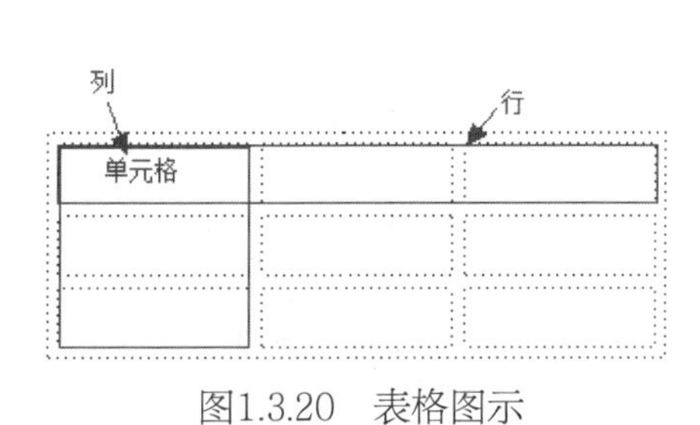

图1.3.20　表格图示

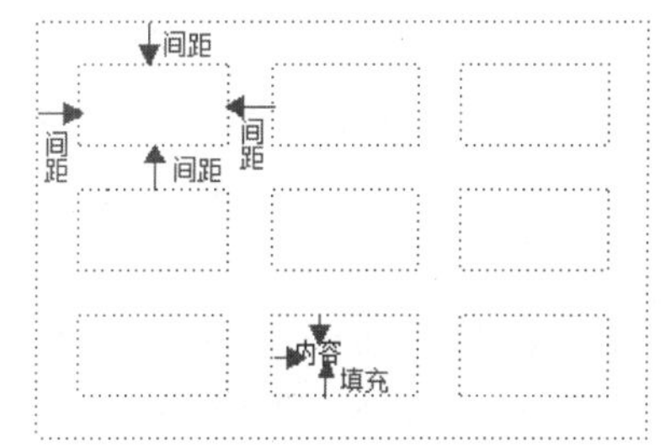

图1.3.21　单元格间距及填充图示

⊕ 小贴士

由于Dreamweaver在插入表格时，默认填充和间距都非0，因此单元格内部内容与单元格边框之间有一定距离，单元格与单元格之间有一定距离，如图1.3.22所示。

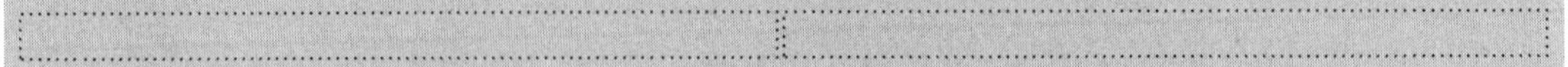

图1.3.22 单元格距

利用表格布局时，为了使两个单元格之间内容无缝连接，在浏览器中浏览时犹如一张图片，一般在制作网页时需将表格的填充和间距均设置为0。另外，为使页面美观，不显示出表格边框，通常也会将表格边框设置为0。

另外，在网页中插入表格后，不管表格的宽度是多少，表格默认会占一整行的区域。

利用表格布局页面时，尽量不要拖动表格边框来达到设置宽度的目的。原因有二，其一，当拖动任意单元格边框时，将会使表格中各单元格产生相应宽度值，从而在后期布局时影响布局效果；其二，拖动边框不容易达到精确的宽度数值。选中单元格，在其“属性”面板中直接设置单元格宽度既方便又简单，可以大大提高工作效率。

②插入网站标志栏布局表格。网站标志栏从左至右分为网站标志、所在地选择、站内搜索3部分，因此，此栏应采用1行3列的表格布局。在表格topbar后单击鼠标，光标在表格后边框后闪烁（表示在此表格之后），按上述插入表格的方法。设置表格行数为1，列数为3，表格宽度为985 px，边框粗细、单元格边距、单元格间距均为0 px。在表格属性面板中更改表格“对齐”为“居中对齐”，并命名表格为“logobar”。

③插入整站导航栏布局表格。整站导航栏为横向排列的4个文字菜单，采用1行5列表格布局，前4列用于放置菜单内容，最后1列用于菜单栏尾部的空白。将鼠标在表格logobar后单击，插入表格。设置表格行数为1，列数为5，表格宽度为985 px，边框粗细、单元格边距、单元格间距均为0 px。在表格属性面板中更改表格“对齐”为“居中对齐”，并命名表格为“nav”。

④插入Banner栏布局表格。Banner栏仅为1张图像示意图，采用1行1列表格布局。将鼠标在表格nav后单击，插入表格。设置表格行数为1，列数为1，表格宽度为985 px，边框粗细、单元格边距、单元格间距均为0 px。在表格属性面板中更改表格“对齐”为“居中对齐”，并命名表格为“banner”。

⑤插入网站功能提示栏布局表格。网站功能提示栏从左至右分为“什么是返现”“为什么会返现”“怎么返现”3部分，每部分包含左右两列，各部分间有空隙，可利用空列来制作空隙，因此采用1行8列表格布局。将鼠标在表格banner后单击，插入表格。设置表格行数为1，列数为8，表格宽度为985 px，边框粗细、单元格边距为0，单元格间距为15 px。在表格属性面板中更改表格“对齐”为“居中对齐”，并命名表格为“cue”。

⑥插入内容主区域布局表格。内容主区域分左右两栏，但栏间有约15 px距离，笔者采用“牺牲”列的方式作出间距效果，即采用1行3列表格布局。中间列不放置内容，作为空白间距使用。将鼠标在表格cue后单击，插入表格。设置表格行数为1，列数为3，表格宽度为985 px，边框粗细、单元格边距、单元格间距均为0 px。在表格属性面板中更改表格“对齐”为“居中对齐”，并命名表格为“content”。

⑦插入返利向导栏布局表格。返利向导栏从上到下分为两部分，因此应使用行数为2的表格；标题行从左至右分为4个部分，其中还包含3个间隔符号，共7列；内容行从左至右为4个部分，但各部分与上面标题最左边文字对齐。因此，返利向导栏布局表格应为2行7列。将鼠标在表格content后单击，使用快捷键“Shift+Enter”进行强制换行，使得插入1空行，再插入表格。设置表格行数为2，列数为7，表格宽度为985 px，边框粗细、单元格边距、单元格间距均为0 px。在表格属性面板中更改表格“对齐”为“居中对齐”，并命名表格为“guide”。

⑧插入快速链接栏布局表格。快速链接栏为1行文字链接，采用1行1列表格即可。将鼠标在表格guide后单击，使用快捷键“Shift+Enter”进行强制换行，使得插入1空行，再插入表格。设置表格行数为1，列数为1，表格宽度为985 px，边框粗细、单元格边距、单元格间距均为0 px。在表格属性面板中更改表格“对齐”为“居中对齐”，并命名表格为“qlink”。

⑨插入版权信息部分布局表格。版权部分虽然有3行内容，但可利用段落达到换行效果，此部分也适合采用1行1列表格。将鼠标在表格qlink后单击，使用快捷键“Shift+Enter”进行强制换行，使得插入1空行，再插入表格。设置表格行数为1，列数为1，表格宽度为985 px，边框粗细、单元格边距、单元格间距均为0 px。在表格属性面板中更改表格“对齐”为“居中对齐”，并命名表格为“footer”。

以上操作完成后，设计视图如图1.3.23所示。

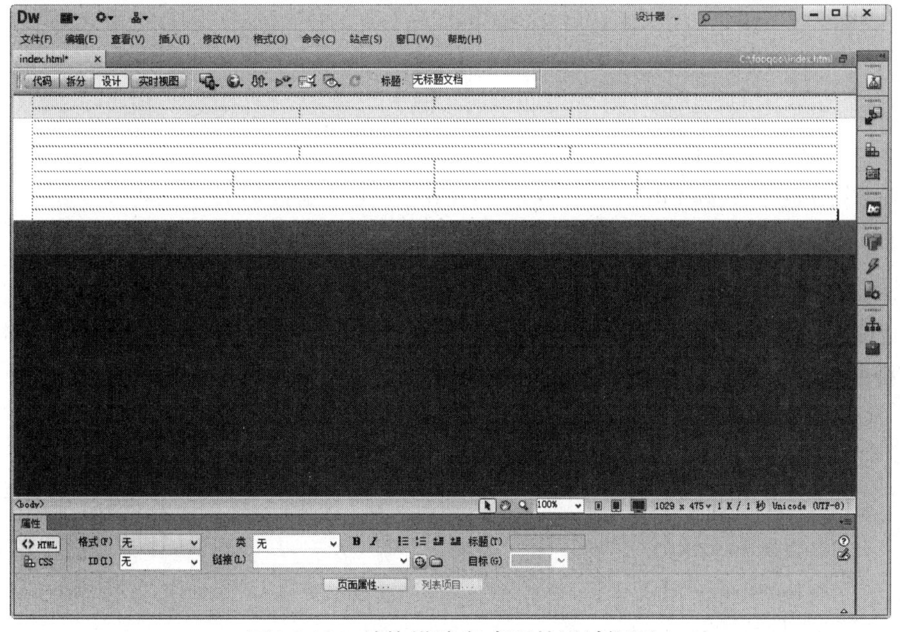

图1.3.23　结构搭建完成后的设计视图

⊕ 小贴士

选中表格的方法：

方法1：首先选中某一个单元格，再选择“菜单栏”→“修改”→“表格”→“选择表格”。

方法2：选中表格中某一个单元格，在标签选择栏中将加粗显示选中单元格的HTML标签<td>，向左找到离此<td>最近的<table>标签，即选中该单元格所在表格。

方法3：单击表格的边框线，这种方法不容易选中，尤其是在边框等于0且多个表格纵向排列时。

方法4：选中表格中某一个单元格，连续使用两次全选快捷键“Ctrl+A”。

结构参考代码如下：

```
<table width="985" border="0" align="center" cellpadding="0" cellspacing="0"
id="topbar">
    <tr>
        <td> </td>
        <td> </td>
    </tr>
</table>
<table width="985" border="0" align="center" cellpadding="0" cellspacing="0"
id="logobar">
    <tr>
        <td> </td>
        <td> </td>
        <td> </td>
        <td> </td>
    </tr>
</table>
<table width="985" border="0" align="center" cellpadding="0" cellspacing="0"
id="nav">
    <tr>
        <td> </td>
        <td> </td>
        <td> </td>
        <td> </td>
        <td> </td>
```

```
    </tr>
  </table>
  <table width="985" border="0" align="center" cellpadding="0" cellspacing="0"
id="banner">
    <tr>
      <td> </td>
    </tr>
  </table>
  <br />
  <table width="985" border="0" align="center" cellpadding="0" cellspacing="0"
id="cue">
    <tr>
      <td> </td>
      <td> </td>
      <td> </td>
      <td> </td>
      <td> </td>
      <td> </td>
      <td> </td>
      <td> </td>
    </tr>
  </table>
  <br />
  <table width="985" border="0" align="center" cellpadding="0" cellspacing="0"
id="content">
    <tr>
      <td> </td>
      <td> </td>
    </tr>
  </table>
  <br />
  <table width="985" border="0" align="center" cellpadding="0" cellspacing="0"
id="guide">
    <tr>
      <td> </td>
      <td> </td>
      <td> </td>
      <td> </td>
```

```
            <td> </td>
            <td> </td>
            <td> </td>
        </tr>
        <tr>
            <td> </td>
            <td> </td>
            <td> </td>
            <td> </td>
            <td> </td>
            <td> </td>
            <td> </td>
        </tr>
    </table>
    <br />
    <table width="985" border="0" align="center" cellpadding="0" cellspacing="0"
id="qlink">
        <tr>
            <td> </td>
        </tr>
    </table>
    <br />
    <table width="985" border="0" align="center" cellpadding="0" cellspacing="0"
id="footer">
        <tr>
            <td> </td>
        </tr>
    </table>
```

知识拓展：HTML基本结构及语法

静态页面的源码为超文本标记语言，即HTML（Hyper Text Markup Language），其是构成网页文档的主要语言。因此，要成为一名真正的网页制作者，必须熟悉HTML代码。在Dreamweaver操作界面“文档”工具栏中选择“代码”视图，可查看网页源代码。

静态网页源码是由HTML标记组成的描述性文档，HTML标记可以标识网页中的文字、图像、动画、声音、表格、超级链接等网页元素，并可通过设置HTML标记属性来控制相应网页元素的各种属性。HTML中有一些标签用来说明显示什么，如<img>表示显示一个图像；有一些标签用来说明如何显示，如让文字加粗显示的标签为<b>；还有一些标签提供在页面上不显示的信息，如设置页面标题的标签为<title>。

网页基本结构代码为

```
<html>
<head></head>
<body></body>
</html>
```

由此可见，HTML结构包括头部、主体两大部分。其中，头部描述浏览器所需的信息，主体则包含网页所要展现的具体内容。

使用HTML标签要注意以下内容。

①标签都放在单书名号里，如段落标签<p>。

②HTML的大部分标签都要成对出现，称为双标记，又称对标记，或容器标记。每当使用一个标签，则必须使用结束标签关闭它。如使用段落标签：<p>段落内容</p>。由此可见，在标签的开始标记和结束标记中，标签名称相同，表示是同一标签，结束标记仅比开始标记多了一个斜杠。注意，该斜杠位于结束标记中标签名称的前面。

当然，HTML标签中也有部分标签没有结束标记，称为单标记。这些标签只需单独使用就能完整地表达意思。如图像标签<img>。Web2.0标准中要求文档结构化、标准化，因此单标记单标记直接在“>”前加一个“/ ”表示结束标记，如<img />。

③HTML文件一行可以写多个标记，一个标记可以分多行写，不用任何续行符号。注意，标签名称不要跨行写。

④HTML源文件中多个连续空格在显示效果中是无效的。

1.3.3 制作房酷网首页头部

现将房酷网首页顶部工具栏、网站标志栏看作网页的头部。

1）制作顶部工具栏

（1）步骤一：设置单元格高度

由于表格属性面板中无法设置“高度”这一属性，1行1列的表格高度借助设置其单元格高度来达到设置表格高度的目的。将光标放置在topbar表格的第1列单元格中，在其单元格属性面板中设置“高”为25 px。

（2）步骤二：插入内容

将光标放置在topbar表格的第1列单元格中，输入文字“您好，欢迎来到房酷网！ 请登录 免费注册”。

将光标放置在topbar表格的第2列单元格中，输入文字“我的房酷网 | 收藏夹 | 帮助 | 网站导航 | 官方微博 ”。注意观察属性面板，此时已更改为单元格属性面板。为使文字向右对齐，在其属性面板中设置“水平”为“右对齐”，如图1.3.24所示。

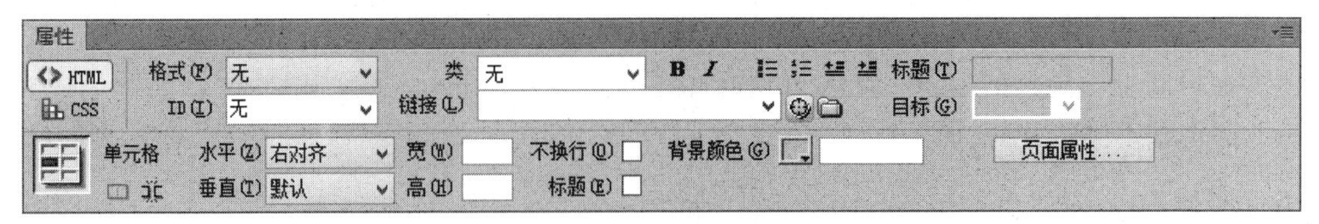

图1.3.24　topbar表格第2列单元格属性面板

▶ Points 知识要点——单元格属性

合并：将选中的连续单元格合并成为一个单元格。

拆分：将一个单元格横向或纵向分割成若干单元格。

水平（Z）：水平对齐方式，单元格中的内容水平对齐方式。分为默认、左对齐、居中对齐、右对齐四种。默认为继承父级容器水平对齐方式，最高级容器水平对齐方式默认为左对齐。

垂直（T）：垂直对齐方式，单元格中的内容垂直对齐方式。分为默认、顶端、居中、底部、基线四种。默认为继承父级容器水平对齐方式，最高级容器水平对齐方式默认为居中。

宽：单元格宽度。

高：单元格高度。

不换行：如果添加文字时超过单元格，不换行将扩大单元格距离。

标题：将该单元格设置为标题行，单元格内文字自动加粗。

背景：单元格背景颜色。

将光标放置在“官方微博”前，再选择“插入”浮动面板，选择“常用”菜单，单击“图像”按钮，在其下拉菜单中选择“图像”（快捷键“Ctrl+Alt+I”），在弹出的“选择图像源文件”对话框中选择images文件夹中的weibo.gif，如图1.3.25所示，单击“确定”按钮后将弹出“图像标签辅助功能属性”对话框，无须输入内容， 直接单击“确定”。至此，将在“官方微博”文字前插入微博标志图像。

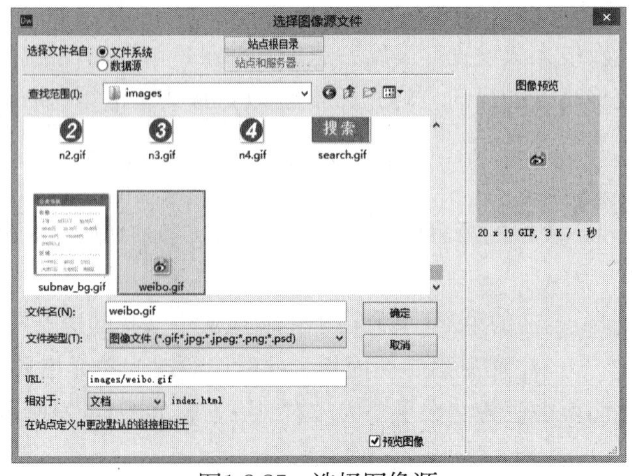

图1.3.25　选择图像源

选中刚才插入的图像，单击鼠标右键，在右键菜单中选择“对齐 | 绝对中间”。

▶ Points 知识要点——图像对齐方式

图像“对齐”方式使用户可以设置图像与同一段落中的其他内容（包括另一个图像）之间的关系。

对齐选项如下：

默认值：通常指定基线对齐。（根据站点访问者的浏览器的不同，默认值也会有所不同）

基线：将文本（或同一段落中的其他元素）的基线与选定对象的底部对齐。

对齐上缘：将图像的顶端与当前行中最高项（图像或文本）的顶端对齐。

中间：将图像的中部与当前行的基线对齐。

对齐下缘：类似基线对齐。

文本顶端：将图像的顶端与文本行中最高字符的顶端对齐。

绝对中间：将图像的中部与当前行中文本的中部对齐。

绝对底部：将图像的底部与文本行（这包括字母下部，例如在字母 g 中）的底部对齐。

左对齐：将所选图像放置在左边，文本在图像的右侧换行。如果左对齐文本在行上处于对象之前，它通常强制左对齐对象换到一个新行。

右对齐：将图像放置在右边，文本在对象的左侧换行。如果右对齐文本在行上处于对象之前，其通常强制右对齐对象换到一个新行。

（3）步骤三：实现内容相关功能

根据效果图中文字内容，在第1列单元格中输入相应文字。显然，文字中“您好，欢迎来到房酷网！”仅作为问候语，无功能要求。而“请登录 免费注册”需要在单击后链接到相应的功能页面，即实现页面间跳转。相应的，第2列单元格中的文字“我的房酷网 | 收藏夹 | 帮助 | 网站导航 | 官方微博”也需要在单击后跳转到相应的功能页面或实现相应的功能。因此，这些有跳转功能的文字，人们把其称为超链接。

制作超链接需要先确定两个内容：目标URL和承载目标URL的网页元素。例如，“请登录”这3个字是承载着跳转到登录页面的超链接文字。那用户就需要选中“请登录”这3个字，在其属性面板的“链接”属性中输入目标URL。由于目前无法确定各超链接文字要跳转到的目标URL，故先用“#”代替，表示跳转到当前页面，即完成了超链接文字的制作。

同样的方法，制作出topbar表格中其他超链接文字。注意：选择文字时，分别选中要跳转到不同目标URL的文字词组，分别添加链接目标URL。

▶ Points 知识要点——超链接

1)什么是超链接

超链接是网页的基本元素，也是网页区别于报章杂志的重要特征。所谓的超链接是指从一个网页元素指向一个目标的连接关系，这个目标可以是另一个网页，也可以是相同网页上的不同位置，还可以是一张图片，一个电子邮件地址，甚至是一个应用程序。而在一个网页中用来超链接的对象，可以是一段文本或者是一个图片。当浏览者单击已经承载链接的文字或图片后，链接目标将显示在浏览器上，并且根据目标的类型来打开或运行。

超链接代码

<a href="你要链接到的地址" target="_blank">网页元素</a>

2)超链接的分类

①按照链接路径的不同，网页中超链接一般分为3种类型，即内部链接、外部链接和锚记链接。

a.内部链接目标地址一般使用相对路径或根路径。

相对路径，即同一网站的其他网页或文件，例如：images/logo.gif;

根路径，是相对路径与绝对路径的结合，实质上是相对于网站根目录的绝对路径，用斜杠表示根目录，如“/news/list.htm”。

b.外部链接目标地址一般使用绝对路径，即URL。

URL（Uniform. Resource Locator），统一资源定位符，就是网络上的一个站点、网页的完整路径，包含3个部分：协议名、主机名（或IP地址）、文件目录。

如http：//www.zdsoft.com.cn/html/xwdt/1532.html

c.锚记链接目标地址使用页内链接。

页内链接，这就要使用到书签的超链接，一般用“#”号加上名称链接到同一页面的指定地方。

②如果按照使用对象的不同，网页中的链接又可分为文本超链接、图像超链接、邮件链接、锚点链接、空链接等。

a.文字超链接代码。

<a href="目标URL" target="_blank">网页显示文字</a>

b.图像超链接代码。

<a href="目标URL" target="_blank"><img src=”图像源文件地址”></a>

c.邮件链接代码。

<a href="mailto：邮箱地址" target="_blank">网页显示文字</a>

d.页面内锚点链接代码。

<a href="#锚点名称" target="_blank">网页显示文字</a>

e.其他页面内锚点链接代码。

<a href="含锚点页面URL#锚点名称" target="_blank">网页显示文字</a>

3)超链接在网页中的默认样式

在网页中，一般文字上的默认超链接都是蓝色，文字下面有一条下画线（当然，用户也可以自己设置成其他颜色以及是否去掉下画线，个性化设置超链接样式详见学习情境3）。当移动鼠标指针到该超链接上时，鼠标指针就会变成一只手的形状，这时用鼠标左键单击，就可以直接跳转到与这个超链接相连接的目标。如果用户已经浏览过某个超链接，这个超链接的文本颜色就会发生改变（默认为紫色）。为图像创建超链接后将会使图像出现边框。

4)创建链接的方法

①在“文档”窗口中选中要作为链接的网页元素。

②在“属性”面板中的“链接”文本框中输入链接目标地址。

在“属性”面板中的“目标”下拉列表中选择链接目标的打开目标窗口，默认为“_self”。

“目标”称为目标区，也就是超级链接指向的页面出现在什么目标区域。默认的情况下域中有4个选项。

_blank：单击链接以后，指向页面出现在新窗口中。

_parent：用指向页面替换其父级框架结构。

_self：将连接页面显示在当前框架中。

_top： 跳出所有框架，页面直接出现在浏览器中。

如果页面不包含框架，“_parent”“_self”“_top”显示效果相同。

制作好超链接后，文字的样式将发生改变。普通文本是在页面属性中设置的默认文本颜色，而超链接文本变成了蓝色及下画线显示。这是软件中超链接的默认样式。要更改这个默认样式，实现和效果图完全一致的显示需要通过设置CSS（层叠样式表）样式来美化。此部分将在第二个项目中做详细介绍及应用，故在这里省去。

2）制作网站标志栏

（1）步骤一：调整单元格高度

将光标放置在logobar表格的第1列单元格中，在其单元格属性面板中设置“高”为123 px。

（2）步骤二：插入网站标志

将光标放置在表格logobar第1列中，插入图像logo.gif，在弹出的“图像标签辅助功能属性”对话框中设置“替换文本”为“欢迎进入房酷网”，如图1.3.26所示。

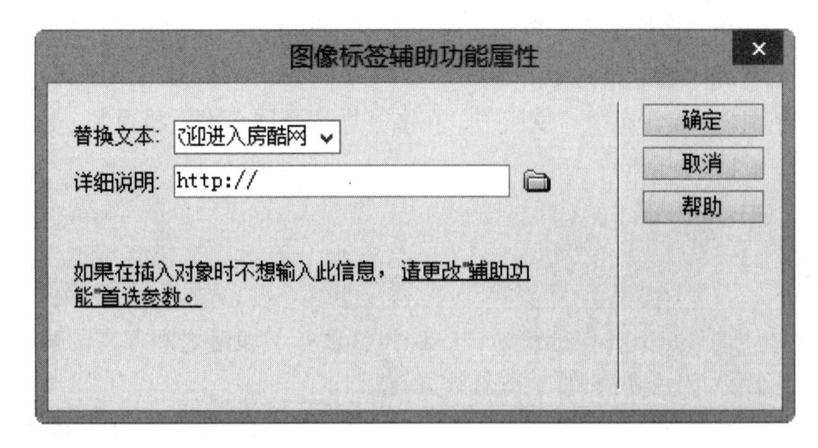

图1.3.26　图像标签辅助功能属性对话框

⊕ 小贴士

图像的替换文本属性（Alt属性）的作用是在图片加载的过程中，替换文本先代替图片显示，解释这个是什么图片。其本意是考虑残障人士（如盲人）的访问体验而准备的，他们在浏览网页时很难获取图片中的信息，因此可以通过文本的描述来了解图片影像内容。

搜索引擎会将Alt属性的内容纳入整个页面的文本分析，所以Alt属性描述的内容要与图片内容有关，并正确说明图片内容，从而给予用户良好的体验，而不是为了在搜索引擎中获得好的排名。对于一些没有什么意义的图片，最好也不要省略alt，而应该留空，即 alt=""。

在图像属性面板中可见，该图像宽300 px，高87 px。根据图像宽度，将鼠标在图像后空白处单击，即选中其所在单元格，在单元格属性面板中设置其所在单元格宽度为300 px，按下回车键确定设置。

（3）步骤三：制作所在地选择部分

由于所在地选择部分有两个内容，现修改一下表格布局结构，将当前单元格拆分为两列。将光标放置在logobar表格第2列，在单元格属性面板中单击拆分单元格按钮，在弹出的“拆分单元格”对话框中设置“把单元格拆分为”“列”，“列数”为2，如图1.3.27所示。表格便从原来的1行3列改变为1行4列。

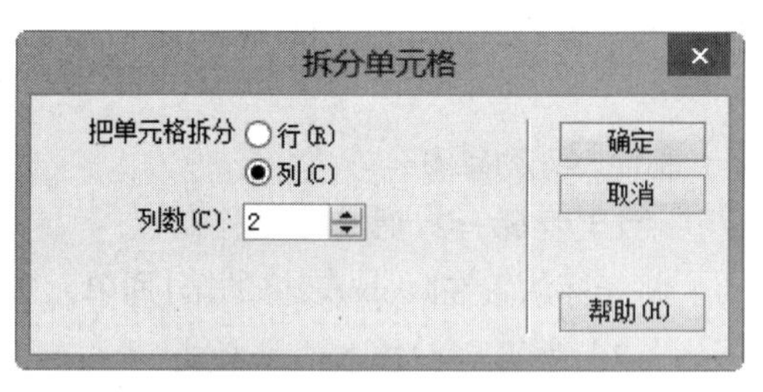

图1.3.27　拆分单元格对话框

在拆分出的第1列中插入分割线line.gif，并设置单元格宽度为20 px，单元格“水平”对齐为“居中”，由于图像宽度为13 px，较小于单元格宽度，居中对齐后，图像距左右两边边框均有一定空隙，且空隙宽度相等。

在拆分出的第2列输入文字“重庆”，在文字后按下回车键，将重起一段落，在下一段落中输入文字“[选择城市]”。

⊕ 小贴士

“段落”标签为<p>，快捷键为“Enter”。段落与段落之间存在段间距，默认此距离比行间距大，可在CSS样式中修改段间距。

选中“选择城市”4个字，在其文字属性面板中设置“链接”为#。

（4）步骤四：制作站内搜索部分

在这个部分中用户会看到一些不常见的元素。在这些网页元素中用户可以输入文字、可以单击某些网页元素以产生其他的操作，这些能够实现与用户交互功能的元素称为表单元素。

将光标放置在logobar表格第4列，在其单元格属性面板中设置“垂直”属性为“顶端”。选择“插入”面板中的“表单”选项卡，单击“表单按钮”，在其菜单中选择“表单”，单击后在设计视图中会出现表示表单的红色虚线，如图1.3.28所示。

图1.3.28　插入表单

在表单的属性面板中，设置表单名称为“search”，其余属性暂空。

▶ Points 知识要点——表单

表单，在网页中的作用不可小视，主要负责数据采集的功能，比如可以采集访问者的名字和E-mail地址、调查表、留言簿等。

一个表单有3个基本组成部分，如下所述。

①表单标签：这里面包含了处理表单数据所用CGI程序的URL以及数据提交到服务器的方法。

②表单域：包含了文本框、密码框、隐藏域、多行文本框、复选框、单选框、下拉选择框和文件上传框等。

③表单按钮：包括提交按钮、复位按钮和一般按钮；用于将数据传送到服务器上的CGI脚本或者取消输入，还可以用表单按钮来控制其他定义了处理脚本的处理工作。

表单常见属性解释如下：

动作：指定在执行DO FORM命令时，指定表单集或表单对象的动作。它可以是一个URL地址（提交给程式）或一个电子邮件地址。

方法：get或post，指明提交表单的HTTP方法。

get是从服务器上获取数据，post是向服务器传送数据。

get是把参数数据队列加到提交表单的ACTION属性所指的URL中，值和表单内各个字段一一对应，在URL中可以看到。post是通过HTTP post机制，将表单内各个字段与其内容放置在HTML HEADER内一起传送到ACTION属性所指的URL地址。用户看不到这个过程。

get传送的数据量较小，不能大于2 KB。post传送的数据量较大，一般被默认为不受限制。但理论上，IIS4中最大量为80 KB，IIS5中为100 KB。

get安全性非常低，post安全性较高。

目标="..."指定提交的结果文档显示的位置。

_blank：在一个新的、无名浏览器窗口调入指定的文档。

_self：在指向这个目标的元素的相同的框架中调入文档。

_parent：把文档调入当前框的直接的父FRAMESET框中。

_top：把文档调入原来的最顶部的浏览器窗口中（因此取消所有其他框架）。

在表单中再插入1个表格，作为单元格内部布局表格。由于单元格内的内容分为上下两行，第1行内容分作2列比较方便表单元素的布局，因此，表格为2行2列。在插入表格对话框中，设置表格行数为2，列数为2，表格宽度为100，单位选择百分比，边框粗细、单元格边距、单元格间距均为0 px，如图1.3.29所示。

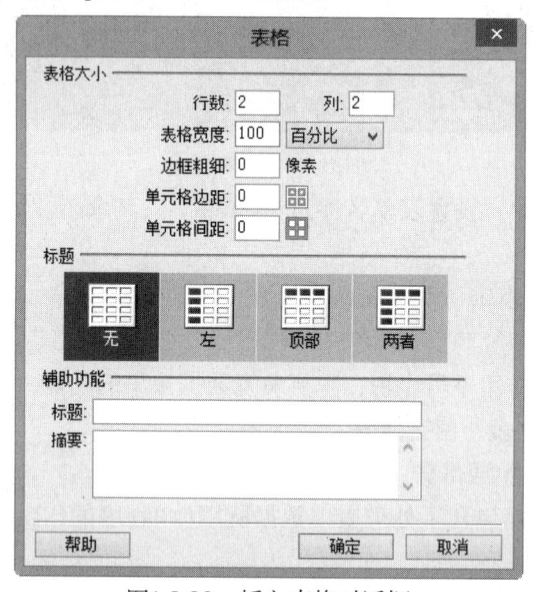

图1.3.29　插入表格对话框

⊕ 小贴士

表格布局时，若内部表格距离单元格左右边框有一定距离，而距离上下边框无距离或距离不等，可以设置内部表格宽度小于100%，以使表格未完全充满单元格（即单元格中表格右边留有空隙），再设置表格“对齐”为“居中对齐”，使单元格中空隙均分于表格两侧。如图1.3.30所示。若有需要，可以设置表格的其他对齐方式，以使单元格中空隙全部位于表格的左部或右部。

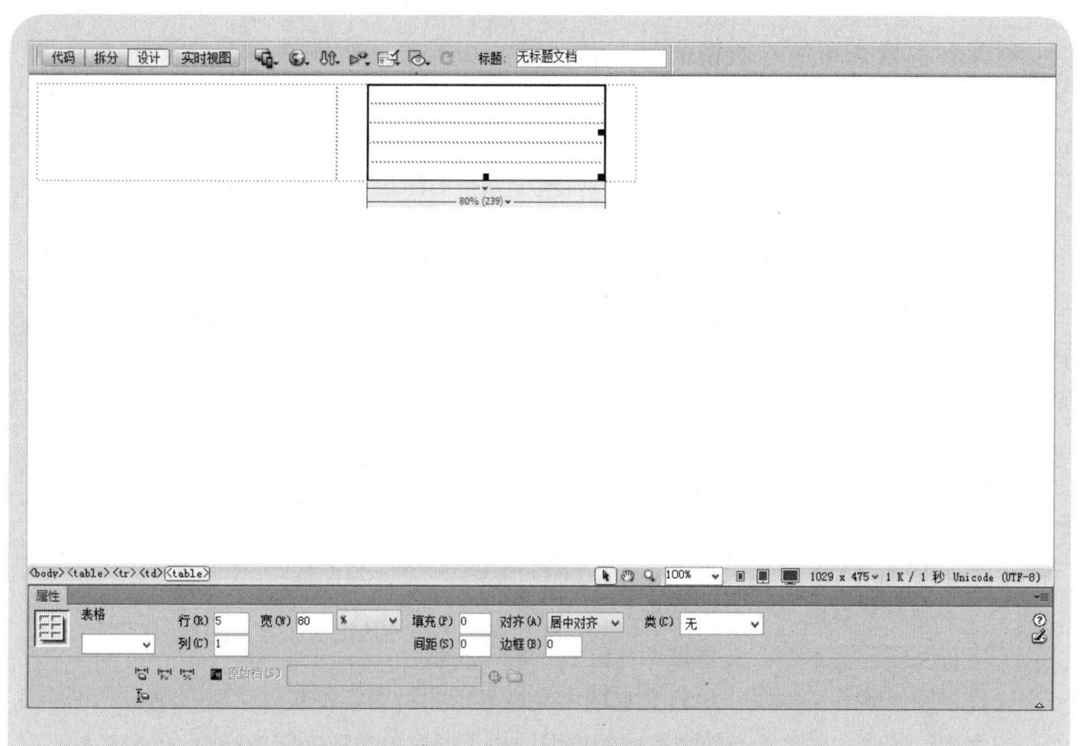

图1.3.30　嵌套表格及属性设置

若单元格内部表格距离单元格各边框有一定距离，并距离相等，可在此单元格中插入一个1行1列表格，设置表格宽度100%，单元格间距或填充为想要得到的距离，如图1.3.31所示。

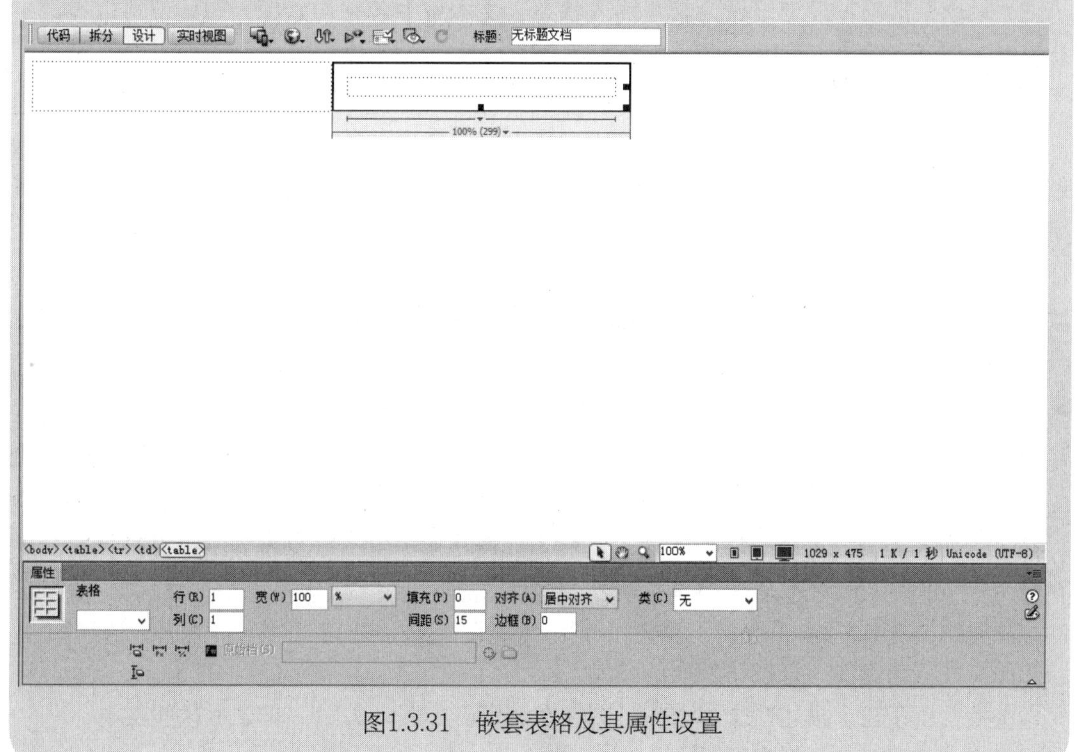

图1.3.31　嵌套表格及其属性设置

将光标放置在新插入表格的第1行第1列，在其单元格属性面板中设置“宽度”为340 px，“高度”为105 px，按下回车键确定设置。再选择“插入”面板中“表单”下拉菜单中的“文本字段”（也称“文本域”），在其属性面板中设置文本域名称为keyword，“字符宽度”为47 px（使文本域离单元格右边框约15 px距离），“初始值”为“输入楼盘关键字进行查询”，该文本域属性面板如图1.3.32所示。

图 1.3.32　文本字段属性面板

▶ Points 知识要点——文本字段（文本域）属性

“文本域”文本框：文本域名称。

“字符宽度”文本框：文本域中允许显示的字符数。

“最多字符数”文本框：单行文本域中允许显示的最多字符数。

“类型”选项：显示了当前文本域的类型，也可通过单选项来转换3种不同的文本域。

“初始值”文本框：输入文本域中默认状态时显示的内容。

“类”选项：指定用于该域的CSS样式。

“禁用”选项：设定该域为禁止使用状态，文本域中若有初始值，初始值将不能被选定。

“只读”选项：设定该域为禁止输入状态，文本域中若有初始值，初始值可以被选定及复制，但不能输入新内容。

文本域高度及背景无法在属性面板中进行设置，实现和效果图完全一致的显示需要通过设置CSS（层叠样式表）样式来美化。此部分将在第二个项目中做详细介绍及应用，这里省去。

将光标放置在新插入表格的第1行第2列，插入表单元素“图像域”，插入方法与文本域相同。在弹出的“选择图像源”对话框中选择images文件夹中的search.gif图像。

▶ Points 知识要点——图像域

在表单中插入图像域可以使用图像作为按钮图标。图像区域为该按钮指定一个名称。“提交”和“重置”是两个保留名称，“提交”通知表单将表单数据提交给处理应用程序或脚本，“重置”将所有表单域重置为其原始值。

图像域属性有：

源文件：指定要为该按钮使用的图像。

替换：用于输入描述性文本，一旦图像在浏览器中载入失败，将显示这些文本。

对齐：设置对象的对齐属性。

编辑图像：启动默认的图像编辑器并打开该图像文件进行编辑。

类：使您可以将 CSS 规则应用于对象。

用鼠标同时选中布局表格的第2行第1列及第2列，如图1.3.33所示。在行属性面板中单击合并单元格按钮，将两列合并。在合并后的单元格中插入相应的内容文字。

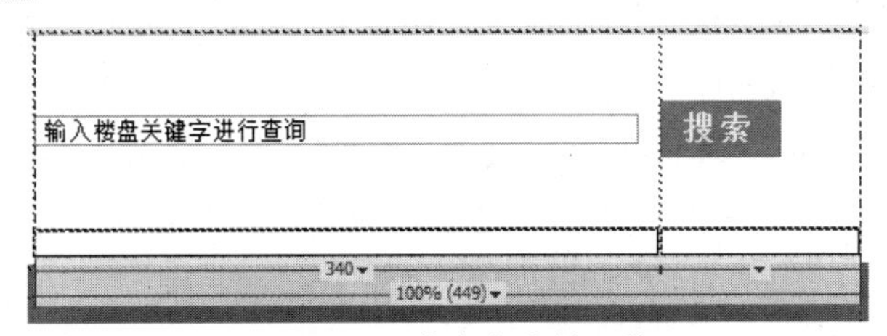

图1.3.33　选中多个单元格

▶ Points 知识要点——选择表格元素

可以一次选择整个表、行或列。也可以选择一个或多个单独的单元格。当用户在表格、行、列或单元格上移动鼠标指针时，Dreamweaver 将高亮显示选择区域中的所有单元格，以使用户知道将选择哪些单元格。

1)选择单列

①将鼠标停留在该列单元格中。

②单击列标题菜单，选择“选择列”，如图1.3.34所示。或按住鼠标左键不放，从该列第一个单元格拖动至最后一个单元格。

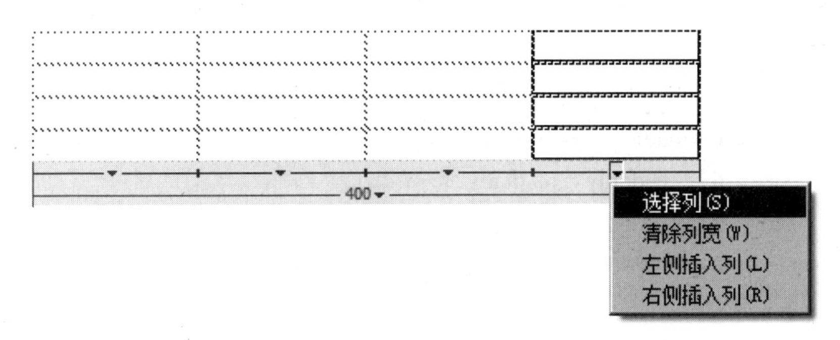

图1.3.34

2)选择1行或矩形的单元格块

方法一：从一个单元格拖到另一个单元格。

方法二：单击一个单元格，然后按住 Ctrl（Windows）或 Command（Macintosh）单击以选中该单元格，接着按住 Shift 单击另一个单元格。

3)选择不相邻的单元格或非矩形单元格块

按住 Ctrl（Windows）或 Command（Macintosh）单击要选择的单元格、行或列。

如果用户按住 Ctrl 或 Command 单击的单元格、行或列尚未选中，则会添加到选择区域中。如果已将其选中，则再次单击会将其从选择中删除。

本任务参考代码如下：

```
<table width="985" border="0" align="center" cellpadding="0" cellspacing="0" id="topbar">
    <tr>
        <td height="25">您好，欢迎来到房酷网！ <a href="#">请登录</a>  <a href="#">免费注册</a></td>
        <td align="right"><a href="#">我的房酷网</a> | <a href="#">收藏夹</a> | <a href="#">帮助</a> | <a href="#">网站导航</a> | <img src="images/weibo.gif" alt="" width="20" height="19" align="absmiddle" /><a href="#">官方微博</a></td>
    </tr>
</table>
<table width="985" border="0" align="center" cellpadding="0" cellspacing="0" id="logobar">
    <tr>
        <td width="300" height="123"><img src="images/logo.gif" width="300" height="87" alt="欢迎进入房酷网" /></td>
        <td width="20" align="center"><p><img src="images/line.gif" width="13" height="87" /></p></td>
        <td><p>重庆</p>
        <p>[<a href="#">选择城市</a>]</p></td>
        <td width="450" valign="top"><form id="form1" name="form1" method="post" action="">
        <table width="100%" border="0" cellspacing="0" cellpadding="0">
        <tr>
            <td width="340" height="105"><label for="keyword"></label>
                <input name="keyword" type="text" id="keyword" value="输入楼盘关键字进行查询" size="47" readonly="readonly" /></td>
            <td><input type="image" name="imageField" id="imageField" src="images/search.gif" /></td>
        </tr>
        <tr>
            <td colspan="2">热门搜索：  朗俊中心  融汇温泉城  中渝山顶道   春华秋实 东银ARC  协信城立方</td>
            </tr>
        </table>
      </form></td>
   </tr>
</table>
```

1.3.4　制作房酷网首页导航菜单及Banner

1）制作导航菜单

（1）步骤一：设置导航菜单高度

将光标置于表格nav中，在其单元格属性面板中设置“高度”为40 px。

（2）步骤二：设置菜单单元格宽度及对齐方式

同时选中前4个单元格，在其单元格属性面板中设置“宽度”为140 px，“水平”为“居中对齐”。

（3）步骤三：插入菜单内容

在前4个单元格中分别插入相应的文字内容，并选中文字，为文字添加空链接，如图1.3.35所示。实现和效果图完全一致的显示需要通过设置CSS（层叠样式表）样式来美化，这里省去。

房酷首页	所有返现	新房返现	二手房返现	

图1.3.35　导航菜单

2）制作Banner

将光标置于表格nav中，插入图像banner.gif。

本任务参考代码如下：

```
<table width="985" border="0" align="center" cellpadding="0" cellspacing="0" id="nav">
  <tr>
    <td width="140" height="40" align="center"><a href="#">房酷首页</a></td>
    <td width="140" align="center"><a href="#">所有返现</a></td>
    <td width="140" align="center"><a href="#">新房返现</a></td>
    <td width="140" align="center"><a href="#">二手房返现</a></td>
    <td> </td>
  </tr>
</table>
<table width="985" border="0" align="center" cellpadding="0" cellspacing="0"
id="banner">
  <tr>
    <td><img src="images/banner.gif" width="985" height="337" /></td>
  </tr>
</table>
```

1.3.5 制作房酷网首页网站功能提示栏

1）制作网站功能提示栏内容

网站功能提示栏布局结构采用1行8列表格，且已预先设置好了表格的单元格间距。效果图中该部分与上面的Banner部分及下面的内容部分均有一行空隙。因此，选中表格cue，按下键盘上的左方向键，光标在表格左侧边框前闪烁，按下快捷键“Shift+Enter”，此时表格cue与Banner部分产生一空白行。

同样的方法，选中表格cue，按下键盘上的右方向键，光标在表格右侧边框后闪烁，按下快捷键“Shift+Enter”，此时表格cue与表格content间产生一空白行。

> ⊕ 小贴士
>
> 换行的标签为
，快捷键为“Shift+Enter”，属于段内换行，与上一行的距离由段内行距决定。行距可在CSS样式中修改。

（1）步骤一：制作“什么是返现”部分

在表格cue第1列中插入图像icon1.gif，通过图像属性面板可知，该图像宽度为95 px，因此，设置其所在单元格宽度也为95 px。

将光标放置在表格cue第2列中，设置单元格宽度为160 px，再在单元格中插入相应文字。在“什么是返现？”后直接回车达到另起一段落的效果，第二段落可直接输入文字，当文字一行无法显示完整时，会自动换行，如图1.3.36所示。

图1.3.36 “什么是返现”部分

（2）步骤二：设置部分间空白

将光标放置在表格cue第3列及第6列中，设置单元格宽度为20 px。

（3）步骤三：制作“为什么会返现”部分

方法同步骤一，在第4列中插入图像icon2.gif，并根据图像设置单元格宽度为90 px。在第5列中插入相应文字。

（4）步骤四：制作“怎么返现”部分

方法同步骤一，在第7列中插入图像icon3.gif，并根据图像设置单元格宽度为95 px。在第8列中插入相应文字。需要注意的是，文字中返现流程只有一行，第二行是注册链接“立即注册”。此处的第二行不是自动换行所得，而是通过强制换行得到的。

2）制作网站功能提示栏边框

在表格属性面板内设定的表格边框将会使所有单元格也出现边框，而根据效果图，网站功能提示栏只需要表格外边框，无须单元格边框。因此，此部分只能通过CSS（层叠样式表）制作。

（1）步骤一：新建样式类

单击浮动面板组中的CSS样式面板（图1.3.37）中的新建样式按钮，在弹出的“新建CSS规则”对话框中设置“选择器类型”为“类”，“选择器名称”为.gborder，“规则定义”为“仅限该文档”，如图1.3.38所示。

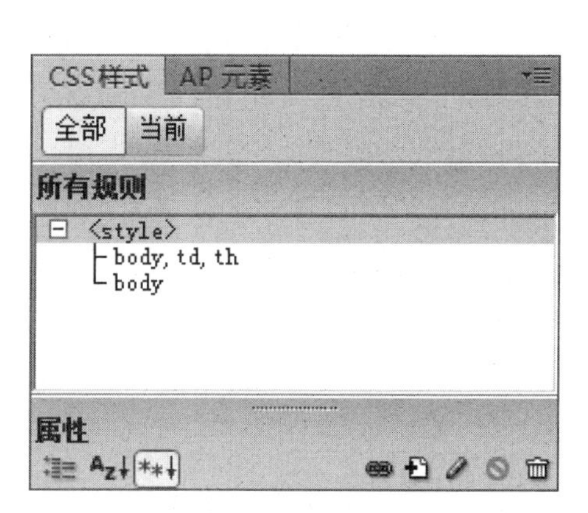

图1.3.37　CSS样式面板

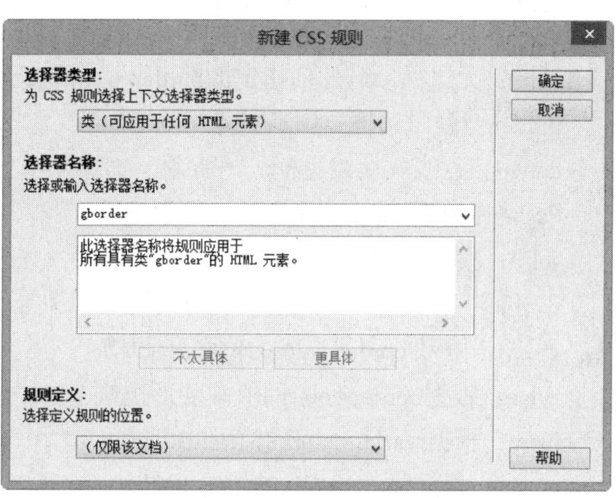

图1.3.38　新建CSS规则.gborder

在弹出的CSS规则定义对话框中，在对话框左侧选择“分类”为“边框”，在右侧出现的关于边框的规则定义中设置“Style”（边框样式）为“solid”（实线），“Width”（边框宽度）为“1 px”，“Color”（边框颜色）为“#f5cba1”，如图1.3.39所示。

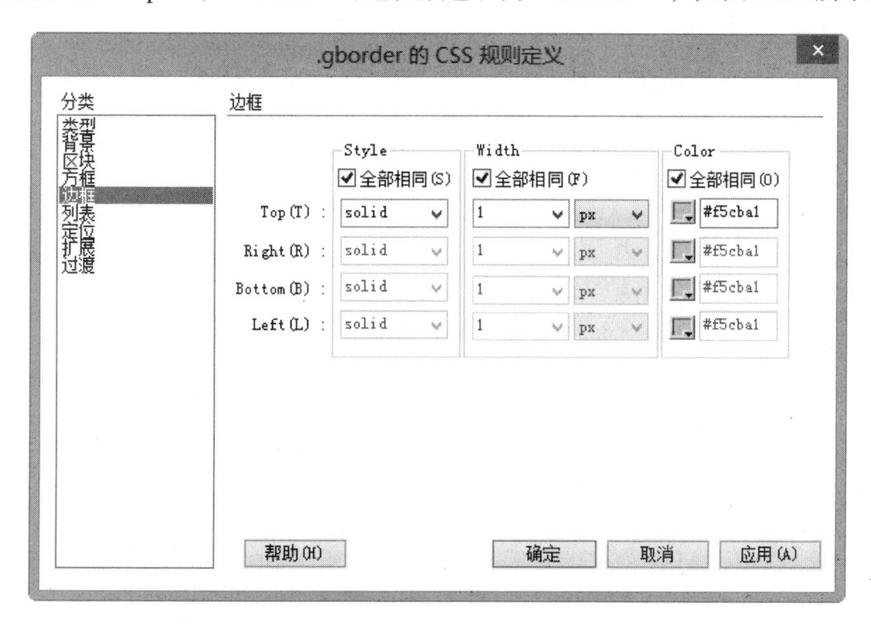

图 1.3.39　.gborder的CSS边框样式规则定义

CSS样式代码如下：

```
.gborder {border: 1 px solid #f5cba1;}
```

▶ Points 知识要点——CSS 定义边框

1）边框样式Style

这个属性用来设定上下左右边框的风格，其值如下：

none：无边框。与任何指定的border-width值无关

hidden：隐藏边框。IE不支持

dotted：点线式虚线边框。（常用）

dashed：破折线式虚线边框。（常用）

solid：实线边框。（常用）

double：双线边框。两条单线与其间隔的和等于指定的border-width值

groove：根据border-color的值画3D凹槽

ridge：根据border-color的值画菱形边框

inset：根据border-color的值画3D凹边

outset：根据border-color的值画3D凸边

2）边框宽度Width

这个属性用来设定上下左右边框的宽度，其值如下：

medium（是缺省值）

thin（比medium细）

thick（比medium粗）

用长度单位定值。可以用绝对长度单位（cm，mm，in，pt，pc）或者用相对长度单位（em，ex，px）。

3）边框颜色属性Color

这个属性用来设定上下左右边框的颜色。

（2）步骤二：套用样式类

选中表格cue，在其属性面板中设置“类”为gborder，设计视图如图1.3.40所示。

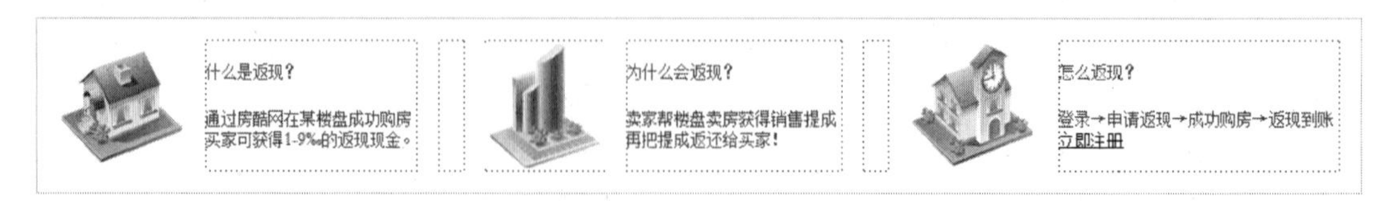

图1.3.40　网站功能提示栏效果

▶ Points 知识要点——类选择器特点及使用方法、技巧

类选择器：即class类选择符，用于指定标签属于何种样式类，可应用于任何标签，使页面中的制订标签（可以是不同的标签）具有相同的样式。

类选择器根据类名来选择。

前面以”.”来标志，如：

```
.类名{
属性：属性值;
}
```

例如：在样式表中定义了这样的类，其代码如下：

```
.headtext{color：red;font-family：黑体}
```

这些类可以使用class属性在HTML文档中引用：

```
<h1 class="headtext">这里引用了headtext类</h1>
```

使用时也可以先设置标签的class属性，然后再对该类设置样式规则。

使用技巧：

例如：

```
.note { font–size：14 px; }
/* 所有class属性值等于"note"的对象字体尺寸为14 px */
p.note { font–size：14 px; }
/* 所有class属性值等于"note"的p对象字体尺寸为14 px */
```

本任务参考代码如下：

```
<table width="985" border="0" align="center" cellpadding="0" cellspacing="15"
class="gborder" id="cue">
  <tr>
    <td width="95"><p><img src="images/icon1.gif" width="95" height="95" align="left"
/></p></td>
    <td width="160"><p>什么是返现？</p>
    <p>通过房酷网在某楼盘成功购房买家可获得1‰~9‰的返现现金。</p></td>
    <td width="20"> </td>
    <td width="90"><img src="images/icon2.gif" width="90" height="90" /></td>
    <td width="160"><p>为什么会返现？</p>
    <p>卖家帮楼盘卖房获得销售提成再把提成返还给买家！</p></td>
    <td width="20"> </td>
    <td width="95"><img src="images/icon3.gif" width="95" height="95" /></td>
    <td><p>怎么返现？</p>
    <p>登录→申请返现→成功购房→返现到账<br />
```

```
        <a href="#">立即注册</a></p></td>
    </tr>
</table>
```

知识拓展——CSS样式文件

1）链接与导入的区别

导入样式表与链接样式表的功能基本相同，只是语法和运作方式上略有区别。区别有下述几点。

①使用link链接的css是客户端浏览你的网页时，先将外部的css文件加载到网页当中，然后再进行编译显示，所以这种情况下显示出来的网页与人们预期的效果一样，即使网速再慢也是一样的效果。而使用@import导入的css就不同了，客户端在浏览网页时是先将HTML的结构呈现出来，再将外部的css文件加载到网页当中，当然最终的效果也是与前者是一样的，只是当网速较慢特殊情况出现先显示没有css统一布局时的HTML网页，这样就会给阅读者很不好的感觉。这也是现在大部门网站的css都选择链接方式的最主要原因。

②导入样式可以避免过多页面指向一个css文件。当网站中使用同一个css文件的页面不是很长时间，这两种方式在效果方面几乎是相同的，但网站的页面数达到一定程度时（比如新浪等门户），如果选择链接的方式可能就会由于多个页面调用同一个css文件而造成速度下降，但是一般页面能达到这种程度的网站也会用最好的硬盘，所以这方面的因素也不用担心。

③@import只有在IE5以上的才能识别，而link标签无此问题。

④使用dom控制样式时的差别。当使用javascript控制dom去改变样式的时候，只能使用link标签，因为@import不是dom可以控制的。

综合以上两方面因素，可以发现还是使用link标签比较好。因此现在大部分的网站还是比较喜欢使用链接的方式引用外部css。

2）“定义在：”选项

对于“定义在：”选项，决定了该样式表文件的位置。

如果选择上面的文件选项，表示选择了一个外部样式表文件，可以是已经定义的style.css，若没有定义好的样式文件，则在此位置可以定义一个新的样式表文件。

如果是选择了“仅对该文档”，则是将定义好的样式放在了head的<style>标签中.

```
<style type="text/css">
<!--
-->
</style>
```

1.3.6　制作房酷网首页内容主区域

房酷网首页内容主区域位于内容区域的左侧，由10条楼盘信息构成。因此，本任务主要解决单条信息的布局结构。

1）确定左侧列表结构及宽度

（1）步骤一：确定布局表格宽度

根据效果图，量得单条楼盘信息列表宽度为690 px。

（2）步骤二：确定单条信息布局表格结构

每条信息分上下两行，第一行分左右两部分，第二行也分为左右两部分，第一行左边部分又分为上下两行。因此，单条信息的布局结构需要使用嵌套表格完成布局。

（3）步骤三：制作单条信息布局表格

首先，新建2行1列表格，设置表格宽度为690 px，边框粗细、单元格边距、单元格间距均为0 px。在第1行新建1行2列表格，设置表格宽度为100%，边框粗细、单元格边距、单元格间距均为0 px；将光标放置在第2行，在其单元格属性面板中设置“背景颜色”为#FFF5EB，新建1行2列表格，设置表格宽度为100%，边框粗细、单元格间距均为0 px，单元格边距为10 px。

⊕ 小贴士

尽量不要随意拆分单元格，除非你能确保拆分后不会对周围的其他单元格宽度或高度造成影响。当使用表格布局时，最好使用嵌套表格。

当上下两行的分列宽度不同时，必须在各自行插入新的1行N列表格进行分列。

将光标放置在第1行新建表格中的第1列，设置单元格宽度为235 px，“垂直”为“顶端”。再插入3行1列新表格用于放置信息第一行左侧的楼盘名称及返现金额，设置表格宽度为90%，对齐为居中对齐，边框粗细、单元格间距为0 px，单元格边距为15 px。

单条信息列表布局结构如图1.3.41所示。

图1.3.41　单条信息列表布局结构

2）设置相关样式

（1）步骤一：新建虚线样式类

参照制作表格边框的方法，新建3行1列中第1行的虚线下边框样式类。单击浮动面板组中的CSS样式面板中的新建样式按钮，在弹出的“新建CSS规则”对话框中设置“选择器类型”为“类”，“选择器名称”为“.dborder”，“规则定义”为“仅限该文档”。在弹出的CSS规则定义对话框中，在对话框左侧选择“分类”为“边框”，在右侧出现的关于边框的规则定义中去掉各属性下的“全部相同”选项，在Bottom（底部）栏设置“Style”（边框样式）为“dashed”（破折线式虚线），“Width”（边框宽度）为“1 px”，“Color”（边框颜色）为“#999”。

CSS样式代码如下：

```
.dborder {border-bottom-width: 1 px; border-bottom-style: dashed; border-bottom-color: #999;}
```

（2）步骤二：套用边框样式

选中上述3行1列中的第1行，在其单元格属性面板中设置“类”为dborder。

选中单条楼盘信息的最外层布局表格，在其表格属性面板中选择“类”为gborder。

3）添加列表图文信息

（1）步骤一：添加楼盘图标及名称等信息

在上述表格的第1行左侧3行1列表格的第1行，插入图像img_144-50_01.gif，在单元格属性面板中设置“水平”为“居中对齐”；在第2行插入相应楼盘名称文字，在其单元格属性面板中设置“水平”为“居中对齐”；在第3行插入返现图标fanxian.gif及文字，选中fanxian.gif，在其右键菜单中选择“对齐”→“绝对中间”。

在表格的第1行右侧直接插入楼盘大图像img_452-170_01.gif。

（2）步骤二：添加楼盘地址等信息

在表格第2行（有背景颜色的那一行）内嵌套表格的第1列中插入相应文字内容；设置第2列单元格“水平”为“右对齐”，再插入相应文字内容。

设计视图效果如图1.3.42所示。

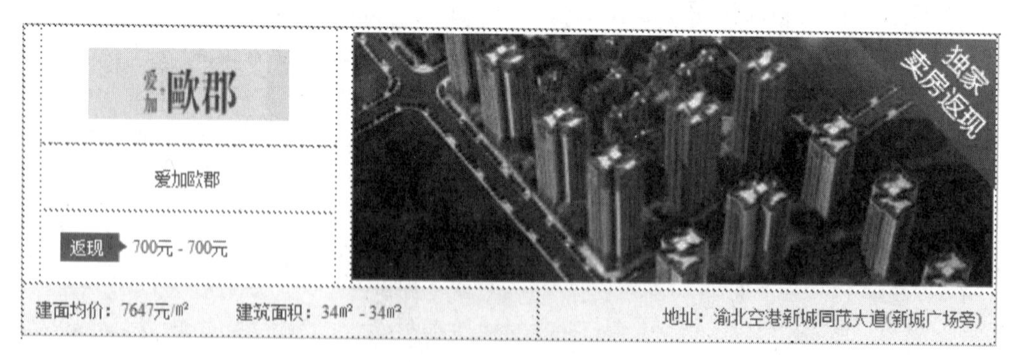

图1.3.42　单条楼盘信息内容

4）复制多条信息

选中第一条楼盘信息最外层布局表格，按下复制键（快捷键“Ctrl+C”），再按下右方向键，光标在表格右边框后面闪烁，此时使用快捷键“Shift+Enter”，为表格后添加一空白行，再按下粘贴键（快捷键“Ctrl+V”）。用此方法复制出下面9条信息，再更换每条信息中的文字及图像内容，设计视图如图1.3.43所示。

图1.3.43　左侧楼盘信息列表

1.3.7　制作房酷网首页内容区域右侧栏

房酷网首页内容区域右侧栏包括快速入口、分类导航、分类导购、活动公告、侧边栏广告、品牌客户6个独立部分。

1）右侧单元格垂直属性设置

（1）步骤一：右侧单元格垂直对齐属性设置

将光标置于右侧边栏布局单元格中，由于单元格“垂直”属性默认为居中，要想使单元格中的内容由顶向下排列，需在单元格属性面板中设置“垂直”为顶端。

（2）步骤二：确定右侧边栏布局单元格宽度

根据效果图，量得单条楼盘信息列表宽度为275 px。因此，设置单元格“宽”为275 px。

2）制作快速入口模块

（1）步骤一：确定布局结构

入口模块从上到下分为两行，第1行分左右两列。因此，该部分使用2行2列表格布局，第2行只需合并单元格即可。

（2）步骤二：制作布局表格

将光标放置在右侧边栏单元格内，插入2行2列表格，设置表格宽度为100%，边框粗细、单元格边距为0 px，单元格间距为15 px；在表格属性面板中设置“类”为gborder，为表格加上细线边框。

（3）步骤三：插入内容

在第1行两个单元格中分别放入“免费注册”图像btn_reg.gif和“登录”图像btn_login.gif；合并第2行两个单元格，并设置单元格“水平”属性为“居中对齐”，在单元格中放入“发布卖房需求”图像btn_publish.gif。

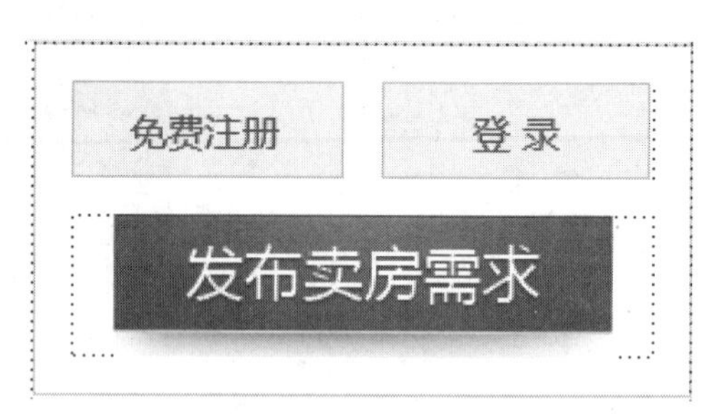

图1.3.44　快速入口模块效果

效果如图1.3.44所示。

参考代码如下：

```
<table border="0" cellpadding="0" cellspacing="14" class="gborder">
  <tr>
    <td width="116"><img src="images/btn_reg.gif" width="116" height="40" /></td>
    <td width="117"><img src="images/btn_login.gif" width="116" height="40" /></td>
  </tr>
  <tr>
    <td colspan="2" align="center"><img src="images/btn_publish.gif" width="213" 
height="59" /></td>
  </tr>
</table>
```

3）制作分类导航栏目模块

（1）步骤一：搭建模块最外层布局结构

先从分类导航模块背景结构上看，注意观察该模块上半部分背景是带投影效果的，所以应该使用背景图像，因此可分为头部有投影效果部分和底部两部分。在快速入口模块布局表格后使用强制换行（快捷键“Shift+Enter”），插入1个空行，插入2行1列表格，设置表格宽度为100%，边框粗细、单元格边距、单元格间距均为0 px。

（2）步骤二：设置表格背景样式类

在“CSS样式”面板中新建CSS规则，设置“选择器类型”选择为“类”，“选择器名称”设置为“.subbody”，“规则定义”选择为“仅对该文档”。在弹出的“.subbody的CSS规则定义”对话框中，在左侧选择“背景”分类，在右侧设置Background-image（背景图像），单击后面的文件浏览按钮 浏览... ，选择images文件夹中的subnav_bg.gif；设置Background-repeat（背景重复）值为repeat-y，如图1.3.45所示。

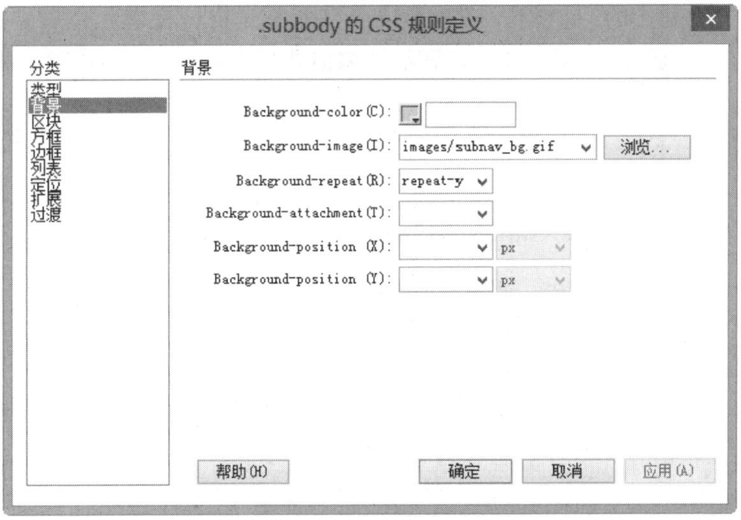

图1.3.45　.subbody的CSS规则定义

选中步骤一中制作的2行1列表格，在表格属性面板中，设置“类”为.subbody。此时，表格的所有范围被图像subnav_bg.gif纵向填充。

CSS样式代码如下：

```
.subbody {background-image: url(images/subnav_bg.gif);  background-repeat: repeat-y;}
```

（3）步骤三：设置投影背景样式类

在“CSS样式”面板中新建CSS规则，设置“选择器类型”选择为“类”，“选择器名称”设置为“.subhead”，“规则定义”选择为“仅对该文档”。在弹出的“.subhead的CSS规则定义”对话框中，在左侧选择“背景”分类，在右侧设置Background-image（背景图像），单击后面的文件浏览按钮 浏览... ，选择images文件夹中的subnav_head.gif；设置Background-repeat（背景重复）值为no-repeat（不重复）；设置Background-position（背景位置）值为top（顶部），如图1.3.46所示。

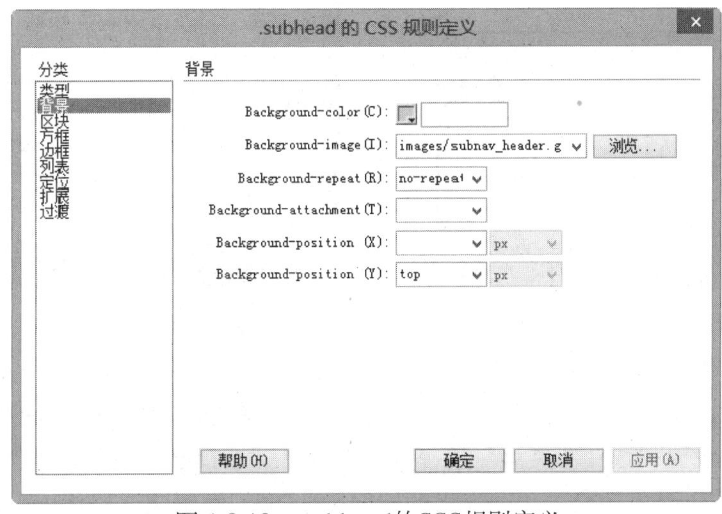

图 1.3.46　.subhead的CSS规则定义

选中步骤一中制作的2行1列表格的第1行第1列单元格，在单元格属性面板中，设置“类”为.subhead。此时，2行1列原来显示的表格背景subnav_bg.gif被单元格背景subnav_head.gif所覆盖。

CSS样式代码如下：

```
.subhead {background-image: url(images/subnav_header.gif); background-repeat:
no-repeat;background-position: top;}
```

（4）步骤四：制作分类导航栏目底部

选择2行1列表格的第2行，插入images文件夹中的图片subnav_footer.gif。

（5）步骤五：制作分类导航栏目内部结构

从分类导航模块的内容结构来看，可分为栏目标题和栏目内容上下两部分。内容与左右两边均有一定距离，且距离相等。其中，分类导航栏目内容分两类共4行。因此，插入5行1列表格，设置表格宽度为85%，边框粗细、单元格边距、单元格间距均为0 px。在表格属性面板中更改表格“对齐”为“居中对齐”。

将光标置于第1行内，在其单元格属性中设置“高”为50 px，作为栏目标题行，插入相应标题文字。

第2至5行作为分类导航栏目的内容行。第2行用于放置价格分类标题，第3行用于放置价格分类内容，第4行用于放置区域分类标题，第5行用于放置区域分类内容，设计视图效果如图1.3.47所示。

由于各分类内容距离单元格边框有一定距离，因此，在各分类内容行内再插入1行1列表格，设置表格宽度为100%，边框粗细、单元格间距为0，单元格边距为10 px。

根据效果图，在上述布局表格中插入相应文字内容，设计视图效果如图1.3.48所示。

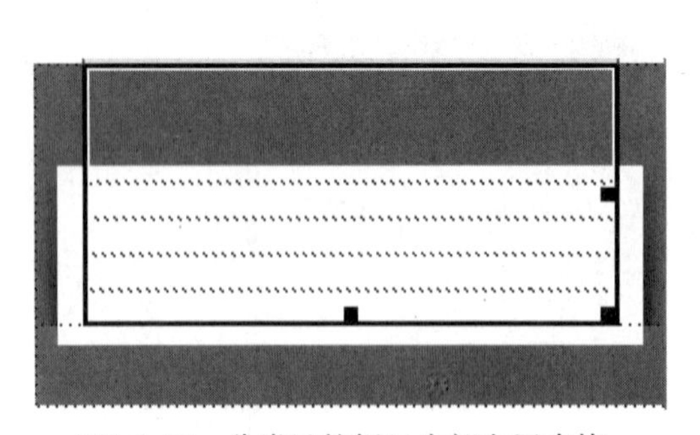

图1.3.47　分类导航栏目内部布局表格

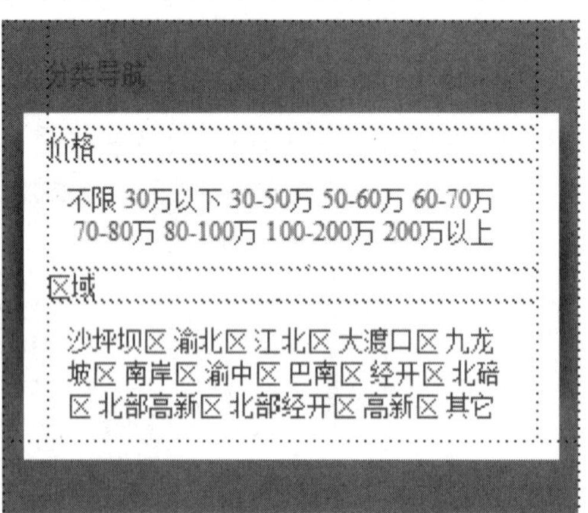

图1.3.48　分类导航栏目雏形

（6）步骤六：设置分类导航各文字样式

①制作栏目标题样式。栏目标题为18像素加粗的白色文字。在“CSS样式”面板中新建CSS规则，设置“选择器类型”选择为“类”，“选择器名称”设置为.h01，“规则定义”选择为“仅对该文档”。在弹出的“.h01的CSS规则定义”对话框中，在左侧选择

"类型"分类，在右侧设置Font-size（文字大小）为18 px；设置Font-weight（文字粗细）为bold（粗体）；设置Color（文本颜色）为#FFF（白色），如图1.3.49所示。

图1.3.49　栏目标题样式规则定义

选中栏目标题所在单元格，在其单元格属性面板中设置"类"为.h01。

CSS样式代码如下：

```
.h01 {font-size: 18 px;  font-weight: bold;  color: #FFF; }
```

②制作分类信息标题样式。分类信息标题为18像素加粗的橙色文字。在"CSS样式"面板中新建CSS规则，设置"选择器类型"选择为"类"，"选择器名称"设置为".h02"，"规则定义"选择为"仅对该文档"。在弹出的".h02的CSS规则定义"对话框中，在左侧选择"类型"分类，在右侧设置Font-size（文字大小）为"18 px"；设置Font-weight（文字粗细）为"bold（粗体）"；设置Color（文本颜色）为"#FF7A01（白色）"，如图1.3.50所示。

图1.3.50　栏目标题样式规则定义

选中分类信息标题所在单元格，在其单元格属性面板中设置“类”为“.h02”。

CSS样式代码如下：

```
.h02 {font-size: 18 px;  font-weight: bold;  color: #FF7A01;}
```

③制作分类信息内容样式。分类信息内容文字为14像素的灰色文字，且多行文字的行距比网页默认行距大。在“CSS样式”面板中新建CSS规则，设置“选择器类型”选择为“类”，“选择器名称”设置为“.h03”，“规则定义”选择为“仅对该文档”。在弹出的“.h03的CSS规则定义”对话框中，在左侧选择“类型”分类，在右侧设置Font-size（文字大小）为“14 px”；设置Line-height（行距）为“25 px”，如图1.3.51所示。

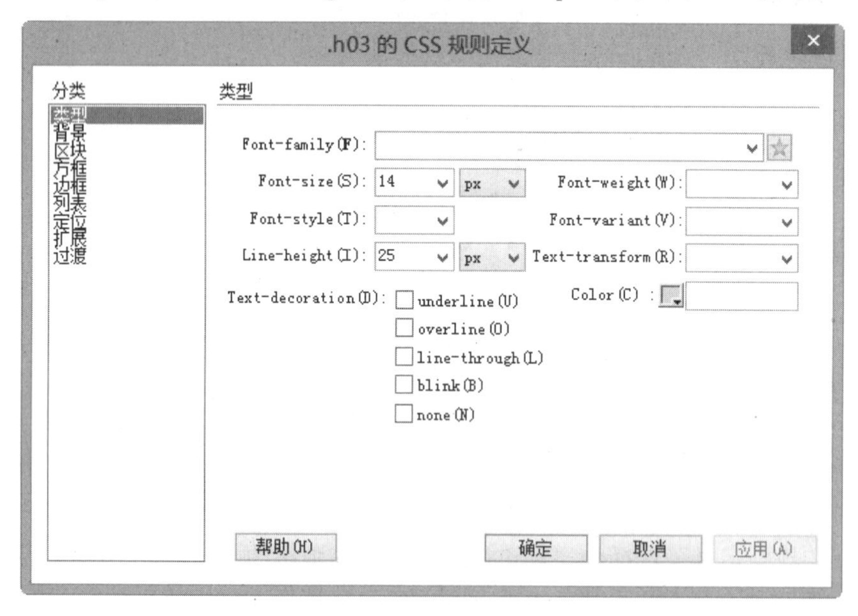

图1.3.51　分类导航栏目标题样式规则定义

选中栏目标题所在单元格，在其单元格属性面板中设置“类”为“.h03”。

CSS样式代码如下：

```
.h03 {font-size: 14 px;  line-height: 25 px;}
```

样式套用完成后，分类导航部分设计视图效果如图1.3.52所示。

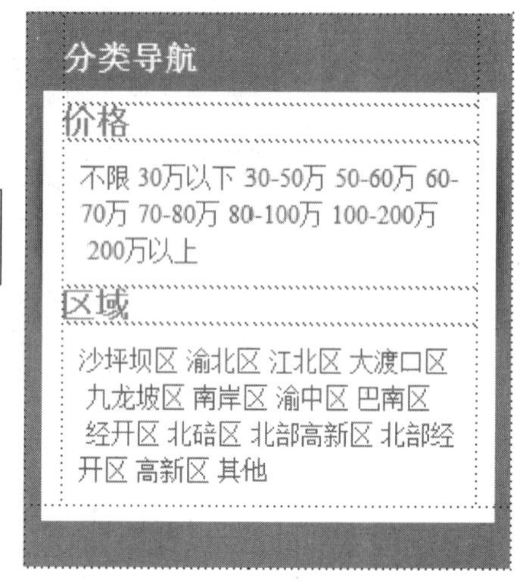

图1.3.52　分类导航模块设计视图效果

参考代码如下：

```
<table width="275" border="0" cellpadding="0" cellspacing="0" class="subbody">
  <tr>
    <td valign="top" class="subhead"><table width="85%" border="0" align="center"
cellpadding="0" cellspacing="0">
      <tr>
        <td height="50" class="h01">分类导航</td>
      </tr>
      <tr>
        <td class="h02">价格</td>
      </tr>
      <tr>
        <td><table width="100%" border="0" cellspacing="0" cellpadding="10">
          <tr>
            <td class="h03">不限 30万以下 30万-50万 50万-60万 60万-70万 70万-80
万 80万-100万 100万-200万 200万以上</td>
          </tr>
        </table></td>
      </tr>
      <tr>
        <td class="h02">区域</td>
      </tr>
      <tr>
        <td><table width="100%" border="0" cellspacing="0" cellpadding="10">
          <tr>
            <td class="h03">沙坪坝区 渝北区 江北区 大渡口区 九龙坡区 南岸区 渝中
区 巴南区 经开区 北碚区 北部高新区 北部经开区 高新区 其他 </td>
          </tr>
        </table></td>
      </tr>
    </table></td>
  </tr>
  < tr>
    <td><img src="images/subnav_footer.gif" width="275" height="34" /></td>
  </tr>
</table>
```

▶ Points 知识要点——CSS类型属性

Font-family（字体）：为样式设置字体。一般英文字体常常用“Arial，Helvetica，sans-serif”这个系列比较美观，如果不用这些字体系列，可以通过下拉列表最下面的“编辑字体列表”来创建新的字体系列。中文网页默认字体是宋体，一般留空即可。浏览器首选用户系统第一种字体显示文本。

Font-size（大小）：定义文本大小。可以通过选择数字和度量单位选择特定的大小，也可以选择相对大小。以像素为单位可以有效地防止浏览器变形文本。

注意：CSS中长度的单位分为绝对长度单位和相对长度单位。

绝对长度：

px：（像素）根据显示器的分辨率来确定长度。

pt：（字号）根据Windows系统定义的字号大小来确定长度。

in、cn、mm：（英寸、厘米、毫米）根据显示的实际尺寸来确定长度。此类单位不随显示器的分辨率改变而改变。

相对长度：

em：当前文本的尺寸。例如：{font-size：3em}是指文字大小为原来的3倍。

ex：当前字母“x”的高度，一般为字体尺寸的一半。

%：是以当前文本的百分比定义尺寸。例如：{ font-size：200%}是指文字大小为原来的2倍。

Font-style（样式）：将“正常”“斜体”或“偏斜体”指定为字体样式。默认设置是“正常”。

Line-height（行高）：设置文本所在行的高度。选择“正常”自动计算字体大小的行高，或输入一个确切的值并选择一种度量单位。比较直观的写法用百分比，例如200%是指行高等于文字大小的2倍。

Text-decoration（修饰）：向文本中添加下画线、上画线或删除线，或使文本闪烁。正常文本的默认设置是“none（无）”。链接的默认设置是“underline（下画线）”。将链接设置设为无时，可以通过定义一个特殊的类删除链接中的下画线。这些效果可以同时存在，将效果前的复选框选定即可。

Font-weight（粗细）：对字体应用特定或相对的粗体量。“正常”等于“400”；“粗体”等于“700”。

Font-variant（变量）：设置文本的小型大写字母变量。注意：Internet Explorer 支持变量属性，但 Netscape Navigator 不支持。

Text-transform（大小写）：将选定内容中的每个单词的首字母大写或将文本设置为全部大写或小写。Internet Explorer和Netscape Navigator两种浏览器都支持大小写属性。

Color（颜色）：设置文本颜色。

4）制作分类导购模块

该部分结构与样式均与分类导航模块雷同，因此，复制分类导航模块，在模块后粘贴一副本即可。不同的是，由于分类导购的分类较多，需要增加内部宽度为85%的表格行数用于放置各分类信息。另外，内容中各分类间需要一空行用作间隔空隙，因此，需将表格行数由原来的5行修改为24行。

在各单元格中放入相应文字内容，设置每个用于做间隔空隙的单元格高度为40 px。设计视图效果如图1.3.53所示。

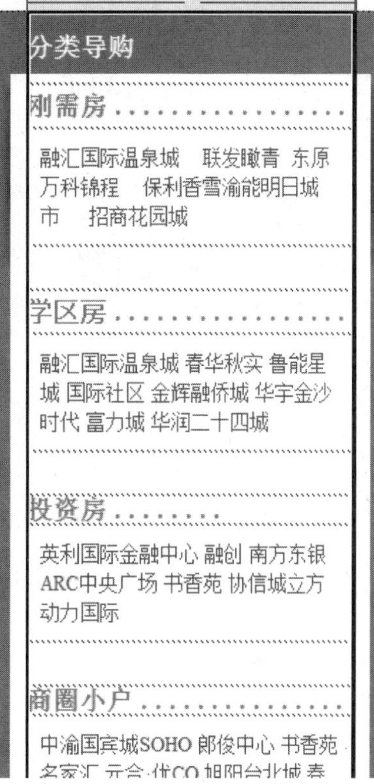

图1.3.53　分类导购部分设计视图效果

5）制作活动公告模块

（1）步骤一：搭建模块布局结构

活动公告模块分为栏目标题和栏目内容上下两部分，栏目内容为文字列表。因此，先在分类导购模块布局表格后用强制换行的方式插入一空行，使活动模块的布局表格与上一分类导购模块之间有一空行的空隙。插入2行1列表格，作为本模块的最外层布局结构。设置表格宽度为100%，边框粗细、单元格间距为0，单元格边距为20 px。在表格属性面板中设置“类”为gborder。

将光标放置在上述表格的第1行，在其单元格属性面板中设置“背景颜色”为#FFECD8。

活动公告模块的布局结构在设计视图中如图1.3.54所示。

图1.3.54　活动公告模块的布局结构

（2）步骤二：插入模块文字内容

①在上述表格第1行内插入标题文字。

②在上述表格第2行内插入文字信息内容，每条信息记录为一个段落，共5条信息。同时选中5条信息，选择菜单栏中“格式”菜单下的“列表”→“项目列表”（或直接单击属性面板中的“项目列表”按钮），将5条信息变为1个项目列表，各信息称为列表项，如图1.3.55所示。

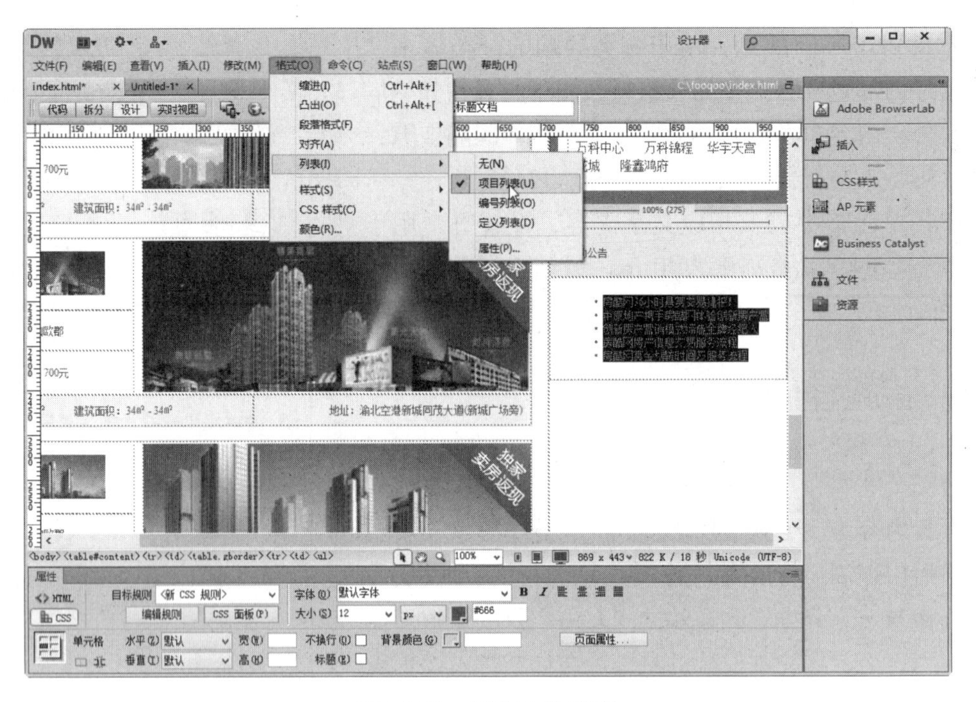

图1.3.55　制作文字列表

▶ Points 知识要点——列表

在Dreamweaver中项目列表分为项目列表、编号列表、定义列表、目录列表、菜单列表，常用的是前3种，即项目列表、编号列表、定义列表。本书仅对前3种进行介绍。

1）项目列表

项目列表也称无序列表，是指不以数字为列表开始的，而是使用一个符号作为分项标记的列表。在无序列表中，各个列表项之间没有顺序级别之分，通常是并列的。项目列表表现形式如图1.3.56所示，列表符号可以为圆点、圆环或小方块，默认的项目符号是圆点。

- 房酷网36小时悬赏交易捷报！
- 中原地产携手房酷网体验创新房产营
- 创新房产营销模式缔造金牌经纪人
- 房酷网房产信息交易服务流程
- 房酷网赏金划转时间及服务流程

▪ 房酷网36小时悬赏交易捷报！
▪ 中原地产携手房酷网体验创新房产营
▪ 创新房产营销模式缔造金牌经纪人
▪ 房酷网房产信息交易服务流程
▪ 房酷网赏金划转时间及服务流程

○ 房酷网36小时悬赏交易捷报！
○ 中原地产携手房酷网体验创新房产营
○ 创新房产营销模式缔造金牌经纪人
○ 房酷网房产信息交易服务流程
○ 房酷网赏金划转时间及服务流程

图1.3.56　项目列表示例

HTML代码格式如下：

```
<ul type="disc/circle/square">
      <li>列表项目</li>
      <li>列表项目</li>
      <li>列表项目</li>
      <li>列表项目</li>
   </ul>
```

2）编号列表

编号列表也称有序列表，是指使用编号进行排列项目，通常是有先后顺序的，一般用来描述一些操作的步骤。编号列表表现形式如图1.3.57所示，列表符号可以为数字、小写罗马字母、大写罗马字母、小写字母或大写字母，默认的项目符号是数字。

1. 房酷网36小时悬赏交易捷报！
2. 中原地产携手房酷网体验创新房产营
3. 创新房产营销模式缔造金牌经纪人
4. 房酷网房产信息交易服务流程
5. 房酷网赏金划转时间及服务流程

i. 房酷网36小时悬赏交易捷报！
ii. 中原地产携手房酷网体验创新房产营
iii. 创新房产营销模式缔造金牌经纪人
iv. 房酷网房产信息交易服务流程
v. 房酷网赏金划转时间及服务流程

I. 房酷网36小时悬赏交易捷报！
II. 中原地产携手房酷网体验创新房产营
III. 创新房产营销模式缔造金牌经纪人
IV. 房酷网房产信息交易服务流程
V. 房酷网赏金划转时间及服务流程

a. 房酷网36小时悬赏交易捷报！
b. 中原地产携手房酷网体验创新房产营
c. 创新房产营销模式缔造金牌经纪人
d. 房酷网房产信息交易服务流程
e. 房酷网赏金划转时间及服务流程

A. 房酷网36小时悬赏交易捷报！
B. 中原地产携手房酷网体验创新房产营
C. 创新房产营销模式缔造金牌经纪人
D. 房酷网房产信息交易服务流程
E. 房酷网赏金划转时间及服务流程

图1.3.57　编号列表示例

HTML代码格式如下：

```
<ol type= “A/a/I/i/1” >
    <li>列表项目</li>
    <li>列表项目</li>
    <li>列表项目</li>
    <li>列表项目</li>
</ol>
```

3）定义列表

定义列表也称为字典列表，是一种包含两个层次的列表，主要用于进行名词解释或名词定义。名词是第一层次，解释或定义是第二层次。另外，这种列表不包括项目符号，每个列表项带有一段缩进的定义文字。定义项目列表表现形式如图1.3.58所示。

野生动物
　　所有非经人工饲养而生活于自然环境下的各种动物。
宠物
　　指猫、狗以及其它供玩赏、陪伴、领养、饲养的动物，又称作同伴动物。

图1.3.58　定义列表示例

HTML代码格式如下：

```
<dl>
    <dt>定义列表项一</dt>
    <dd>定义列表项一描述</dd>
    <dt>定义列表项二</dt>
    <dd>定义列表项二描述</dd>
</dl>
```

注意，需要修改各类型项目列表的项目符号时，选中列表，在“格式”菜单下选择“列表”→“属性”，或单击鼠标右键，在右键菜单中选择“列表”→“属性”。

⊕ 小贴士

列表的使用技巧：

在列表中第一行后面按回车键，下一行中也出现一个项目符号，可继续输入项目中的其他内容。内容输入结束后，在最后一行后连续按两下回车键，表示结束项目列表。

注意：如果想取消项目列表，就再单击属性面板上的“项目列表”按钮。

如果想列出某列表项中的细项，就可以使用多级项目列表。选中细项，单击属性面板中的“文本缩进”按钮 ，就变为下一级内容了。

（3）步骤三：设置模块文字内容样式

①设置标题文字样式。标题文字样式为文字大小为14像素的红色加粗文字。在“CSS样式”面板中新建CSS规则，设置“选择器类型”选择为“类”，“选择器名称”设置为“.h04”，“规则定义”选择为“仅对该文档”。在弹出的“.h04的CSS规则定义”对话框中，在左侧选择“类型”分类，在右侧设置Font-size（文字大小）为“18 px”；设置“Font-weight（文字粗细）”为“bold”；设置“Color（颜色）”为“#F00”，如图1.3.59所示。

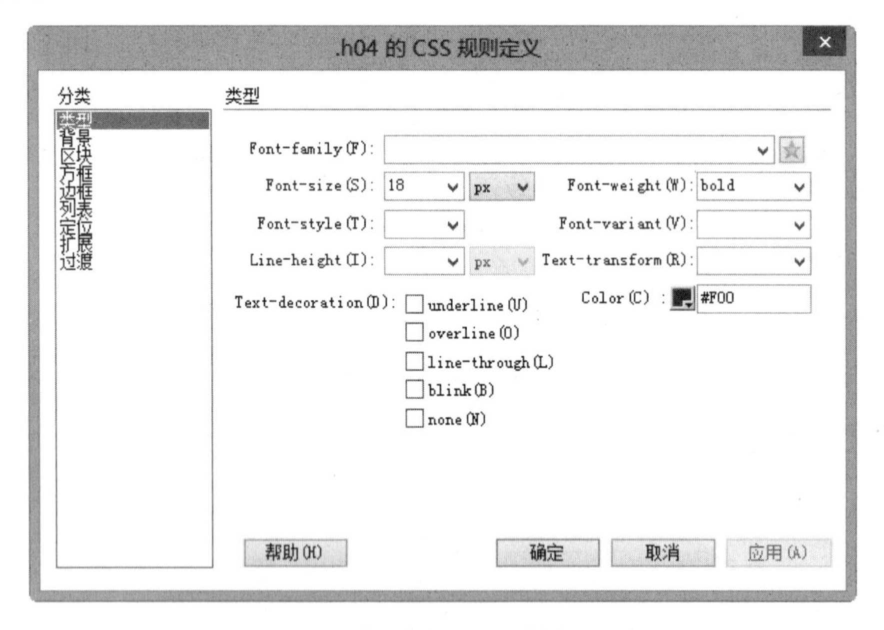

图1.3.59 活动公告栏目标题样式规则定义

选择标题文字所在单元格，在其单元格属性面板中设置“类”为“h04”。

CSS样式代码如下：

```
.h04 {font-size: 18 px;  font-weight: bold;  color: #F00;}
```

②设置文字列表样式。文字列表样式主要体现在行距，该列表文字行距约20 px。在“CSS样式”面板中新建CSS规则，设置“选择器类型”选择为“类”，“选择器名称”设置为“.textlist”，“规则定义”选择为“仅对该文档”。在弹出的“.textlist的CSS规则定义”对话框中，在左侧选择“类型”分类，在右侧设置Line-height（行距）为“25 px”，如图1.3.60所示。

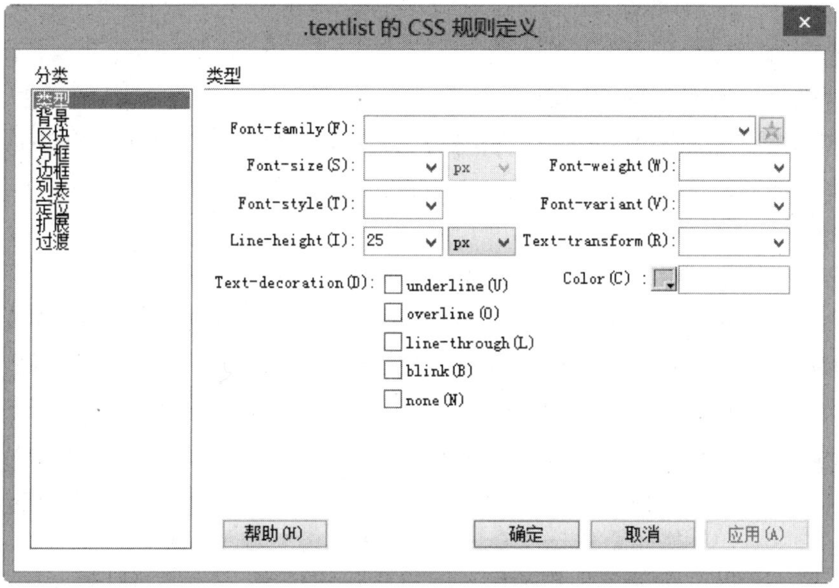

图1.3.60　活动公告文字列表样式规则定义

选择文字列表所在单元格，在其单元格属性面板中设置“类”为“textlist”。

CSS样式代码如下：

```
.textlist {line-height：25 px;}
```

参考代码如下：

```
<table width="100%" border="0" cellpadding="20" cellspacing="0" class="gborder">
  <tr>
    <td bgcolor="#FFECD8" class="h04">活动公告</td>
  </tr>
  <tr>
    <td class="textlist"><ul>
      <li>房酷网36小时悬赏交易捷报！ </li>
      <li> 中原地产携手房酷网体验创新房产营</li>
      <li>创新房产营销模式缔造金牌经纪人</li>
      <li> 房酷网房产信息交易服务流程</li>
```

```
        <li>房酷网赏金划转时间及服务流程</li>
      </ul></td>
    </tr>
  </table>
```

6）制作品牌客户模块

（1）步骤一：搭建模块布局结构

品牌客户模块与活动公告模块结构相似，也分为栏目标题和栏目内容上下两部分，因此，此步骤同活动公告模块步骤一。

（2）步骤二：制作栏目标题

品牌客户模块栏目标题分为左右两部分，因此，在第一行插入1行2列表格，设置表格宽度100%、表格边框0、单元格边距0、单元格间距10 px。选中该表格第2列单元格，设置单元格“对齐”为“右对齐”。分别在两个单元格中插入相应文字，并设置好超链接。

（3）步骤三：制作栏目内容部分

①制作栏目内容部分雏形。品牌客户模块栏目内容为4张图片，分上下两行排列，每行2张图片。因此，在栏目内容单元格内插入2行2列表格，设置表格宽度100%、表格边框0、单元格边距0、单元格间距10 px。在该表格各单元格中插入相应图片。

②设置图片样式。品牌客户模块栏目内容部分的4张图片均带边框样式。在“CSS样式”面板中新建CSS规则，设置“选择器类型”选择为“类”，“选择器名称”设置为“.imgborder”，“规则定义”选择为“仅对该文档”。在弹出的“.imgborder的CSS规则定义”对话框中，在左侧选择“边框”分类，在右侧设置“Style（边框样式）”为“solid（实线）”、“Width（边框宽度）”为“1 px”、“Color（边框颜色）”为“#CCC”，如图1.3.61所示。

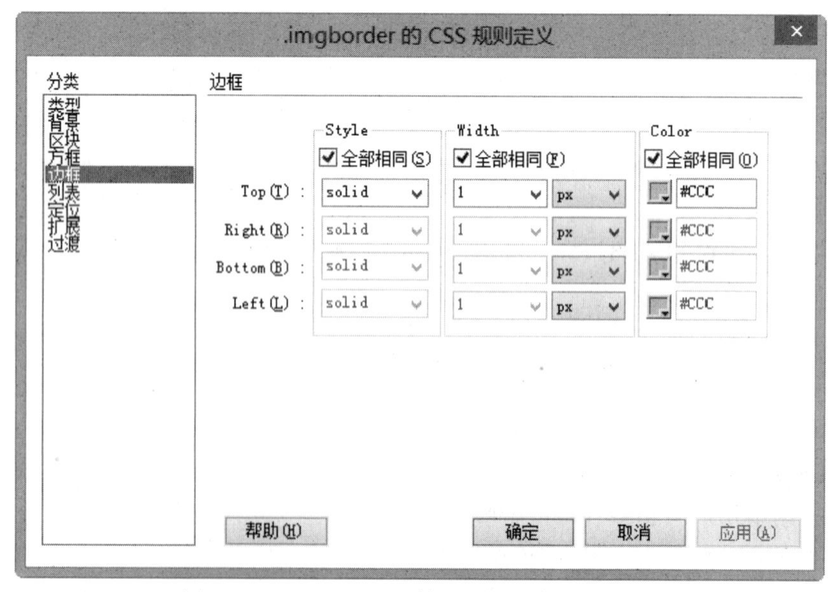

图1.3.61 .imgborder的CSS规则定义对话框

CSS样式代码如下：

```
.imgborder {border: 1 px solid #CCC;}
```

图1.3.62 品牌客户模块在设计视图中的效果

③套用图片样式。分别选中栏目内容部分的4张图片，在其图像属性面板中设置“类”为“imgborder”。

品牌客户模块在设计视图中如图1.3.62所示。

参考代码如下：

```
<table width="100%" border="0" cellpadding="0" cellspacing="0" class="gborder">
  <tr>
    <td bgcolor="#FFECD8"><table width="100%" border="0" cellspacing=
"10" cellpadding="0">
      <tr>
        <td height="30">品牌客户</td>
        <td align="right"><a href="#">更多品牌&gt;&gt;</a></td>
      </tr>
    </table></td>
  </tr>
  <tr>
    <td><table width="100%" border="0" cellspacing="10" cellpadding="0">
      <tr>
        <td><img src="images/link01.gif" width="119" height="58" class="imgborder"
/></td>
        <td><img src="images/link02.gif" width="119" height="58" class="imgborder"
/></td>
      </tr>
      <tr>
        <td><img src="images/link03.gif" width="119" height="58" class="imgborder"
/></td>
        <td><img src="images/link04.gif" width="119" height="58" class="imgborder"
/></td>
      </tr>
    </table></td>
  </tr>
</table>
```

1.3.8 制作房酷网首页底部

房酷网首页底部包含返利向导栏、快速链接栏及版权信息。

1）制作返利向导栏

（1）制作返利向导标题行

将光标放置在表格guide的第1行第1列，在单元格中插入images文件夹中的数字标号图像n1.gif，选中图像，在其右键菜单中设置“对齐”为“绝对中间”，在图像后插入文字。

将光标放置在表格guide的第1行第2列，在单元格中插入images文件夹中的箭头状间隔符arrow.gif，根据图像信息可知该图像宽度为22 px。因此，设置其所在单元格宽度为22 px。

按以上方法填充第1行后5列内容。

在“CSS样式”面板中新建CSS规则，设置“选择器类型”选择为“类”，“选择器名称”设置为“.guidehead”，“规则定义”选择为“仅对该文档”。在弹出的“.guidehead的CSS规则定义”对话框中，在左侧选择“类型”分类，在右侧设置“Font-size（文字大小）”为“14 px”、“Font-weight（文字粗细）”为“bold”、“Color”为“#FF4E00”，如图1.3.63所示。再选择左侧“方框”分类，在右侧设置“Padding（填充）”中“Right（右）”及“Left（左）”分别为30 px，如图1.3.64所示。

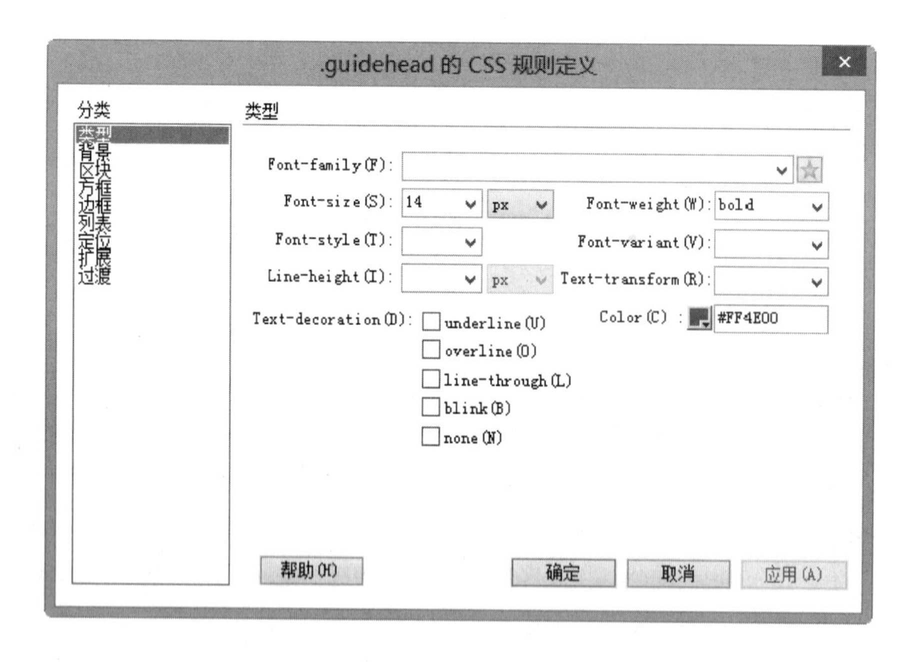

图1.3.63 .guidehead的CSS规则定义对话框

CSS样式代码如下：

```
.guidehead { font-size: 14 px;  font-weight: bold;  color: #FF4E00;
            padding-left: 30 px;padding-right: 30 px;}
```

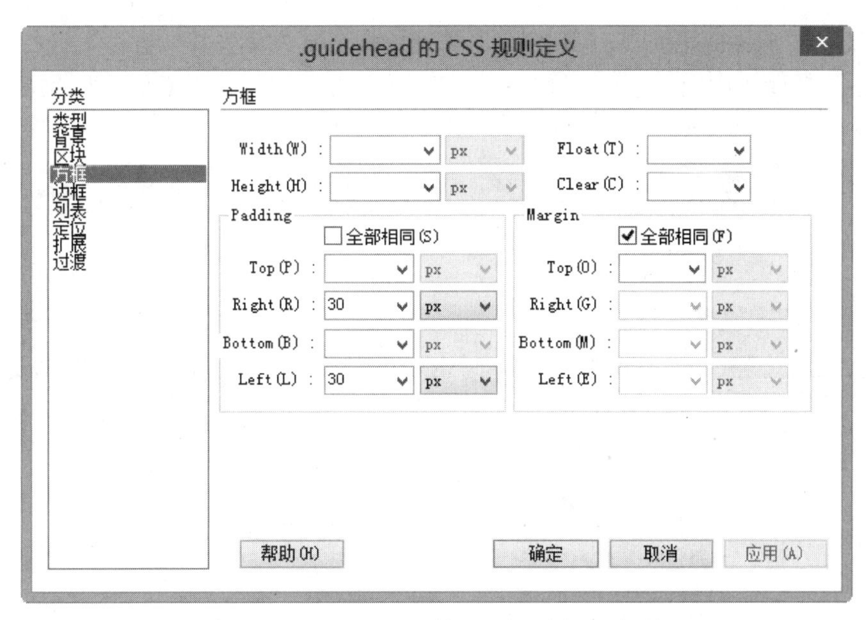

图1.3.64 .guidehead的CSS规则定义对话框

选中第1、3、5、7列单元格（即含有标题文字的单元格），在其单元格属性面板中设置“类”为“guidehead”。

（2）制作返利向导内容

将光标分别放置在表格guide的第2行第1、3、5、7列，将对应文字内容作为项目列表插入。

在“CSS样式”面板中新建CSS规则，设置“选择器类型”选择为“复合内容（基于选择的内容）”，“选择器名称”设置为“#guide ul”，“规则定义”选择为“仅对该文档”，如图1.3.65所示。

新建 CSS 规则

选择器类型:
为 CSS 规则选择上下文选择器类型。
复合内容（基于选择的内容）

选择器名称:
选择或输入选择器名称。
#guide ul

此选择器名称将规则应用于
任何 ID 为"guide"的 HTML 元素中
所有 <ul> 元素。

不太具体 更具体

规则定义:
选择定义规则的位置。
（仅限该文档）

确定 取消 帮助

图1.3.65 新建CSS规则对话框

在弹出的“#guide ul的CSS规则定义”对话框中，在左侧选择“方框”分类，在右侧设置Margin（间距）中Top（上）及Bottom（下）为“20 px”，Left（左）为“70 px”，如图1.3.66所示。

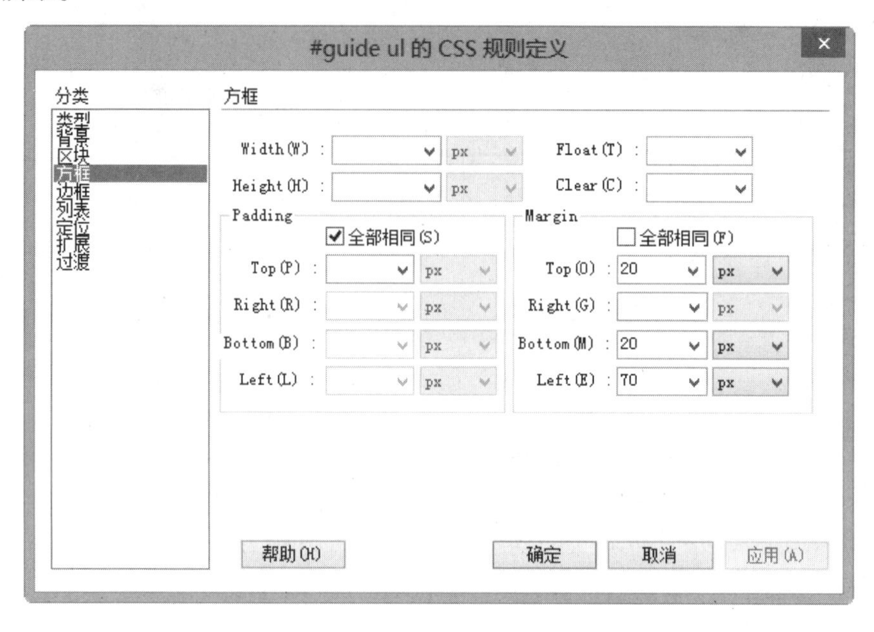

图1.3.66　#guide ul的CSS规则定义对话框

CSS样式代码如下：

```
#guide ul{margin-top: 20 px;    margin-left: 70 px;    margin-bottom: 20 px;}
```

设置好CSS规则后可发现，设计视图中表格guide第2行单元格内的项目列表均自动套用了上述样式规则，这便是复合内容选择器中后代选择器的效果。复合内容选择器的使用并不是本项目要求掌握技能与知识，但会在拓展知识中对该用法做一定解释。

▶ Points 知识要点——CSS选择器之ID选择器

在某些方面，ID 选择器类似于类选择器，不过也有一些重要差别。

语法

首先，ID 选择器前面有一个 # 号 – 也称为棋盘号或井号。请看下面的规则：

#intro {line-height: 24 px;}

<p id="intro">This is a paragraph of introduction.</p>

ID 选择器不引用 class 属性的值，毫无疑问，它要引用 id 属性中的值。

请注意：

1）只能在文档中使用一次

与类不同，在一个 HTML 文档中，ID 选择器会使用一次，而且仅一次。因此，在做表格布局结构时，每个部分的最外层表格都在属性面板设置了命名，即设置了ID值，以作区分。

2）类选择器和 ID 选择器可能是区分大小写的

这取决于文档的语言。HTML 和 XHTML 将类和 ID 值定义为区分大小写，所以类和ID 值的大小写必须与文档中的相应值匹配。

对于以下的 CSS 和 HTML，元素不会变成粗体：

#intro {font-weight：bold;}

<p id="Intro">This is a paragraph of introduction.</p>

由于字母 i 的大小写不同，所以选择器不会匹配上面的元素。

（3）设置返利向导边框样式

在“CSS样式”面板中新建CSS规则，设置“选择器类型”选择为“类”，“选择器名称”设置为“.line”，“规则定义”选择为“仅对该文档”。在弹出的“.line的CSS规则定义”对话框中，在左侧选择“边框”分类，在右侧去掉“全部相同”选项，设置Top（上边框）属性Style（边框样式）为“solid（实线）”、Width（边框宽度）为“1 px”、Color（边框颜色）为“#F5CBA1”，如图1.3.67所示。

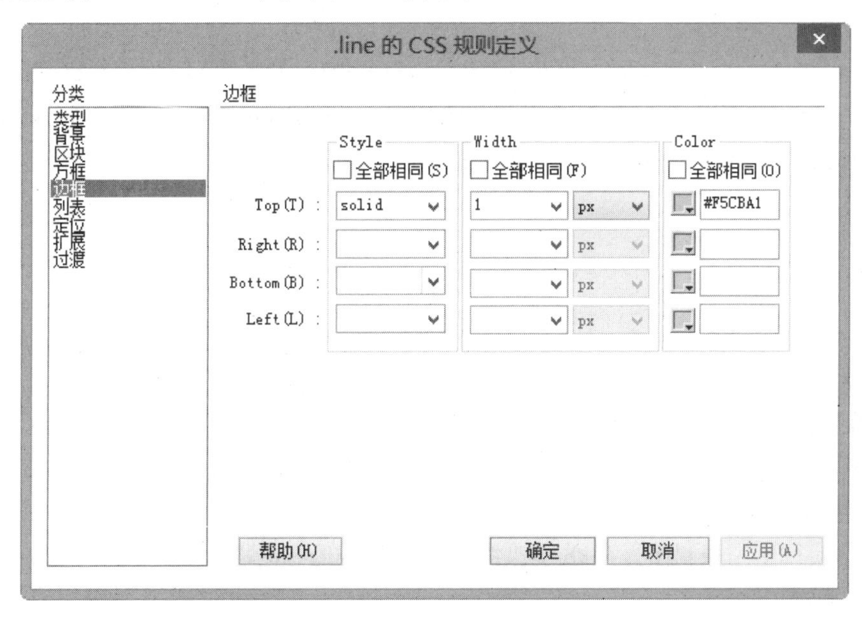

图1.3.67 .line的CSS规则定义对话框

CSS样式代码如下：

```
.line {border-top-width：1 px;  border-top-style：solid;  border-top-color：#F5CBA1;}
```

选中表格guide第2行所有单元格，在其属性面板设置“类”为line，即为单元格加上了上边框。

选中表格guide，在其表格属性面板中设置“类”为“gborder”，即为表格加上了外边框。

2）制作快速链接栏

（1）设置布局表格样式

选中表格qlink，在其表格属性面板中设置“类”为“gborder”，为表格加上外边框；设置“填充”为“15 px”，使单元格中内容与单元格边框之间的距离为“15像素”。

（2）设置单元格样式

将光标放置在表格qlink的单元格中，在其单元格属性面板中设置“背景颜色”为“#FFEAD5”，“水平对齐”为“居中对齐”。

（3）制作快速链接文字

在单元格中插入相应文字，并制作超链接。注意：对不同链接目标的文字要分别进行链接设置。目前无法确定链接目标，先以空链接“#”暂代。

参考代码如下：

```
<table width="985" border="0" align="center" cellpadding="15" cellspacing="0"
class="gborder" id="qlink">
  <tr>
    <td align="center" bgcolor="#FFEAD5"><a href="#">关于我们</a> → <a href="#">
支付方式</a> → <a href="#">媒体报道及荣誉</a> → <a href="#">客服中心</a> → <a
href="#">公司资质</a> → <a href="#">加入我们</a> → <a href="#">友情链接</a></
td>
  </tr>
</table>
```

3）制作版权信息部分

将光标放置在表格footer单元格中，在其单元格属性面板中设置“水平对齐”为“居中对齐”。再插入相应文字及图像“footer.gif”。

注意，换行使用强制换行符
，快捷键为“Shift+Enter”。

参考代码如下：

```
<table width="985" border="0" align="center" cellpadding="0" cellspacing="0" id="footer">
  <tr>
    <td align="center">24小时客服热线：400-003-7566，电话：023-67467846，传
真：023-86868246 重庆市北部新区财富中心C2幢7-1室 <br />
    Copyright 2006-2012 fooqoo.com 版权所有 ICP备案 渝ICP备11005282号 <br />
    <img src="images/footer.gif" width="404" height="101" /></td>
  </tr>
</table>
```

知识拓展——CSS选择器之后代选择器

后代选择器（descendant selector）又称为包含选择器。后代选择器可以选择作为某元素后代的元素。

可以定义后代选择器来创建一些规则，使这些规则在某些文档结构中起作用，而在另外一些结构中不起作用。

举例来说，如在本任务中，只希望表格guide中第2行的项目列表具有一定边距，而表格中其他元素没有这个样式，其他表格中的项目列表也没有这个样式，因此，可以这样写：

#guide ul{margin-top：20 px； margin-left：70 px； margin-bottom：20 px;}

当然，用户也可以在表格guide中找到的每个项目列表的标签ul上放一个 class 属性，但是显然，后代选择器的效率更高。

语法解释：在后代选择器中，规则左边的选择器一端包括两个或多个用空格分隔的选择器。选择器之间的空格是一种结合符（combinator）。每个空格结合符可以解释为“... 在 ... 找到”“... 作为 ... 的一部分”“... 作为 ... 的后代”，但是要求必须从右向左读选择器。

因此，#guide ul选择器可以解释为“作为ID为guide元素后代的任何 ul 元素”。

1.3.9 项目经验小结

通过此次项目的制作，了解了团购网站的制作方法和表格布局的要点，掌握了Dreamweaver CS6新建站点及文件、存储文件、预览网页文件以及插入文字、图像、超链接等网页元素并利用表格进行布局的基本操作，初步掌握表格布局技术，并对网站规格及网络技术相关知识有了初步认识，为独立制作网站打下了基础。

请将您的项目经验总结填入下框：

Part 2 ▸ 综合实践——企业博客设计与制作

随着网络技术和信息技术的不断发展，互联网衍生了一种新的信息交流方式——博客。博客（Blog），是以网络作为载体，简易迅速便捷地发布自己的心得，可及时有效轻松地与他人进行交流，且丰富多彩的个性化展示于一体的综合性平台。博客自2000年进入中国至今，已与其最初的单纯地为将浏览者的心得和意见记录，并公开为其他人提供参考的创始目的相脱离，逐渐被应用于企业内部网络或作为企业的信息发布平台，成为企业在网络中的市场营销重要手段，形成带有极强商业目的和具备极高商业价值的企业博客。

企业博客，英文称为Corporate Blog，是由组织为了达到一定目的而开设和使用的博客。虽然有不同类型的企业博客，是利用博客促进企业目标的一种手段。这一手段在小型组织以及个人那里已经得到广泛运用，如今越来越受到企业的青睐。它将电子杂志、市场营销手段、沟通渠道、新闻站点整合到一起，形成一个低成本、易用、持续更新的站点。简单来说，企业博客就是将企业和企业所关心的客户、供应商、媒体、合作伙伴等外部环境联系起来，使其沟通更为有效和简单。企业博客是网站更新的简单方法之一，为企业所创建的内容提供自动组织的有效方法，并且能够保证更新的内容及时到达目标受众。同时，企业博客可以具备网站的交互式特点，与传统媒体中的新闻相比，它更具有人性化，能够与客户进行更良好的交流和沟通。

通过企业博客，企业可以方便地收集用户对组织产品和服务的反馈，当然也可以通过网站或经由传统的方式，如电话、传真、电子邮件。企业博客是现有沟通技术和渠道，例如电报、电话会议和电子邮件等的有效补充。企业博客的内容通常由企业的公关部门进行管理和发布，也可以是企业员工和服务的顾客，甚至是企业高管来撰写。它将互联网与市场营销结合起来，成为互联网时代市场营销的一个重要手段，用以发布企业的发展规划、新闻，加强与用户之间的交流沟通。这种博客营销的方式，不但能大大降低营销成本、加强与用户的沟通，从而培养忠诚用户，还能提高企业的信任度，建立良好的口碑。随着博客用户的不断增加，企业博客在营销的价值日益显现，越来越多的中小企业也将企业博客营销列入企业的营销计划中。

目前，随着移动互联网的迅速发展，以及我国手机网民的不断增加，企业博客已开始向微博、微信等自媒体发展，这使得企业博客具有了新的特点，企业的信息更可以随时随地，简单快捷地在更多的客户对象中进行传播，并产生影响。因此，企业微博和企业微信也成为企业网络营销的一个新的发展趋势。

本项目选用一个企业博客网站界面，将Photoshop及Dreamweaver的工具使用融于整个设计制作之中，让读者在博客制作的完成同时，既掌握Photoshop及Dreamweaver的部分高级功能的使用，又掌握企业博客的网站结构设置、网页界面设计以及提高表格布局技能，熟悉了网站的整体制作，并对网页界面设计中的平面设计知识，交互设计中的用户体验理论进行了简略介绍。希望通过本部分的学习，读者能掌握Photoshop及Dreamweaver常用工具的使用，以及网页界面设计与制作的基本方法。

2.1 学习情境1 企业博客网站设计

本次任务通过对企业博客网站的设计，掌握Photoshop钢笔工具、图层样式、路径工具等基本工具及快捷键的使用，同时熟悉企业博客Banner以及网站标志的设计思路和设计方法，掌握一定的色彩搭配知识，从而基本掌握网页界面设计的技巧。

表2.1.1 任务安排表

能力目标（任务名称）	知识目标	学时安排/学时
博客Banner背景设计	自定义图案、图层混合模式	2
企业标志设计	钢笔工具、图层转化、渐变图层样式、描边图层样式、路径选择工具、直接选择工具	4
博客网站导航与版权设计	形状工具、文字工具	3
博客网站首页内容设计	色彩/饱和度命令、色阶命令、仿制图章工具、修复画笔工具、修补工具	6
博客网站频道页面设计	画笔面板、画笔描边路径命令	6

效果如图2.1.1所示。

图2.1.1 效果图

2.1.1　博客Banner背景设计

1）背景底纹制作

（1）步骤一：新建文件

打开Photoshop CS6软件，通过单击菜单栏中的“文件”菜单→“新建…”，或按下快捷键“Ctrl+N”来建立宽度为1 002像素，高度为2 181像素的新文件，具体设置如图2.1.2所示。

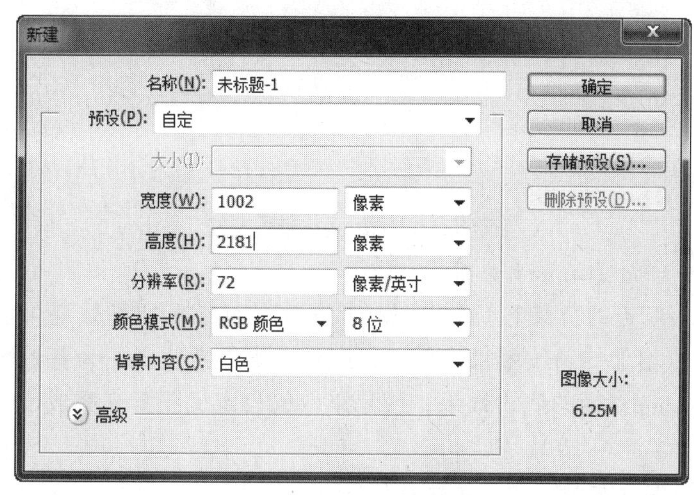

图2.1.2　新建文件参数

（2）步骤二：填充文件背景色

双击工具箱面板上“前景色/背景色”的前景色方块，在拾色器中设置颜色为浅灰色（#efefef），具体参数设置如图2.1.3所示。设置完毕后，使用快捷键“Altl+Delete”完成文件背景色的填充。

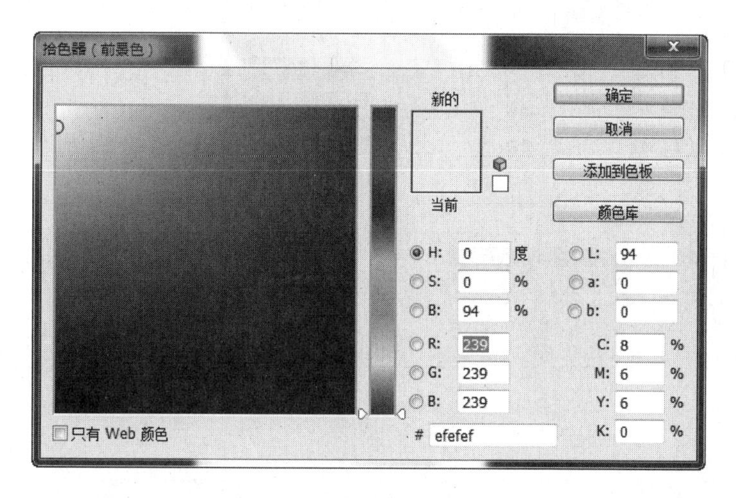

图2.1.3　背景色设置参数

（3）步骤三：制作Banner背景底色

单击图层面板下方新建图层按钮，或使用快捷键“Ctrl+Shift+N”新建图层“Banner底色”。然后选择工具箱中的矩形选框工具，绘制宽度为1 002像素，高度为340像素的矩形选区，并将其置于文件顶部，填充深灰色（#4d4d4d），保留选区，如图2.1.4所示。

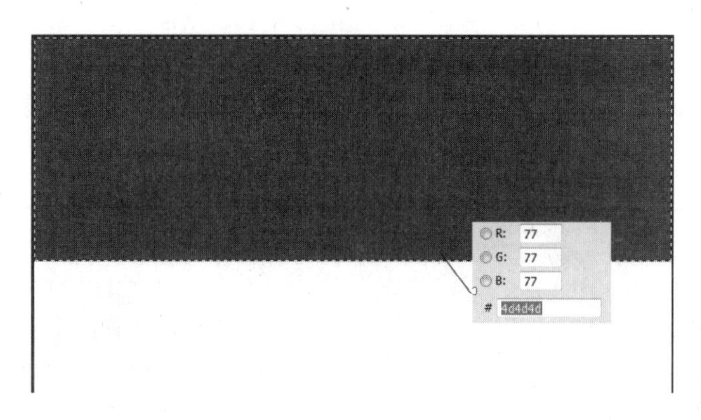

图2.1.4　Banner背景色填充

（4）步骤四：制作Banner背景底纹

在设计Banner广告的背景时，为背景增加一定的底纹和肌理效果可增强背景的视觉质感。实例中背景增加的斜纹效果在Banner广告中也经常使用。为背景添加底纹效果的方法可使用Photoshop自带的底纹效果，或是采取的自定义图案来完成，本次实例采用的是后者。

新建宽度和高度皆为10像素，背景为透明的文件，如图2.1.5所示。

按下快捷键“Ctrl+‘+’”将文件的显示比例放大到3 200%，选择铅笔工具，画笔大小为1像素，将前景色设置为白色，绘制从右上角向左下角的斜线，如图2.1.6所示。

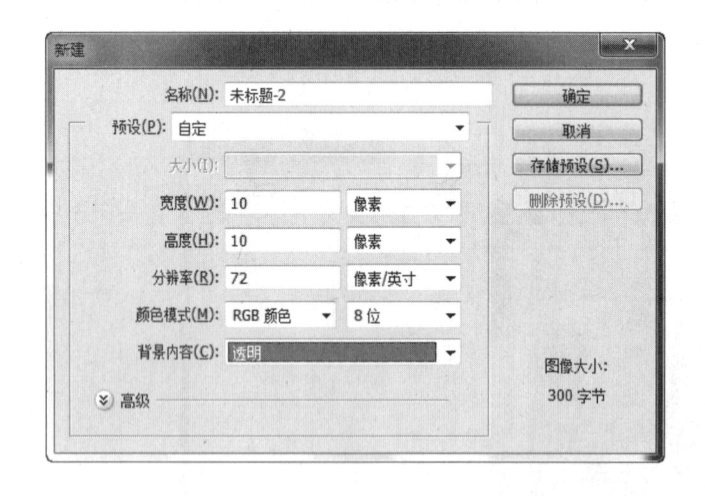

图2.1.5　自定义图案文件设置图

2.1.6　图案绘制

单击“编辑”菜单→“定义图案...”，将绘制的图形设置为图案，如图2.1.7所示。

新建“Banner底纹”图层，单击“编辑”菜单→“填充...”或使用快捷键“Shift+F5”，调出填充命令对话框，在“使用”参数选项中选择“图案”，在自定图案处选中所定义的图案，如图2.1.8所示，并取消选区，填充效果如图2.1.9所示。

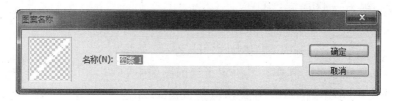

图2.1.7　定义图案命令

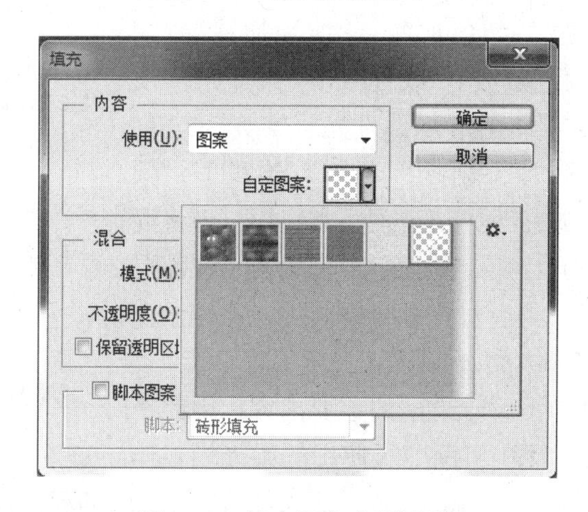

图2.1.8　填充图案参数设置

图2.1.9　底纹填充效果

填充后的效果显得过于生硬，需进行一定的调整，使得底纹效果具有变化和层次感。在图层面板中将图层不透明度更改为“20%”，并将图层混合模式改为“柔光”，使得底纹更好地与背景底色相衔接，如图2.1.10所示。

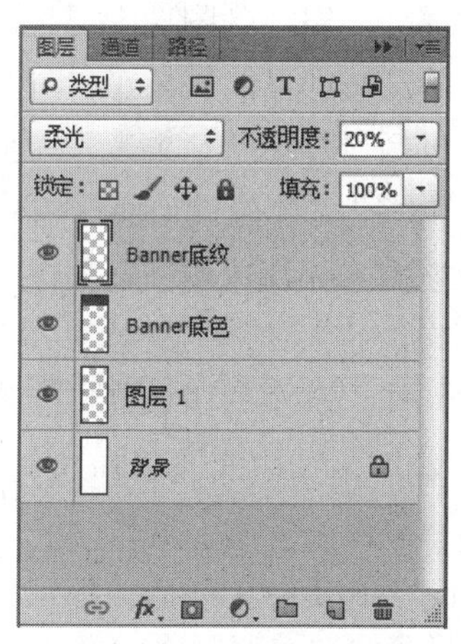

图2.1.10　Banner底纹图层设置

▶ Points 知识要点——图层混合模式

图层的混合模式是Photoshop最强大的功能之一，主要用于图像合成和特殊效果的制作。其决定了当前图像中的像素与底层图像中的像素的混合方式，也是Photoshop技术中较为难以掌握的一种。图层混合模式包括“正常”“溶解”“变暗”“正片叠底”“颜色加深”“线性加深”“深色”“变亮”“滤色”“颜色减淡”“线性减淡（添加）”“浅色”“叠加”“柔光”“强光”“亮光”“线性光”“点光”“实色混合”“差值”“排除”“减去”“划分”“色相”“饱和度”“颜色”“明度”27种混合方式。为了便于理解和应用，可将混合模式按照其产生的不同作用，分为组合模式类、加深混合模式类、减淡混合模式类、对比混合模式类、比较混合模式类和色彩混合模式类6大类，如图2.1.11所示。

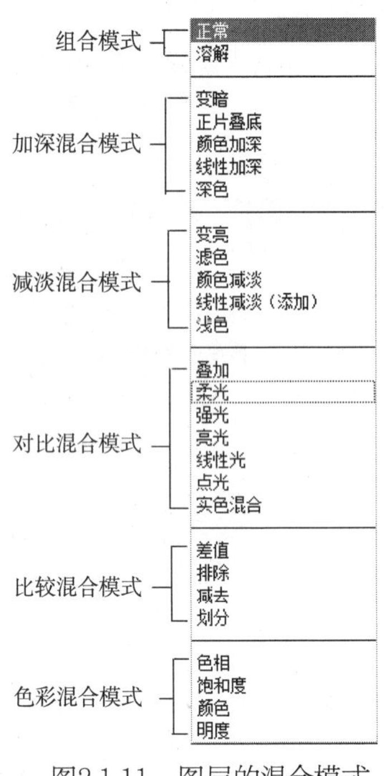

图2.1.11　图层的混合模式

由于该功能在教材中不属于讲解的重要内容，因此在此处只对6类混合模式以及在实例中所使用的柔光模式作简单介绍。

组合模式类：该模式类中包含“正常”和“溶解”两种模式。该类模式在使用中需配合图层不透明度使用才能产生一定的混合效果。其中，“正常”是Photoshop默认模式。

加深混合模式类：该模式类包括“变暗”“正片叠底”“颜色加深”“线性加深”“深色”5种混合模式。在RGB颜色模式的图像中，Photoshop加深混合模式会将当前图像与底层图像中的红、绿、蓝成分进行比较，从而使用每种成分中最暗的部分，以达到图像的混合。

减淡混合模式类：该模式类包括“变亮”“滤色”“颜色减淡”“线性减淡（添加）”“浅色”5种混合模式。减淡混合模式与加深混合模式完全相反，在RGB颜色模式的图像中，Photoshop加深混合模式会将当前图像与底层图像中的红、绿、蓝成分进行比较，从而使用每种成分中最浅的部分，以达到图像的混合。在减淡混合模式中，图像中的黑色会完全消失，任何比黑色亮的区域都可能加亮底层图像。

对比混合模式类：该模式类包括“叠加”“柔光”“强光”“亮光”“线性光”“点光”“实色混合”7种混合模式。对比混合模式是加深和减淡混合模式的综合。在用于图像完全相同的上下两个图层时，该模式往往可以增强图像的对比度。在用于不同图像的上下两个图层混合时，对比混合模式以“50%”的灰色为分界线，亮于“50%”灰色的区域都可能使底层图像变亮，暗于“50%”灰色的区域都可能是底层图像变暗，而“50%”灰色自身则会彻底消失。其中，“叠加”“柔光”“强光”可谓是“一枝三叶”，3种混合模式的原理相似，效果最为柔和的就是“柔光”模式。

比较混合模式类：在Photoshop CS6中，该模式类包括“差值”“排除”“减去”“划分”4种模式。此种模式类是当前图像和底层图像相比较，将两个图像中相同颜色的区域显示未黑色，不同区域的颜色显示未灰度层次或彩色。

色彩混合模式类：该模式类包括“色相”“饱和度”“颜色”“明度”4种模式。在使用色彩混合模式合成图像时，Photoshop会将色彩的三要素中的一种或两种应用于底层图像中，也会将当前图像的色彩应用于底层图像中。

选中橡皮擦工具，对Banner底纹进行进一步的修饰。采用默认画笔，将其大小调整为500像素，硬度设置为0%，涂抹底纹图层的四周，将部分底纹效果擦除，使底纹更具变化感，完成效果如图2.1.12所示。

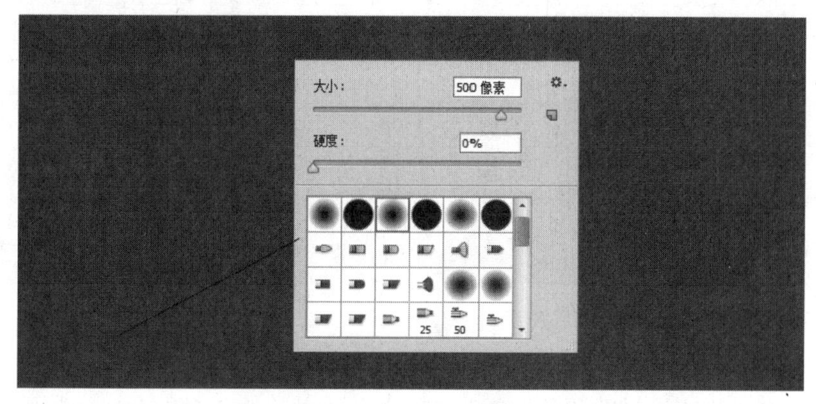

图2.1.12　Banner底纹擦除效果

（5）步骤五：制作Banner背景高光

选中画笔工具，将画笔的笔尖形状设置为圆形，大小设置为600像素，硬度为0%，在Banner的顶部中心位置单击鼠标，绘制Banner背景的高光效果，使得整个Banner效果具有光线照射的视觉感受。最后为使高光效果更加自然，可调节图层的不透明度为28%，完成效果如图2.1.13所示。

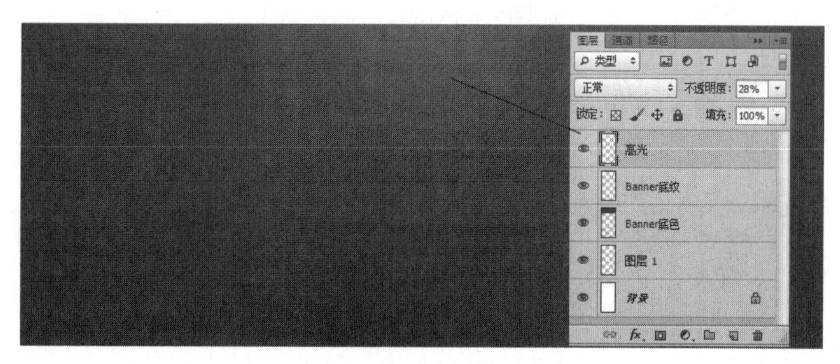

图2.1.13　高光绘制效果

2）背景图像合成

（1）步骤一：打开建筑素材文件

单击“文件”菜单→“打开...”，或使用快捷键“Ctrl+O”将文件打开。

（2）步骤二：复制建筑图像素材

使用移动工具将“建筑”素材图复制到博客首页的文件中，并放置于合适位置，如图2.1.14所示。

图2.1.14 “建筑”素材复制效果

⊕ 小贴士

在Photoshop CS6中，可通过直接将图片拖动到当前文件中的方式，将图片直接复制到当前文件中。

（3）步骤三：合成建筑图像效果

由图2.1.14中可看出，素材文件并不能达到最终的城市风景效果，因此需对该素材进行一定的合成。由于本素材的颜色构成非常简单，因此，此素材的合成可采用将该素材进行反复复制的方式来完成整体效果的合成。

复制该素材图层，可采用将该图层直接拖动到图层面板中的新建图层按钮 ，也可通过选中移动工具 按下快捷键“Alt”直接拖动，或按下快捷键“Ctrl+J”。在此建议使用第二种方法。

图像合成完毕以后，选中Banner背景中涉及的所有图层，按下“Ctrl+G”将图层进行编组，并命名为“banner背景”，如图2.1.15所示。

图2.1.15 背景图像合成效果图

2.1.2 企业博客标志设计

（1）步骤一：输入文字

选中文字工具，在文件中单击输入文字“New Open”。设置其字体为“Impact”，字体大小为“110像素”，行高为“88 px”，如图2.1.16所示。

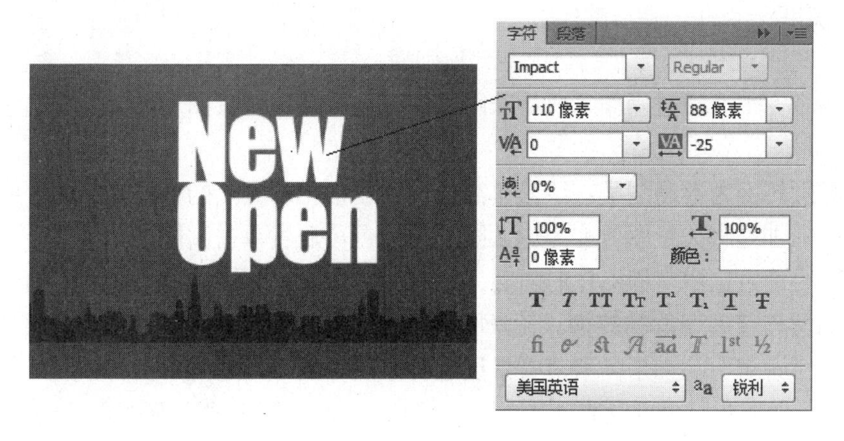

图2.1.16　文字输入效果

（2）步骤二：转换图层

由于文字图层不能进行形状的更改，因此需要将文字图层进行转换。单击“文字”菜单→“转换为形状...”，将文字图层转换为形状图层以便进行形状的修改，如图2.1.17所示。

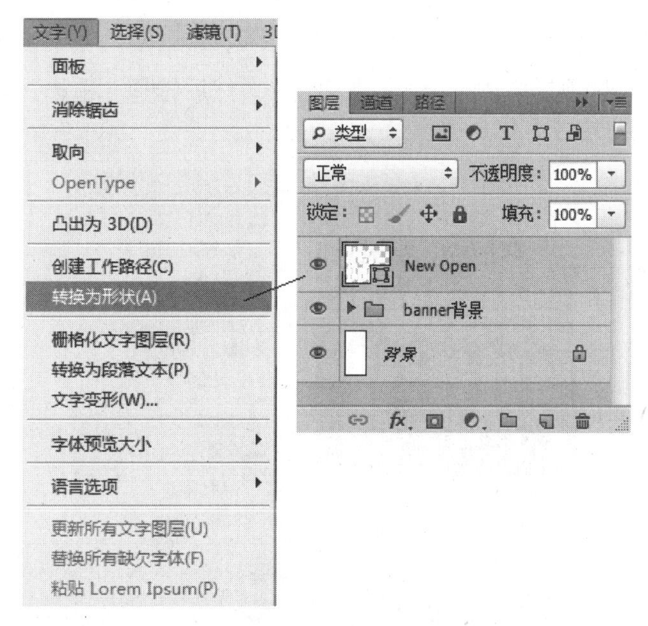

图2.1.17　文字图层转换为形状图层

⊕ 小贴士

文字图层可通过前面介绍的方法转换为形状图层或路径，这种方式可避免在使用特殊字体时，由于其他计算机未安装该字体而使得字体被替换，从而影响设计效果。该方法常用于标志设计中。但需要注意的是，文字图层一旦转换，文字内容将无法进行修改。因此，在对文字图层进行转换时，需确定文字内容不会再进行修改。

▶ Points 知识要点——图层的转换

在Photoshop中可通过操作完成特殊图层和普通图层，背景图层和普通图层之间的相互转换。

特殊图层转换为普通图层：该操作需通过“栅格化图层”的命令来完成。所谓的“栅格化图层”，即是将矢量图转变为像素图。此命令可通过单击“图层”菜单→“栅格化”来完成，也可通过选中需栅格化的图层，单击右键选择“栅格化图层”来完成。

背景图层与普通图层的转换：背景图层是Photoshop中极其特殊的一个图层，该图层的默认状态是“锁定”。如果需要对背景层进行修改，则可以通过双击背景层的方式来完成解锁操作。而普通图层也可以通过“图层”菜单→“新建”→“背景图层...”来完成转换。

（3）步骤三：修改文字形状

当文字图层转换为形状图层，则意味着只能对文字的形状进行修改，而修改的工具也转变为路径相关工具。为使标志中的文字更具备整体性，需利用修改路径的相关工具对文字的形状进行调整。

选中路径选择工具，按下“Shift”键将“O”“p”“e”“n”4个字母连续选中。在路径选择工具的工具选项栏中的单击对齐按钮，然后选择“顶边”，使得文字顶部对齐，如图2.1.18所示。

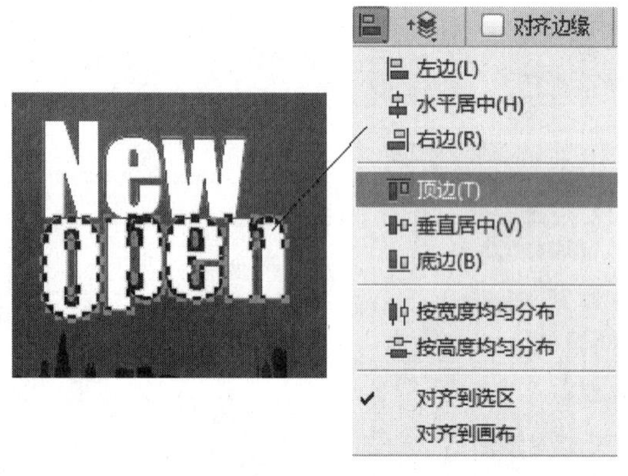

图2.1.18　路径对齐设置

⊕ 小贴士

Photoshop提供了多种路径对齐方式包括“左边”“水平居中”“右边”“顶边”“垂直居中”“底边”，分布方式为“按宽度均匀分布”“按高度均匀分布”。其中，在进行路径对齐设置时，需注意的是其使用方法和图层对齐一样，都必须是两个以上路径才能进行使用。在进行路径分布设置时，必须是3个以上路径才能进行使用。

（4）步骤四：修改文字形状

通过上一步的调整，文字“Open”的中的“O”字在字形上显得过长，而“p”字显得过短。为使标志文字的整体性更强，需对文字造型再进行一定的调整。选中直接选择工具，将“O”字的下端锚点选中，利用方向键向上进行微调，缩短“O”的字形。调整完成后，再将“p”字上的竖线加长，调整后的效果如图2.1.19所示。

（5）步骤五：调整文字位置关系

调整后的文字在字形和大小上都得到了统一，但略显呆板，需对其位置进行进一步调整。再一次选中路径选择工具，将“Open”所涉及的字母全部选中，用方向键使其向右和向上进行一定程度的移动，使其与“New”字错开，具备更多的层次感，如图2.1.20所示。

图2.1.19 文字调整效果

图2.1.20 文字位置调整效果

⊕小贴士

在绘制路径和更改形状外观时，路径选择工具和直接选择工具之间的切换可以通过按下“Ctrl”键单击鼠标完成。

（6）步骤六：添加文字样式

为使标志文字更具视觉冲击力，可为文字添加颜色。由于所选的文字字体较粗，因此为增加色彩的变化感，可使用渐变色彩来表现。由于形状图层是一种特殊图层，不能使用渐变工具进行填充，因此，可为其添加渐变叠加的图层样式。

选中图层，单击图层面板的下方的添加图层样式按钮 fx，选择“渐变叠加”图层样式，调出图层样式的对话框，进行渐变设置。与渐变工具的设置方式一样，单击渐变条编辑渐变颜色为黄橙色（#ff9c00）到红橙色（#ff6600）的渐变，渐变的样式为“径向”渐变，具体设置如图2.1.21所示。

⊕小贴士

为图层添加图层样式，还可通过双击图层的方式打开图层样式面板。

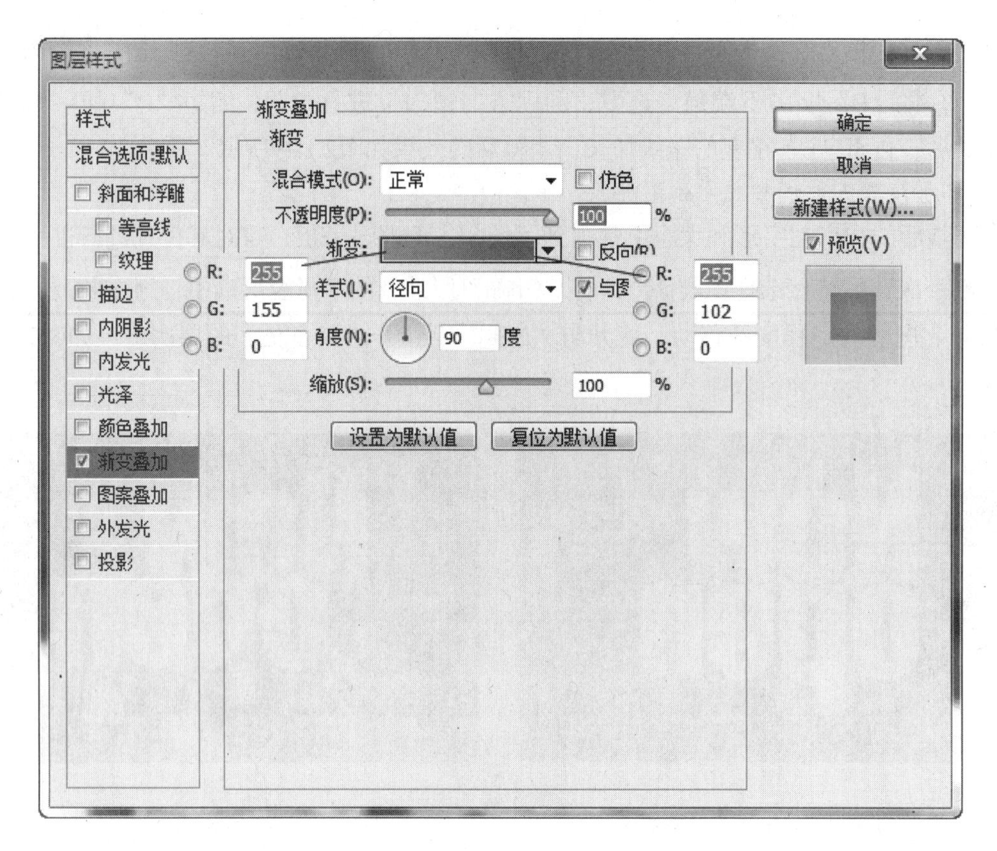

图2.1.21　渐变叠加设置参数

▶ Points 知识要点——图层样式之渐变叠加各项参数含义

渐变叠加：是图层样式的一种，是在不改变图层属性的情况下，添加渐变效果，适用于任何图层。

不透明度(P): 100 %：拖移滑块设置添加渐变叠加的不透明度。

渐变: 反向(R)：设置渐变色，单击下拉框可以打开“渐变编辑器”，单击下拉框的下拉按钮可在预设置的渐变色中进行选择。在这个下拉框后面有一个“反色”复选框，用来将渐变色的“起始颜色”和“终止颜色”对调。

样式：设置渐变的样式，包括线性渐变、径向渐变、对称渐变及菱形渐变。

缩放：用于设置渐变色之间的融合程度，数值越小，融合度越低。

“渐变叠加”图层样式设置完成后，再单击图层样式面板左侧的“描边”选项，为文字添加描边的图层样式效果，设置描边的大小为“3像素”。

由于文字的背景有一定的色彩深浅变化，因此在设计文字的描边时应考虑由于光线的强弱而带来的色彩深浅变化。与“描边”命令不同的是，“描边”的图层样式可以直接设置渐变的填充效果。设置“描边”图层样式的填充类型为“渐变”，并设置其颜色为深灰色（#454545）到灰色（#636363），样式设置为“线性”，角度为“90度”，具体设置如图2.1.22所示。

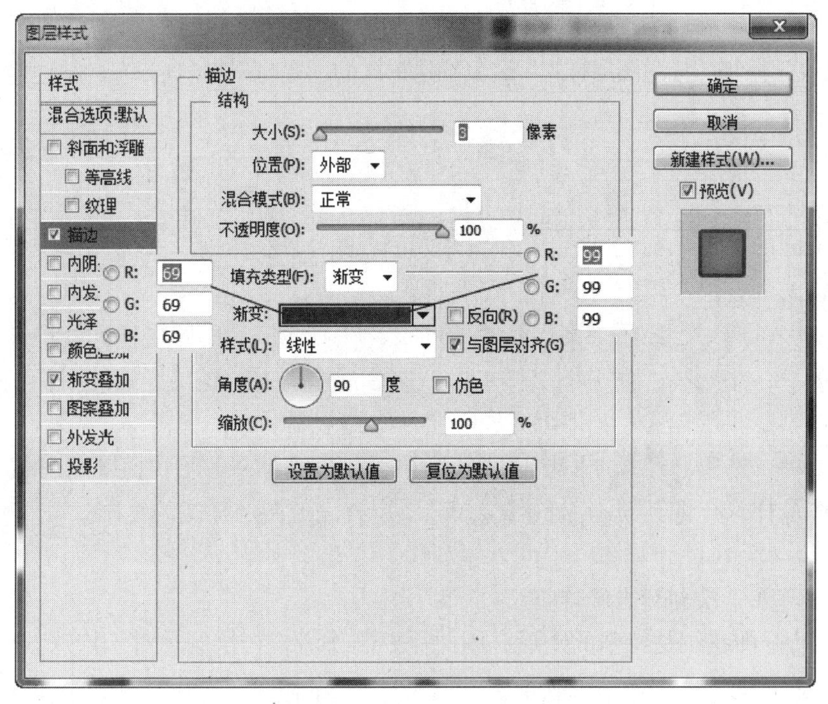

图2.1.22　描边图层样式设置

▶ Points 知识要点——图层样式之描边各项参数含义

描边：样式很直观简单，就是沿着层中非透明部分的边缘描边，这在实际应用中很常见。

大小：设置描边的宽度。

位置：设置描边的位置，可使用的选项包括：内部、外部和居中。

不透明度：拖移滑块设置添加秒表样式的不透明度。

填充类型：可以选择颜色、渐变和图案设置描边。

（7）步骤七：输入标志中文文字

选中文字工具 T，将文字字体设置为“方正粗倩简体”，颜色为红橙色（#ff6600），字体大小为“25像素”，并将其放置在“New Open”的下方，右边与“n”字母对齐，如图2.1.23所示。

图2.1.23　中文文字字体设置

（8）步骤八：添加中文文字样式

为中文文字添加“描边图层样式”，其描边样式的设置与“New Open”的描边样式相同。

⊕ 小贴士

为不同的图层添加相同的图层样式，可以通过复制图层样式的操作来完成。复制图层样式的方法常用的有两种，如下所述。

第一种，选中已经添加图层样式的图层，在其图层后的图层样式处单击右键，在弹出的菜单中选择“拷贝图层样式”。然后选中需添加图层样式的图层，单击右键选择“粘贴图层样式”，即可完成图层样式的复制。

第二种，选中已经添加图层样式的图层，单击左键并按下快捷键“Alt”拖动图层后的图层样式标记至需添加图层样式的图层，完成图层样式的复制。

（9）步骤九：绘制标志修饰花纹

实例中的修饰花纹是特殊的图形，因此需要制作者自行绘制。对于特殊图形的绘制，可使用钢笔工具来完成。选中钢笔工具，首先绘制该修饰花纹的基本图形雏形。在字母“W”的右下角单击鼠标，绘制如图2.1.24所示的三角形。

选中转换点工具，将路径中的锚点进行拖动，将直线转换为曲线，如图2.1.25所示。

图2.1.24　钢笔绘制路径效果

图2.1.25　路径调整效果

本次实例中的修饰花纹是由上一步所绘制的图形不断重复组成，因此可采用复制的方法来完成整个修饰花纹的绘制。使用路径选择工具选中所绘制的整个路径，按下快捷键“Alt”键进行拖动，将绘制路径进行复制。再选中对图形进行微调，调整效果如图2.1.26所示。

用同样的方法绘制所有修饰花纹，需要注意的是尽量保持每一个图形之间的间隔距离一致，最终完成效果如图2.1.27所示。

绘制完成后将标志涉及的所有图层选中，按下“Ctrl+G”进行图层编组，命名为“标志”。

图2.1.26　复制花纹微调效果

图2.1.27　标志绘制效果

2.1.3　房地产博客网站导航与版权设计

1）导航设计制作

（1）步骤一：绘制导航背景

选中矩形形状工具 绘制宽度为1 002像素，高度为47像素的矩形，制作导航背景，颜色设置为深灰色（#3a3a3a），如图2.1.28所示。

图2.1.28　导航背景制作

（2）步骤二：输入导航文字

选中文字工具 T，单击鼠标左键，输入导航文字“首页　博文目录　企业相册　关于我们”，设置文字字体为“微软雅黑”，字体大小为“16像素”，字体颜色为白色（#ffffff），消除锯齿的方法为“锐利”，如图2.1.29所示。

图2.1.29　导航文字设置

（3）步骤三：绘制导航链接设计

为保持博客网站设计在风格上的统一，博客导航的链接设计可以与Banner中的设计元素相呼应。选择钢笔工具，绘制Banner中的组成元素，形成导航的链接样式，并将文字“首页”的色彩改为深灰色（#333333），如图2.1.30所示。

图2.1.30　链接样式设计

（4）步骤四：整理图层

选中导航涉及的所有图层，使用快捷键“Ctrl+G”对图层进行编组。

2）网站版权制作

选中文字工具 T ，在网站页面的底部输入文字“Copyright © 2013 cqfdc. All rights reserved. 重庆房地产职业学院　版权所有”，设置英文字体为“Arial”，中文字体为“宋体”，字体大小均“12像素”，消除锯齿方法为“无”，颜色为深灰色（#333333），如图2.1.31所示。

图2.1.31　版权文字设置

2.1.4　房地产博客网站首页内容设计

1）首页左侧“个人资料”栏目设计

（1）步骤一：绘制栏目板块背景

选中矩形形状工具，绘制一个白色无边框的矩形，其参考尺寸为241像素×524像素，如图2.1.32所示。

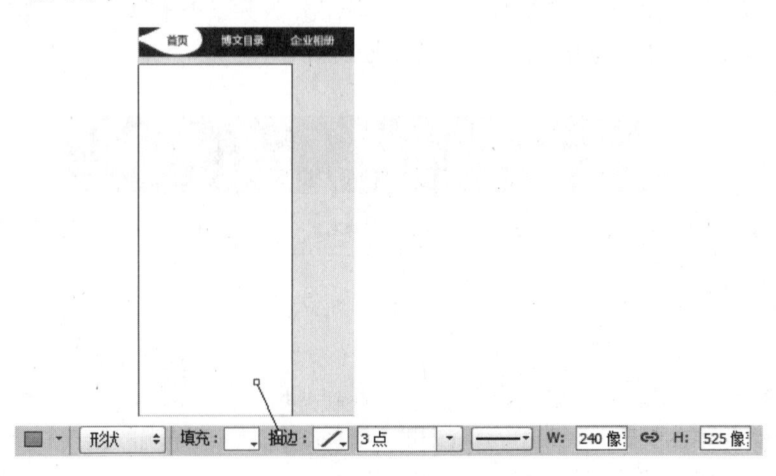

图2.1.32　栏目板块背景设置

（2）步骤二：绘制企业头像背景

再次选中矩形形状工具▢，绘制一个橙红色（#ff6600）的矩形，其参考尺寸为165像素×169像素，如图2.1.33所示。

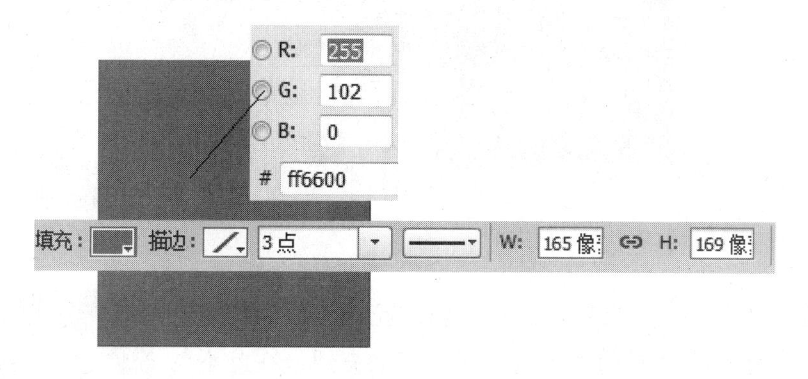

图2.1.33　企业头像背景设置

（3）步骤三：绘制企业头像

企业博客中的头像相当于是企业名片中的标志，由于在Banner头部中所设计的标志以英文字母为主，在此为加深浏览者对企业名称的印象，采用了以中文字为主的设计方式。同时，为了与Banner中的标志相呼应，仍然保留中英文相结合的设计方式。

选中文字工具输入“新鸥鹏”字样，设置字体为“方正粗倩简体”，颜色为白色，消除锯齿的方法为“锐利”，行距为“45像素”，字间距为“-50”。设置“新”字的字体大小“45像素”，“鸥鹏”的字体大小为“50像素”，使其在大小上有一定的节奏变化，如图2.1.34所示。

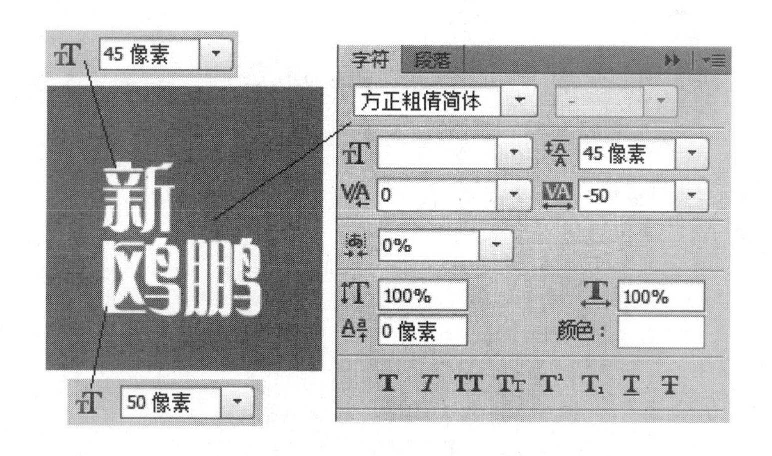

图2.1.34　标志中文字字体设置

再一次采用文字工具建立文本框，输入“NEW OPEN”，设置文字的字体为“方正康体简体”，字体大小为“25像素”，消除锯齿的方法为“无”，颜色为白色，行距为“20像素”，字间距为“-100”，并设置文本的对齐方式为“全部对齐”，如图2.1.35所示。

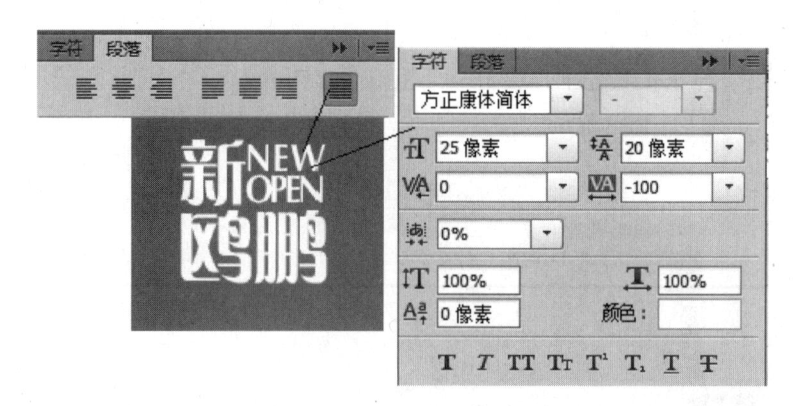

图2.1.35　标志英文文字设置

选择钢笔工具，绘制与Banner修饰花纹类似的花纹进行修饰。由于其方法在前面已进行了详细的介绍，在此不作赘述，绘制效果如图2.1.36所示。

图2.1.36　装饰花纹绘制效果

最后输入“新鸥鹏集团”文字，设置文字为“宋体”，字体大小为“14像素”，消除锯齿方法为“无”，字体颜色为“红橙色（#ff6600）”。

（4）步骤四：绘制按钮

选中圆角矩形形状工具，绘制74像素 × 23像素半径为“2像素”的圆角矩形，设置图形的描边颜色为“灰色（#c3c3c3）”，描边宽度为“1点”，效果如图2.1.37所示。

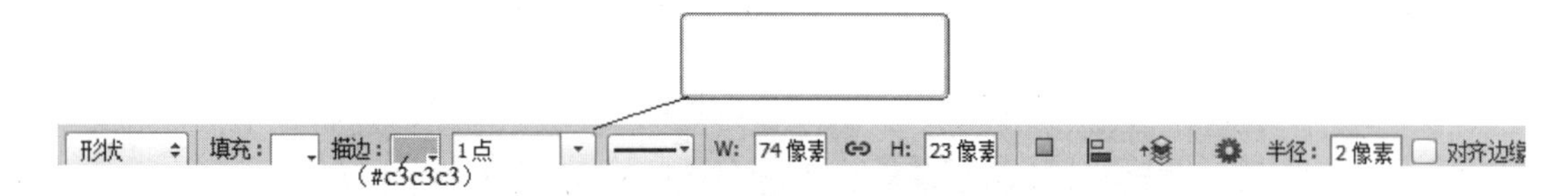

图2.1.37　按钮外观绘制效果

为图形添加渐变图层样式，设置渐变颜色为浅灰色（#e4e4e4）到白色的线性渐变，角度设置为“90度”，如图2.1.38所示。

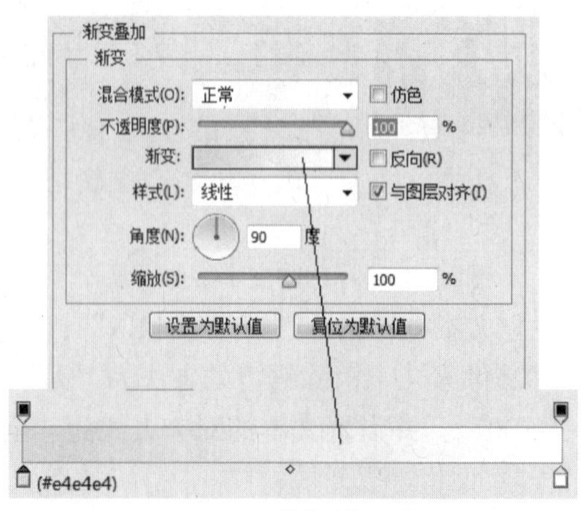

图2.1.38　按钮效果设置

将素材“轻博客.png”复制到当前文件中，并为按钮添加文字，字体设置为“Arial”，字体大小为“12像素”，消除锯齿方法为“无”，字体颜色为深灰色（#444444），字间距为“75”，如图2.1.39所示。

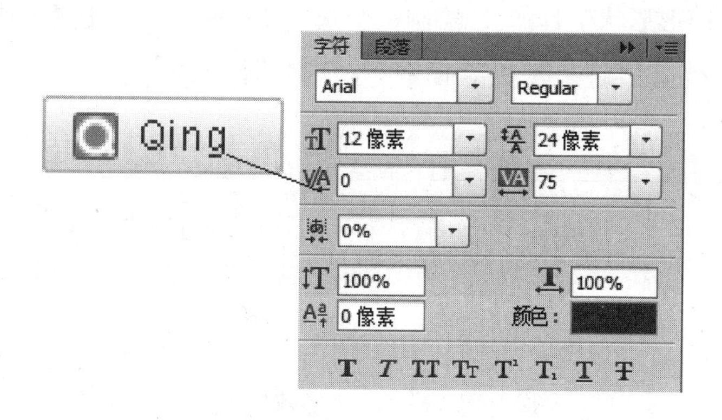

图2.1.39　按钮字体设置

选中按钮所涉及图层，使用快捷键“Ctrl+G”将图层进行编组，并命名“Qing”。在选中移动工具，同时按下快捷键“Alt”拖动图层组进行复制，完成剩余5个按钮的制作，并设置这5个按钮的字体为“宋体”，并分别对其编组。最后将所有按钮的图层组再进行一次整合编组，命名为“按钮”。

（5）步骤五：绘制分割线

选中铅笔工具，绘制虚线分割线。按下快捷键“F5”打开画笔面板，设置画笔笔尖形状为“柔边圆”，大小为“1像素”，间距为“390%”。并设置前景色为“浅灰色（#d7d7d7）”，绘制虚线分割线，并将其复制，制作出第二条分隔线，如图2.1.40所示。

（6）步骤六：输入个人资料文字

选中文字工具 T，输入个人资料文字部分内容。设置中文字体为“宋体”，大小为“12像素”，消除锯齿方法为“无”，颜色为“灰色（#757575）”。设置数字字体为“Arial”，大小为“14像素”，消除锯齿方法为“无”，颜色为“灰色（#434343）”，并添加“仿粗体”，制作效果如图2.1.41所示。

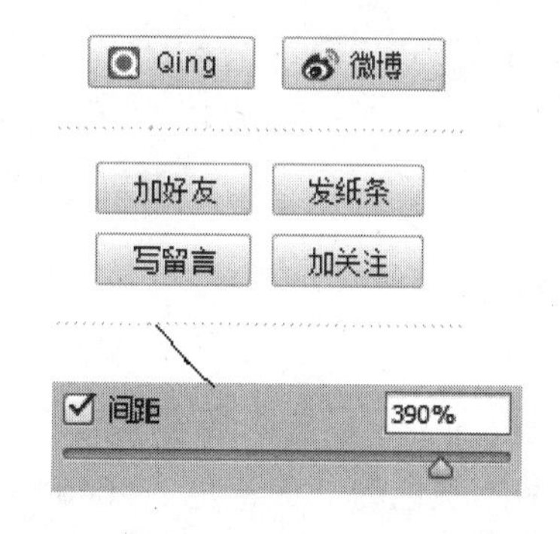

图2.1.40　虚线分隔线绘制效果

博客等级：18
博客积分：1682
博客访问：349,77
关注人气：1,787

图2.1.41　个人资料文字效果

最后将该板块涉及的所有图层和图层组编组，命名为“个人资料”。

2）首页左侧“企业简介”栏目设计

（1）步骤一：设计栏目条外形

采用与上一板块相同的方式绘制栏目背景，并调节其与上一板块的位置为“10像素”。再选中圆角矩形形状工具，绘制一个灰色（#ececec）无边框的矩形，其参考尺寸为198像素×32像素，半径设置为“6像素”，如图2.1.42所示。

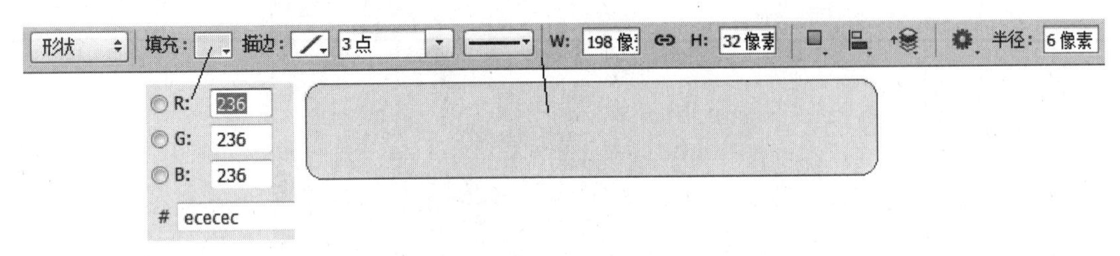

图2.1.42　栏目条外形效果设置

选中路径，使用转换点工具单击鼠标右键在图形的下面线条上添加3个锚点，以帮助更改绘制的圆角矩形形状，并将添加的锚点转换为尖突点。选用直接选择工具，将中间的锚点进行移动，最终调整为如图2.1.43所示图形。

图2.1.43　栏目条外形修改效果

（2）步骤二：制作栏目条文字

使用文字工具输入栏目标题文字，设置字体为“新蒂小丸子小学版”，大小为“18像素”，消除锯齿方法为“锐利”，字体颜色为“红橙色（#ff6600）”，如图2.1.44所示。

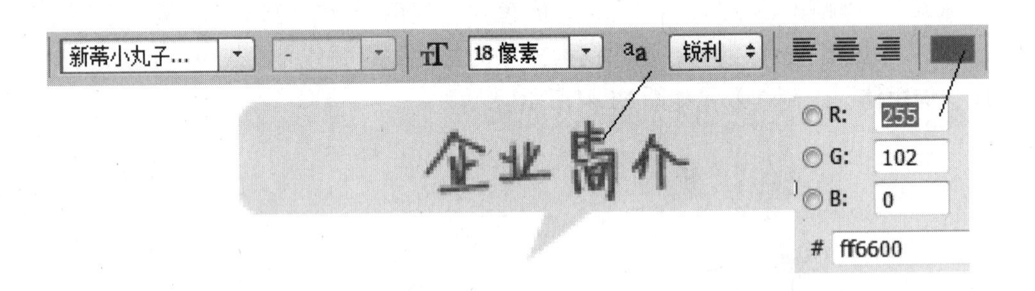

图2.1.44　栏目条文字设置

（3）步骤三：制作栏目板块内容

使用文字工具建立文本框，输入文字栏目板块内容，设置内容字体为“宋体”，字体大小为“12像素”，消除锯齿方法为“无”，字体颜色为“深灰色（#646464）”，行距设置为“20像素”，如图2.1.45所示。

再一次使用文字工具输入标点引号作为文本段的修饰图形。设置内容字体为“Kartika”，字体大小为“60像素”，消除锯齿方法为“锐利”，字体颜色为“灰色

（#d7d7d7）”，添加“仿粗体”。并将该符号进行复制和水平翻转，完成效果如图2.1.46所示。

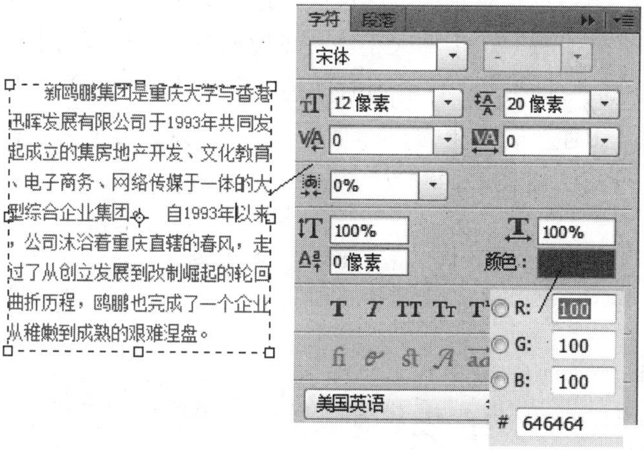

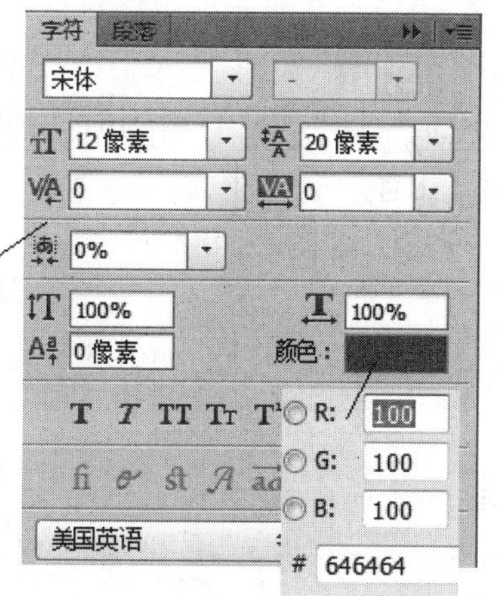

图2.1.45　文本框文字设置

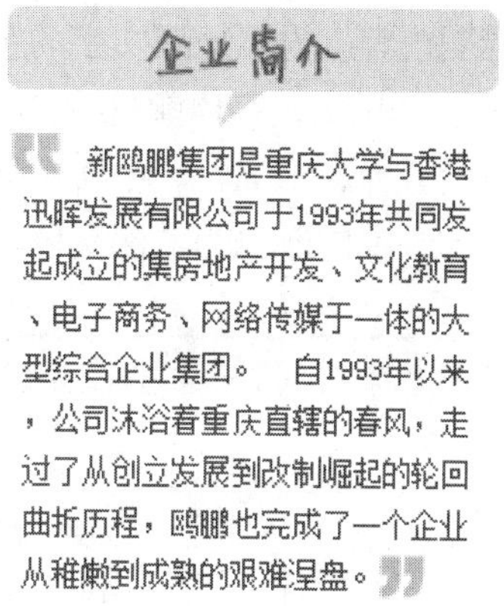

图2.1.46　栏目版块完成效果

3）首页左侧“博文推荐”栏目设计

（1）步骤一：制作栏目内容

使用前面所介绍的方法，制作完成“博文推荐”栏目条的设计。选中文字工具建立文本框并输入文字，将文本框的文字字体设置为“宋体”，字体大小为“12像素”，消除锯齿方法为“无”。中文文字的颜色为“蓝色（#2971bb）”，行间距设置为“20像素”，数字日期的颜色为“灰色（#7a7a7a）”，行间距为“30像素”，设置如图2.1.47所示。

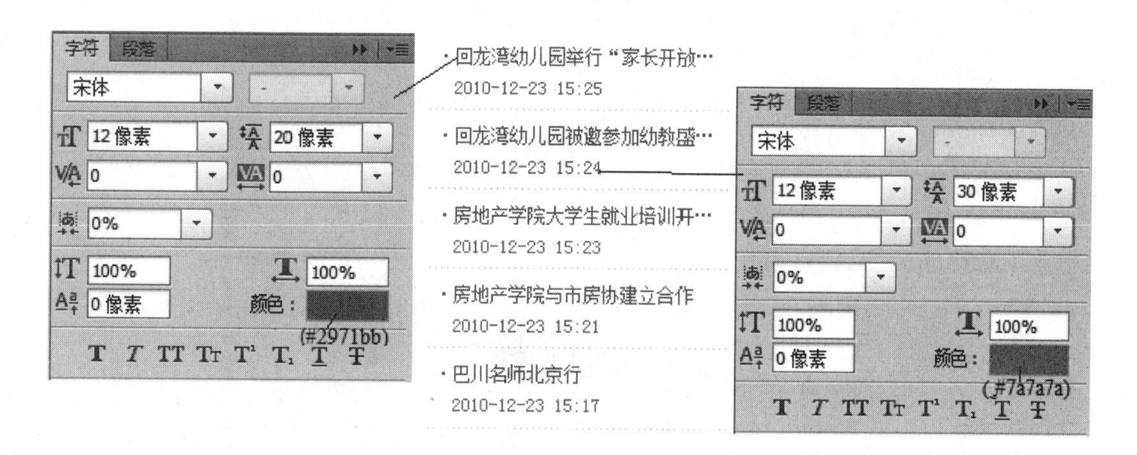

图2.1.47　栏目内容文字参数设置

（2）步骤二：绘制内容分隔线

与前面“个人资料”板块分隔线的绘制方式一样，完成本栏目板块的分隔线绘制。选中移动工具，并按下“Alt”键拖动分隔线图层进行复制。将制作的分隔线全部选中，在移动工具选项栏中设置选择垂直居中分布，使所有分隔线均匀分布。

4）首页右侧“博文”栏目设计

（1）步骤一：制作博文标题文字内容

使用矩形形状工具绘制712像素×1 685像素的白色矩形背景，选中文字工具输入博文标题内容。设置标题文字的字体为“微软雅黑”，字体大小为“18像素”，消除锯齿方法为“锐利”，字体颜色为“深灰色（#3a3a3a）”。作者与时间的文字字体英文与数字字体设置为“Arial”，中文字体设置为“宋体”，大小为“12像素”，消除锯齿方法为“锐利”，字体颜色为“深灰色（#3a3a3a）”，如图2.1.48所示。

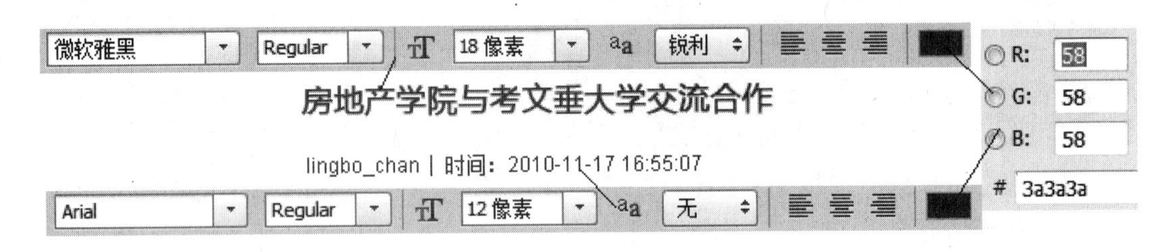

图2.1.48　标题文字设置

（2）步骤二：调整博文图像色彩明暗

从实例中的该部分博文内容和制作部分所预留的位置进行综合考虑，本板块内容中的图片采用两张图片拼合而成，这也是一直常见的图片处理方式。图像拼合的方式有多种，实例此处的拼合方法是一种较简单的方式，将内容相关联的图片放在一起，高级的图片处理则会涉及图像合成技术。

将“博文图片1.jpg”素材图片复制到当前文件中。选中图片对应图层，使用“图像”菜单→“图像”→“色阶...”命令对图像的明暗进行调整和美化，如图2.1.49所示。

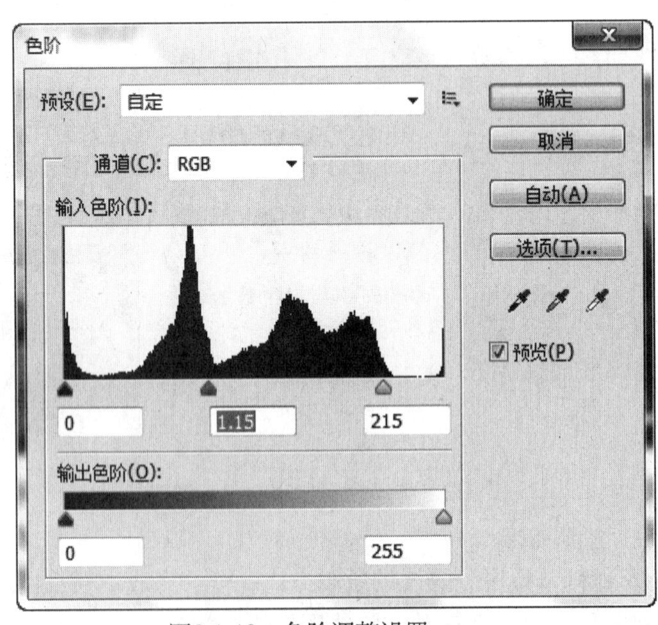

图2.1.49　色阶调整设置

⊕ 小贴士

色阶命令的快捷键为“Ctrl+L”。

放在网页中的图片具有一定的宣传作用，但照片拍摄的图片，或因设备原因和天气原因，会影响照片的质量。为了更好地建立企业形象，建议对网页中所使用的图片进行一定调色和美化处理。

▶ Points 知识要点——色阶

“色阶”命令是图像调整中较为重要的命令之一，使用它可以通过调整图像的阴影、中间调和高光的强度来校正色调的范围和色彩平衡，如图2.1.50所示。

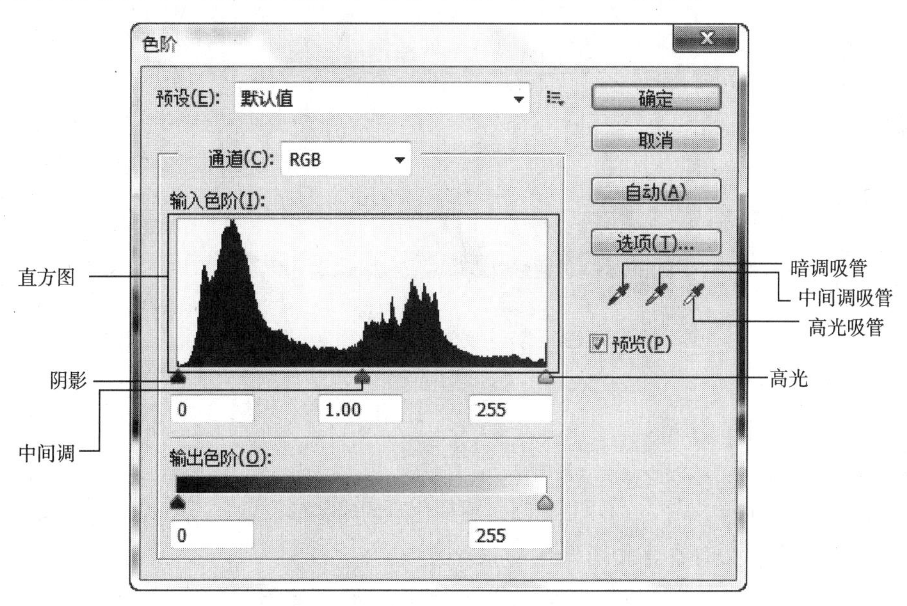

图2.1.50 色阶命令对话框

通道：选择RGB通道表示调节明暗对比，选择单色通道可以调节偏色。

输入色阶：设置输入变量，该部分主要由直方图构成。直方图是作为调整图像基本色调的直观参考，是以图形的方式表示图像中每个亮度级别的像素数量，展示了像素在图像中的分布，像素越多，峰值越高，反之，像素越少，峰值越低。在直方图下方的3个三角形滑块，分别控制了阴影、中间调与高光。直方图左面数据对应左面滑块设置阴影输入变量，中间数据对应中间调滑块设置中间调输入变量，右面数据对应右面滑块设置高光输入变量。通过调整3个滑块的位置可以调整图片的明度与增强对比度。当中间调滑块向左移动靠近阴影滑块时，阴影区域被压缩，高光区域得到扩展，图像变亮；当中间滑块向右移动靠近高光滑块时，高光区域被压缩，阴影区域得到扩展，图像变暗；将阴影滑块和高光滑块向中间移动，则增强图像的对比度。

输出色阶：设置输出变量。左面数据对应左面滑块设置暗调输出变量，右面数据对应右面滑块设置高光输出变量。调整输出色阶的滑块可以降低图像的对比度。当向右移动黑色滑块时，图像中的黑色将被替换为滑块位置的灰色色阶，图像变灰；向左移动白色滑块时，图像中的白色会被替换为滑块位置的灰色色阶，图像会变暗。

暗调吸管：设置图像黑场。使用暗调习惯单击图像可以将点击处的亮度降低为0。

中间调吸管：用于设置图像灰平衡。使用中间调习惯单击图像可以将单击处的RGB 3个色值设置为一致，从而达到纠正轻微偏色的效果。

高光吸管：设置图像白场，使用高光习惯单击图像可以将单击处的亮度提高为255。

选项：用于设置自动调节的变量。

用同样的方法调节“博文图片2.jpg”的图片色彩明暗和对比度，具体设置如图2.1.51所示。

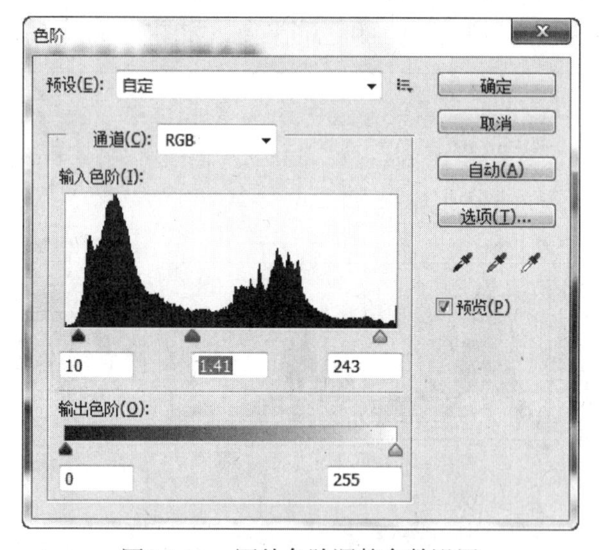

图2.1.51　图片色阶调整参数设置

（3）步骤三：调整博文图像色彩饱和度

由于“博客照片2.”的色彩略显灰，因此需要调整其照片的色彩饱和度。单击“图像”菜单→“图像”→“色相/饱和度...”，具体设置如图2.1.52所示。

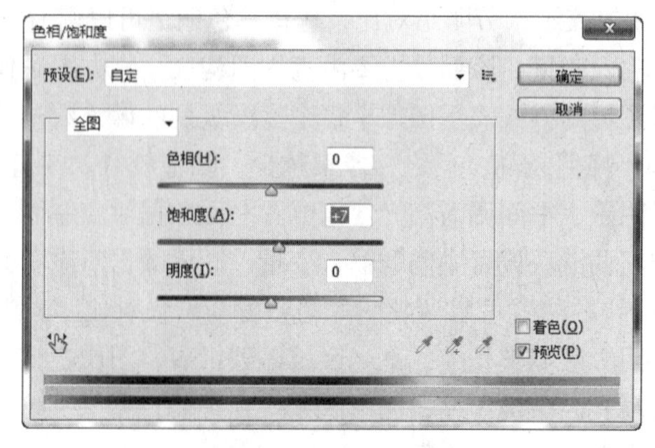

图2.1.52　色相/饱和度设置

⊕ 小贴士

色相/饱和度命令的快捷键为“Ctrl+U”。

▶ Points 知识要点——色阶

“色相/饱和度”命令是较为常用的色彩调整命令，可以通过该命令对图像的色彩、饱和度，以及明度进行调节，如图2.1.53所示。

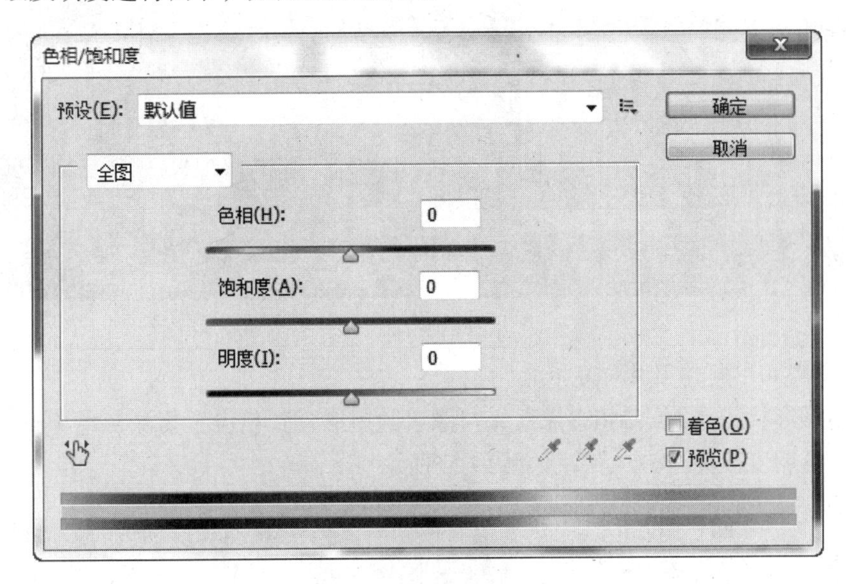

图2.1.53

全图：选择全图时色彩调整针对整个图像的色彩。也可以在其下拉菜单中选择要调整的颜色，包括红色、黄色、绿色、青色、蓝色、洋红中选取一个预设颜色范围。

色相：调整图像的色彩。拖动滑块或直接在对应的文本框中输入对应数值进行调整。

饱和度：调整图像中像素的颜色饱和度。饱和度高的色彩较为鲜艳，饱和度低的色彩较为暗淡。

明度：调整图像中像素的明暗程度，数值越高，图像越亮，反之则图像越暗。

着色：被勾选时，可以消除图像中的黑白或彩色元素，从而转变为单色调。

（4）步骤四：调整博文图像尺寸

将需要调整的两张图片选中，使用快捷键“Ctrl+E”将图层进行合并，选中矩形选框工具，建立一个682像素×286像素大小的选框框选住图片，使用“选择”菜单→“反向”命令，或使用其快捷键“Ctrl+Shift+I”，将选区反向，删除多余图像，如图2.1.54所示。

图2.1.54

（5）步骤五：制作图片标题底色

选中矩形形状工具，绘制683像素×74像素的矩形，颜色设置为深灰色（#505050），并将图层不透明度改为“67%”，如图2.1.55所示。

图2.1.55 图片标题底色设置

（6）步骤六：制作图片标题修饰线

选中铅笔工具，前景色设置为白色，沿着标题背景的上端绘制直线。然后选中橡皮擦工具，将画笔设置为“柔边圆”，大小设置为“500像素”，硬度设置为“0%”，将线条的两端擦除，效果如图2.1.56所示。

图2.1.56

（7）步骤七：制作标题文字

选中文字工具 T ，输入标题文字。设置文字字体为“微软雅黑”，字体大小为“36像素”，消除锯齿方法为“锐利”，字体颜色为白色。并为文字添加外发光的图层样式，具体设置如图2.1.57所示。

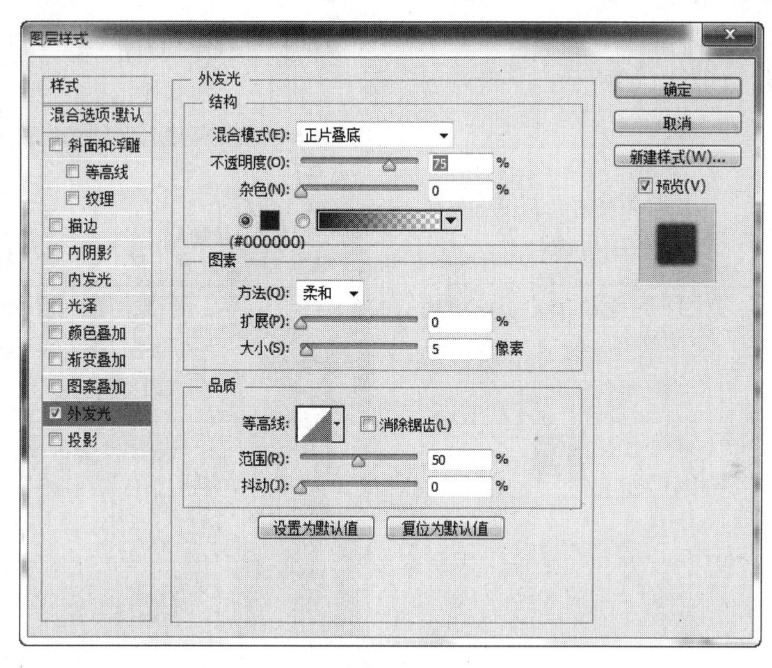

图2.1.57

（8）步骤八：输入博文内容文字

选中文字工具 T 后在文件中拖动建立文本框，输入内容文字。设置文字字体为“宋体”，字体大小为“14像素”，消除锯齿方法为“无”，颜色设置为深灰色（#646464），行距为“28像素”，具体设置如图2.1.58所示

图2.1.58　博文内容文字设置

再次使用文字工具 T，输入文字。设置文字字体为“宋体”，消除锯齿方法为“无”，颜色设置为红橙色（#ff6600），具体设置如图2.1.59所示。

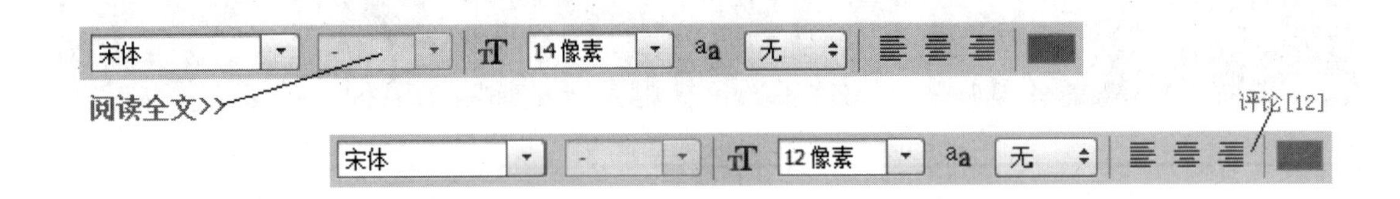

图2.1.59

（9）步骤九：绘制分割线

选中铅笔工具，选中方头画笔，设置画笔的大小为“5像素”。打开画笔面板设置画笔的圆度为“24%”，间距为“230%”，并将前景色设置为浅灰色（#c2c2c2），绘制虚线分隔线，如图2.1.60所示。

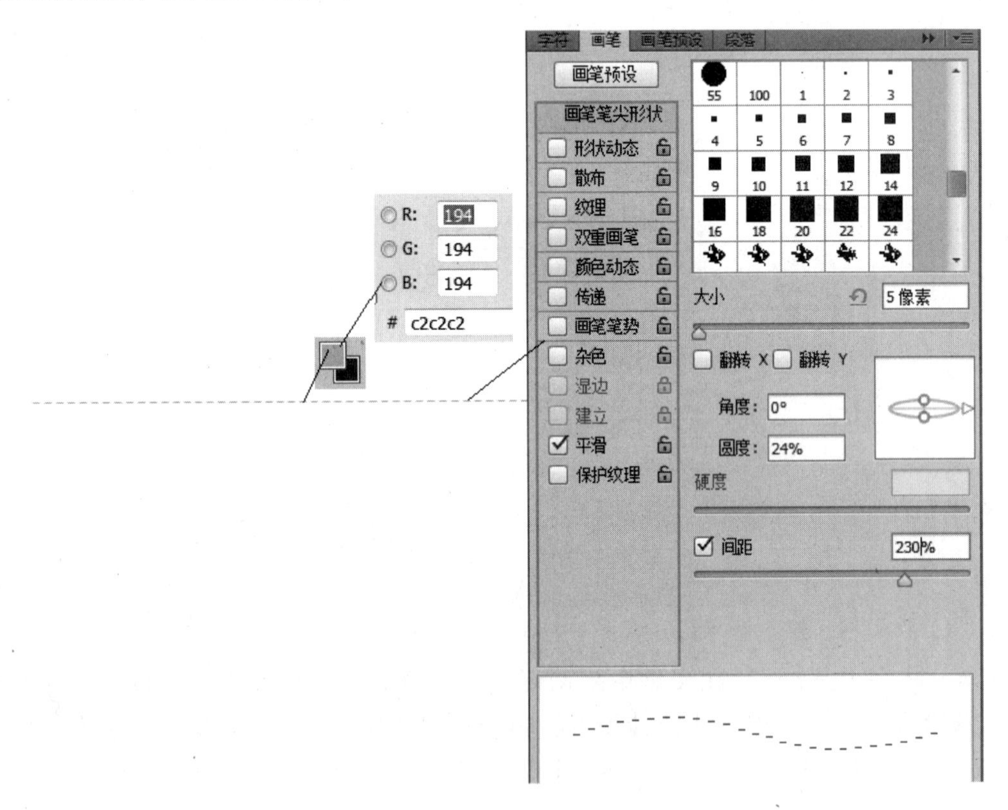

图2.1.60　铅笔工具设置

采用同样的方式，完成所有博文内容。

（10）步骤10：制作分页

使用文字工具 T，输入文字。设置数字字体为“Arial”，消除锯齿方法为“无”，颜色设置为“黑色”，大小为“14像素”，具体设置如图2.1.61所示。

使用形状工具，绘制矩形，设置如图2.1. 62所示。

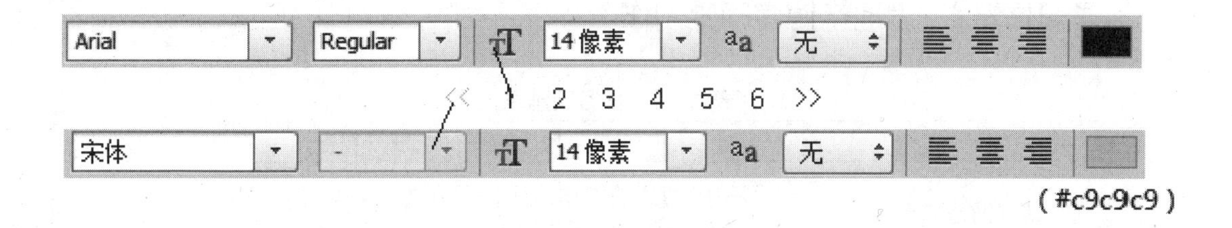

图2.1.61

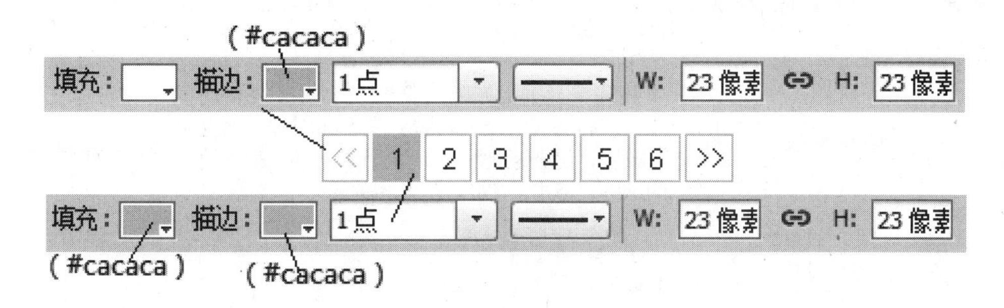

图2.1.62

2.1.5 项目经验小结

通过此次项目的制作，了解了博客网站的设计方法和设计要点，掌握了Photoshop CS6自定义图案、图层混合模式、图层样式、色彩调整等技能知识，并对网页标志设计、网页导航设计以及色彩基础知识有了初步了解。

请将您的项目经验总结填入下框：

2.2 学习情境2　房地产博客网站制作

表2.2.1　任务安排表

能力目标（任务名称）	知识目标	学时安排/学时
切片博客网站首页	了解PS切片的工作界面，了解PS切取图片及保存方法，掌握PS切片的原则	2
搭建建设网站的基本工作环境	熟练掌握Dreamweaver工具的工作界面的概念，“文件”面板的使用方法，站点的创建方法，站点的管理方法；掌握文件与文件夹的命名规则	1
制作博客首页	熟练掌握页面布局的概念与要求、表格的概念、表格的属性及其设置；文本与图像的属性及其设置；超级链接的类型和属性；了解HTML语言的结构、格式、主要标记及相关属性	3
制作博客栏目页	了解模板；熟练掌握模板及其应用；熟练掌握表格及其应用；了解表单	6
美化博客首页与栏目页	熟练掌握CSS及其使用	3
拓展任务	熟练掌握表格及其应用；熟练掌握图像、超链接属性	6

2.2.1　房地产博客网站首页切片与布局

网页切片指的是利用制图软件或网页制作软件，将图像切成几部分，通过将切片内容一片一片上传，最终完成网页的制作。

在制作网页时，通常要对页面进行分割，即制作切片。通过优化切片可以对分割的图像进行不同程度的压缩，以使减少图像下载时间。另外，还可以为切片制作动画、制作URL地址，或者使用它们制作翻转按钮。

本次任务为对房地产博客网站首页进行切片。

1）Banner部分Photoshop切片

（1）步骤1：创建切片

单击“工具”属性面板，选择“裁剪工具”按钮，单击右键弹出快捷菜单，选择“切片工具”将鼠标切换为切片工具准备banner切片，如图2.2.1所示。

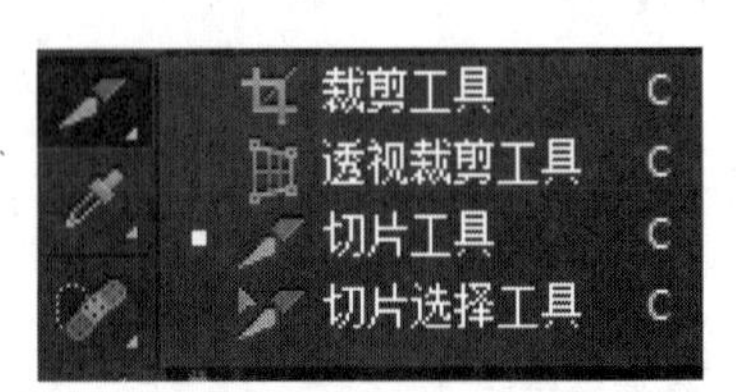

图2.2.1　选择切片工具

长按鼠标左键，按照banner图像形状使用“切片工具”拖拽一个矩形选框完全包含banner图片区域，松开鼠标后出现带黄色调整框的范围，此即为选中的切片，如图2.2.2所示。

图2.2.2　选中的切片

⊕ 小贴士

使用“切片工具”创建的黄色调整框范围称为用户切片，为可编辑切片。在创建用户切片的同时，图像的其他范围会自动生成一些灰色切片，这些自动生成的灰色切片是不可编辑的。

自动切片可以填充图像中用户切片为定义的空间。每次添加或编辑用户切片时，都会重新生成自动切片。用户切片由实线定义，而自动切片则由虚线定义。

鼠标左键双击用户切片，弹出“切片选项”面板，将“切片类型”设置为图像、名称设置为banner，单击“确定”完成banner切片创建，如图2.2.3所示。

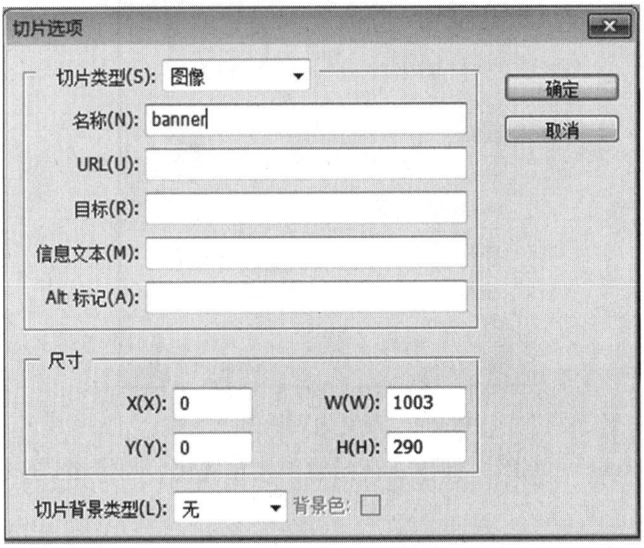

切片选项
切片类型(S): 图像
名称(N): banner
URL(U):
目标(R):
信息文本(M):
Alt 标记(A):
尺寸
X(X): 0　W(W): 1003
Y(Y): 0　H(H): 290
切片背景类型(L): 无　背景色:
确定
取消

图2.2.3　切片选项设置

▶ Points 知识要点——切片选项

“切片选项”面板可以详细设定切片信息。

切片类型：选择制作的切片类型。包括图像切片、无图像切片和表3种类型。

名称：给切片命名。一般按照其用途重新命名，如背景可以为main_bg.gif，网站标识为logo.gif等，切记不要用中文命名，那样在制作的时候插入图片的图片名可能是一大串乱码。

URL：指定该切片指向的链接。

目标：指向链接打开的位置。

Alt标记：当图片无法在浏览器中正常显示时，用来替代图片显示的文字。

尺寸：X和Y用来显示切片左上角的坐标信息，W和H用来显示切片的宽度和高度。

（2）步骤2：保存切片

将banner用户切片保持黄色选框状态，单击“文件”菜单栏“存储为Web所用格式”，快捷键“Shift+Alt+Ctrl+S”，如图2.2.4所示。

图2.2.4　存储为Web所用格式

弹出“存储为Web所用格式”面板，在面板中设置优化、图像格式Gif，如图2.2.5所示。

⊕ 小贴士

切片中的图像格式优化选择要根据存储对象的不同而作相应的设定。

GIF：用于压缩具有单调颜色和清晰细节的图像（如艺术线条、徽标或带文字的插图）的标准格式，它是一种无损的压缩格式。

JPEG：用于压缩连续色调图像的标准格式。将图像优化为JPEG格式采用的是有损压缩，它将选择性地扔掉数据。

PNG-8：与GIF格式一样，可有效压缩纯色区域，同时保留清晰的细节。该格式具备GIF支持透明、JPEG色彩范围广泛的特点。

PNG-24：适用于压缩连续色调图像，但是它所生成的文件比JPEG格式生成的文件要大很多。使用PNG-24的优点在于可在图像中保留多达256个透明度级别。

WBMP：适用于优化移动设备（如移动电话）图像的标准格式。WBMP支持1位颜色，也就是说WBMP图像只包含黑色和白色像素。

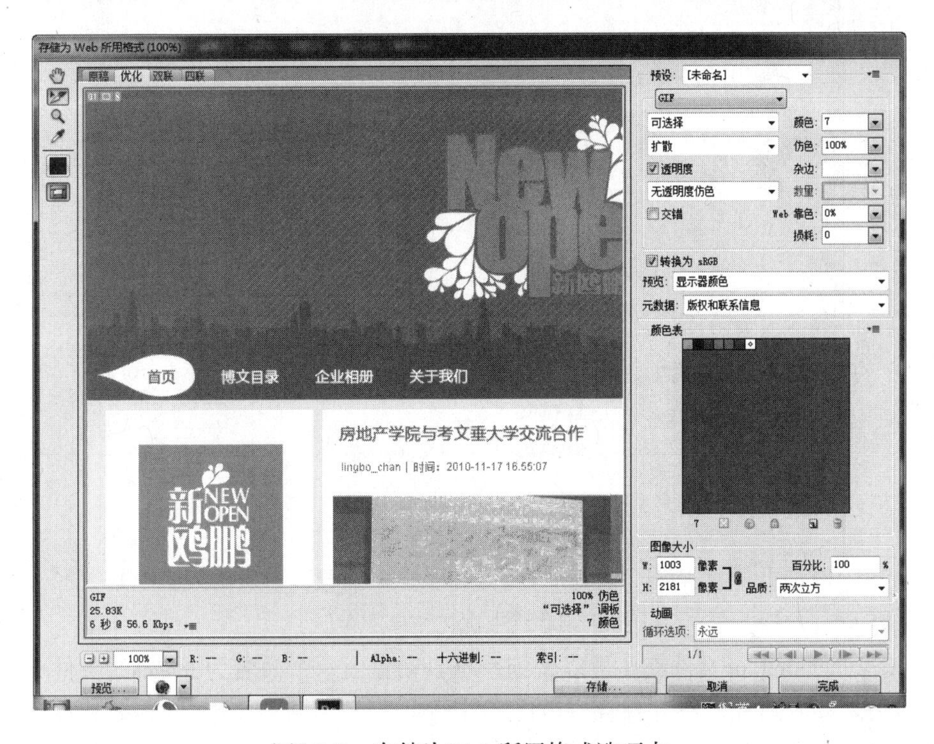

图2.2.5　存储为Web所用格式选项卡

单击“存储”，进入“将优化结构存储为”界面。选中存储位置C盘myblog文件夹，设置下方选项格式为仅限图像、切片为选中的切片，保存切片，如图2.2.6所示。

⊕小贴士

在优化结果存储时，包含3种切片类型：

所有切片：是全部图片都保存，包括用户切片和自动切片。

所有用户切片：是用户划好的区域图片都被保存。

选定用户切片：是用户选中唯一的一块区域被保存。

图2.2.6　选中优化结果的存储

进入C盘下的myblog文件夹，可以看到系统自动生成一个命名为images的文件夹，此文件夹专门用来存放图片。刚才保存好的banner图片即可以在images文件夹中被找到，这样就完成了切片的保存操作，如图2.2.7所示。

图2.2.7

2）主体部分Photoshop切片

（1）步骤1：创建切片

主体部分切片与banner切片方法相同，利用切片工具拖拽黄色用户切片区域。不同于

banner部分的一张图像切片，这里将主体部分的所有图片全部切取出来，如图2.2.8所示。

（2）步骤2：保存切片

单击“文件”菜单栏“存储为Web所用格式”，在“存储为Web所用格式”面板中设置优化、图像格式Gif。单击“存储”，进入“将优化结构存储为”界面。选中存储位置C盘myblog文件夹，设置下方选项格式为仅限图像、切片为所有用户切片，保存，如图2.2.9所示。

图2.2.8　切片效果

图2.2.9　切片存储效果

⊕ 小贴士

每一次切片保存后都会自动生成images文件夹。因此在第一次保存好切片后，后面的切片存储只需要在存储路径中看到展示的images文件夹即可，不能单击进去。如果点进images以后再存储，又会重新生成一个新的images文件夹，导致多层嵌套images文件夹，文件存储路径不准确。

通过上述方法，整个页面所有的图片切片完成。接下来，只需将图片合理的布局在网页中即可。

⊕ 小贴士

切片最重要的是区分出网页中哪些是图像区域，哪些是文本区域，并创建图文并茂的网站界面。

切片前，先要仔细对设计进行分析，需要考虑因设计制宜。

切片时，可不断放大缩小设计，观察精准度，可根据辅助线进行切片。

切片后，要对导出的切片进行审核是否符合要求，比如大小、颜色、图片质量、透明背景与否等。如果不合适，要重新对切片进行优化输出或者重新切片。

创建切片可以是使用切片工具创建、基于参考线创建、基于图层的切片。

3）新建站点

（1）步骤一：创建站点根目录

在搭建站点前，先在自己的计算机上建一个以英文或数字命名的空文件夹作为将要制作的博客的根文件夹。如笔者在本机C盘下新建文件夹，并命名为myblog，作为博客的根目录。

（2）步骤二：在Dreamweaver中新建站点

启动Dreamweaver，选中菜单栏中“站点”→“新建站点”，完成新建站点。

4）创建HTML文档

创建自己的页面，可以使用 Dreamweaver起始页创建新页，或者选择“文件”→“新建”，快捷键为“Ctrl+N”，新建空白页面文档，选择页面类型为“HTML”，网页命名为index.html，网页标题为“首页”。

5）设置页面属性

单击“属性”面板中的“页面属性”按钮，在弹出的对话框中选择“外观”分类，设置“大小”为“12像素”，“背景颜色”为“#282828”，“左边距”“右边距”“上边距”“下边距”均为0像素。

6）制作页面结构

（1）步骤1：利用表格搭建banner架构

①查看图像宽度、高度。在网站目录images文件夹中查看Banner图像宽度为1 003像素，高度为290像素。

②搭建Banner架构，插入1行1列表格。表格宽度为1 003 px，边框粗细、单元格边距、单元格间距均为0 px，在设计视图中选中表格，在其“属性”面板中设置“对齐”为“居中对齐”。

（2）步骤二：设置Banner图片

在上述单元格中单击“插入”工具栏“常用”选项卡中的“图像”按钮，快捷键“Ctrl+Alt+I”，在弹出的对话框中选择图像源为网站目录images文件夹中的banner.gif，如图2.2.10所示。

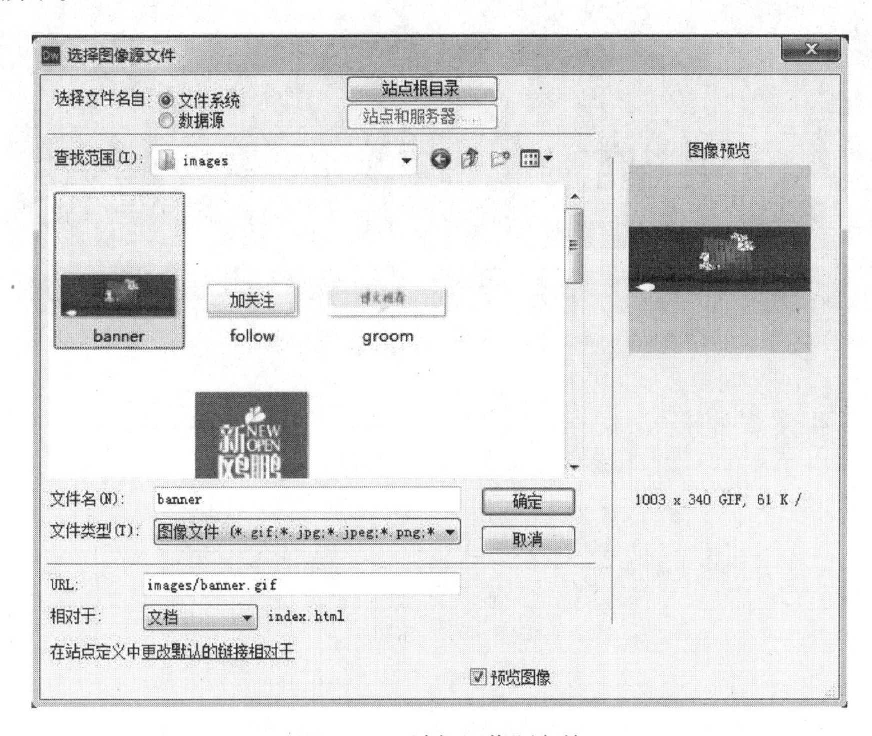

图2.2.10　选择图像源文件

7）制作页面导航部分

（1）步骤一：搭建导航架构

在Banner表格之后，插入表格，行数为1，列数为1，表格宽度为1 003 px，边框粗细、单元格边距、单元格间距均为0 px。

选中表格，在表格”属性”面板中设置对齐为“居中对齐”。

（2）步骤二：设置导航背景和单元格高度

将光标停滞在导航架构表格中的单元格中，在单元格“属性”面板中将“背景颜色”设置为“#3a3a3a”，“高”为“50”，如图2.2.11所示。

（3）步骤三：细化导航文字布局

在导航架构表格中插入表格，在插入表格对话框中设置行数为1，列数为4，表格宽度40%，边框粗细为0，单元格边距为0，单元格间距为0，如图2.2.12所示。

（4）步骤四：制作导航文字链接

在上述表格中的4个单元格中分别插入导航文字，选中表格所有单元格，在“属性”面板中设置单元格“水平”居中对齐，所有导航文字居中对齐。

选中“首页”，在“属性”面板HTML选项中单击“链接”属性的文本框中输入“#”，创建空链接，如图2.2.13所示。

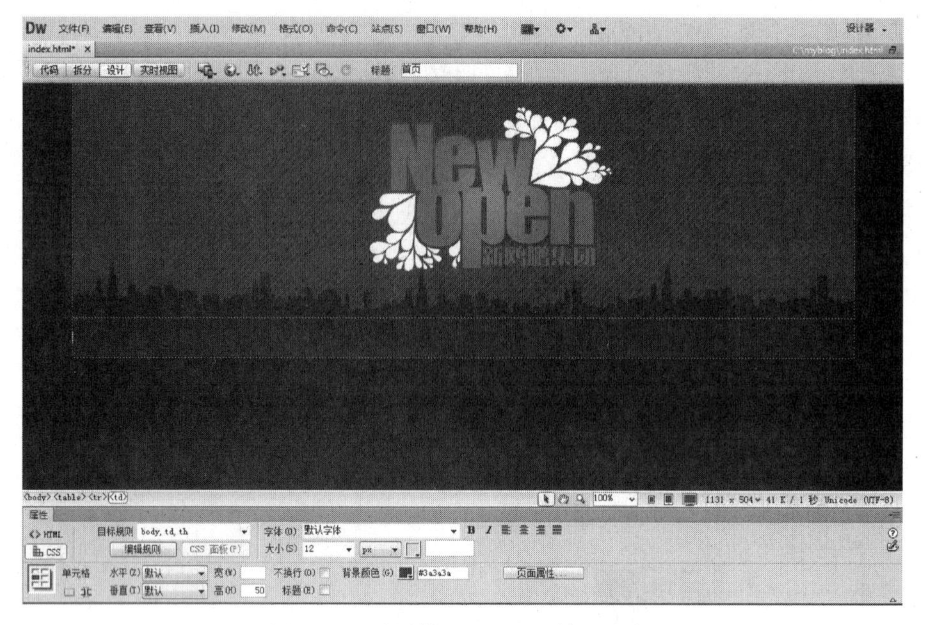

图2.2.11　设计视图及“属性”面板

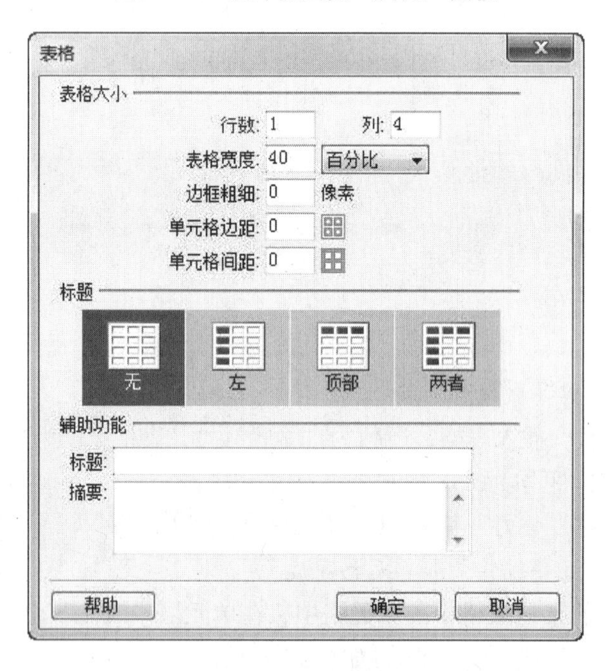

图2.2.12　插入表格对话框

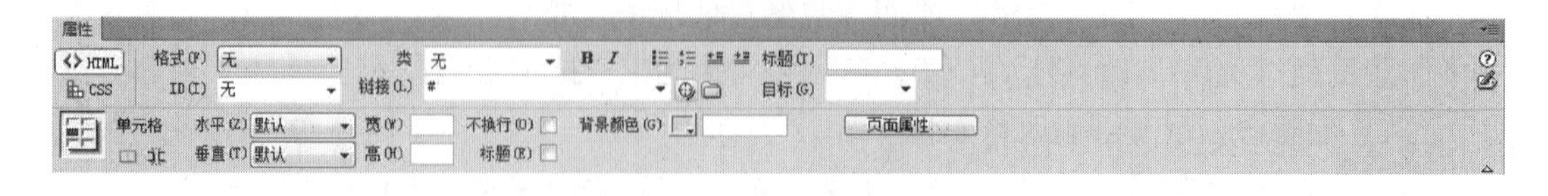

图2.2.13　设置超链接

此时，“我的首页”文字样式变为默认网页链接文字样式。

同上方法，制作“博文目录”“企业相册”“关于我们”的超链接。

8）制作页面主体部分

（1）步骤一：搭建页面主体部分架构

①搭建外框架。将光标停留在导航表格之后，插入表格。行数为1，列数为1，表格宽度为1 003 px，边框粗细、单元格边距、单元格间距均为0 px。

选中表格，在表格“属性”面板中设置对齐为“居中对齐”。

将光标停留在上述表格的单元格内，在单元格“属性”面板设置背景颜色“#efefef”，如图2.2.14所示。

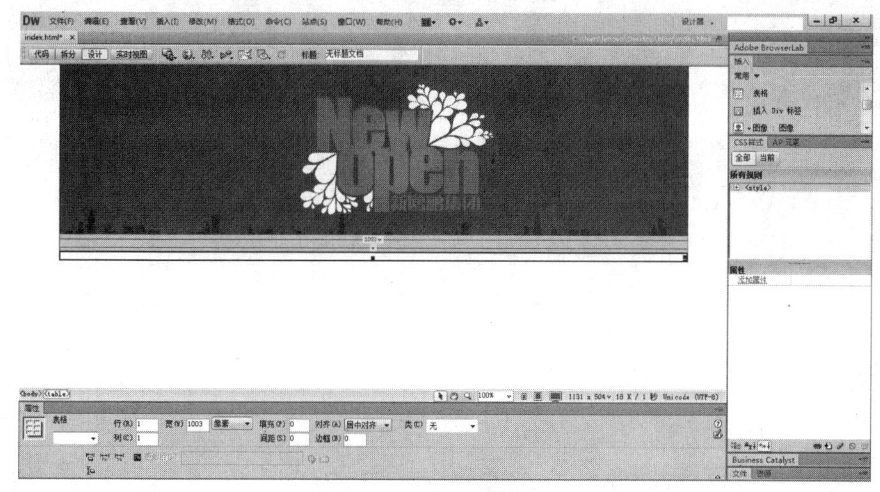

图2.2.14　主体部分架构设计视图及“属性”面板

②创建内部结构。将光标停留在上述表格的单元格内，单击“插入”菜单“HTML”→“特殊字符”→“换行符”选项卡中的特殊符号按钮，选择“换行符”，快捷键为“Shift+Enter”，如图2.2.15所示。此时，在该单元格内插入一个换行符，使光标停留在单元格第二行。

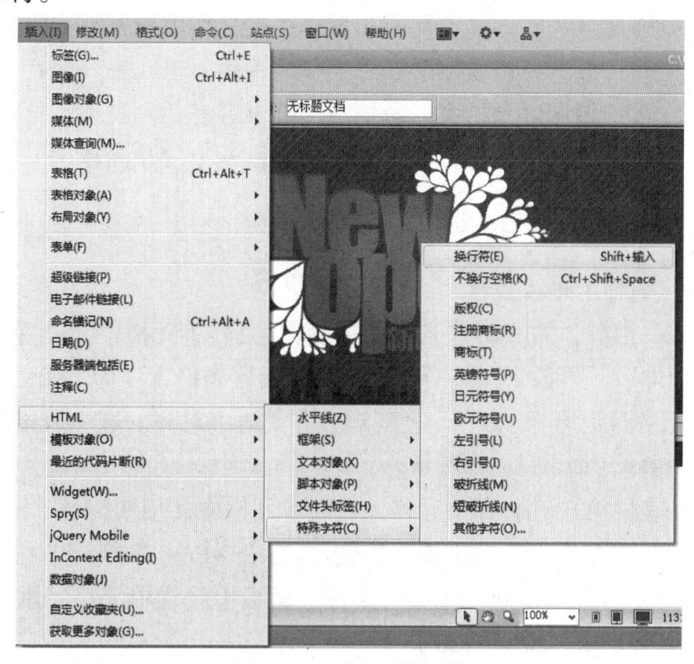

图2.2.15　插入换行符

在第二行，插入新的表格，在弹出对话框中设置表格行数为1，列数为3，表格宽度为950像素，边框粗细、单元格边距、单元格间距均为0。选中表格，在其“属性”面板中设置“对齐”为“居中对齐”。选中第1行第1列单元格，在其“属性”面板中设置单元格宽度为240像素；选中第1行第2列单元格，在其“属性”面板中设置单元格宽度为10像素，设计视图如图2.2.16所示。

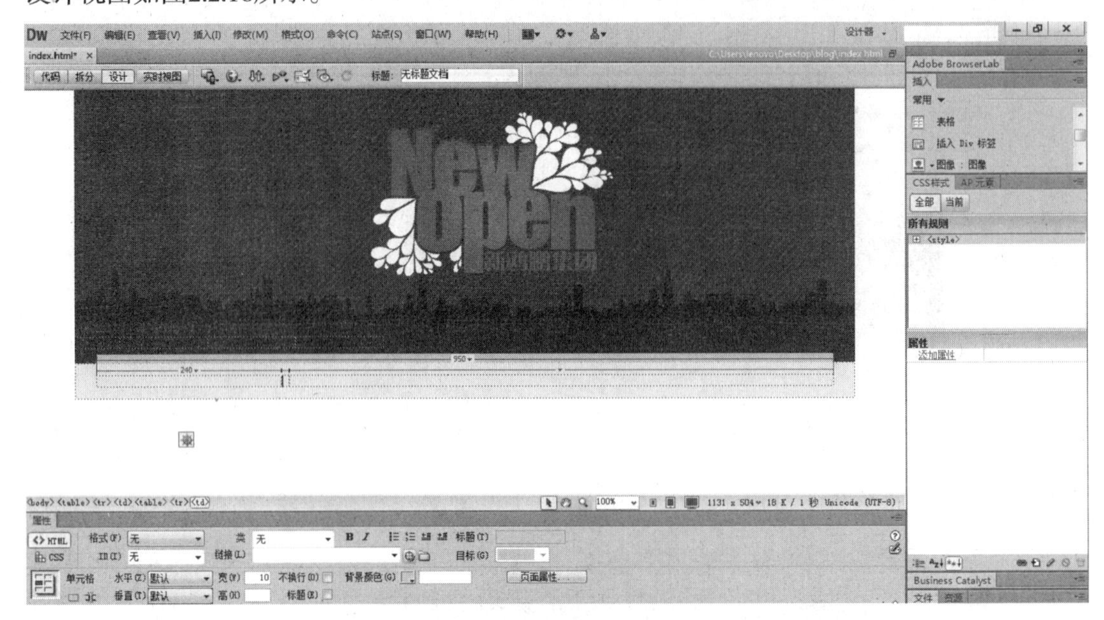

图2.2.16　插入内部布局表格

⊕ 小贴士

利用表格布局页面时，尽量不要拖动表格边框来达到设置宽度的目的。原因有二：其一，当拖动任意单元格边框时，将会使表格中各单元格产生相应宽度值，从而在后期布局时影响布局效果；其二，拖动边框不容易达到精确的宽度数值。选中单元格，在其“属性”面板中直接设置单元格宽度既方便又简单，可以大大提高工作效率。

（2）步骤二：制作主体左边栏

①制作集团档案部分。将光标停留在上述表格第1列单元格中，设置“属性”面板单元格垂直对齐“顶端”，再插入一个3行1列表格，设置表格宽度为“90%”，边框粗细、单元格边距、单元格间距均为“0”，表格对齐方式居中对齐。选中表格所有单元格，设置“背景颜色”为白色，如图2.2.17所示。

将光标停留在表格第1行第1列单元格，在此单元格中使用快捷键“Shift+Enter”换行再插入图像logo.gif，图像插入后再次使用快捷键“Shift+Enter”换行，在第二行输入文字“新鸥鹏集团”。选中该单元格，在其“属性”面板中设置单元格“水平”为“居中对齐”“垂直”为“顶端”，如图2.2.18所示。

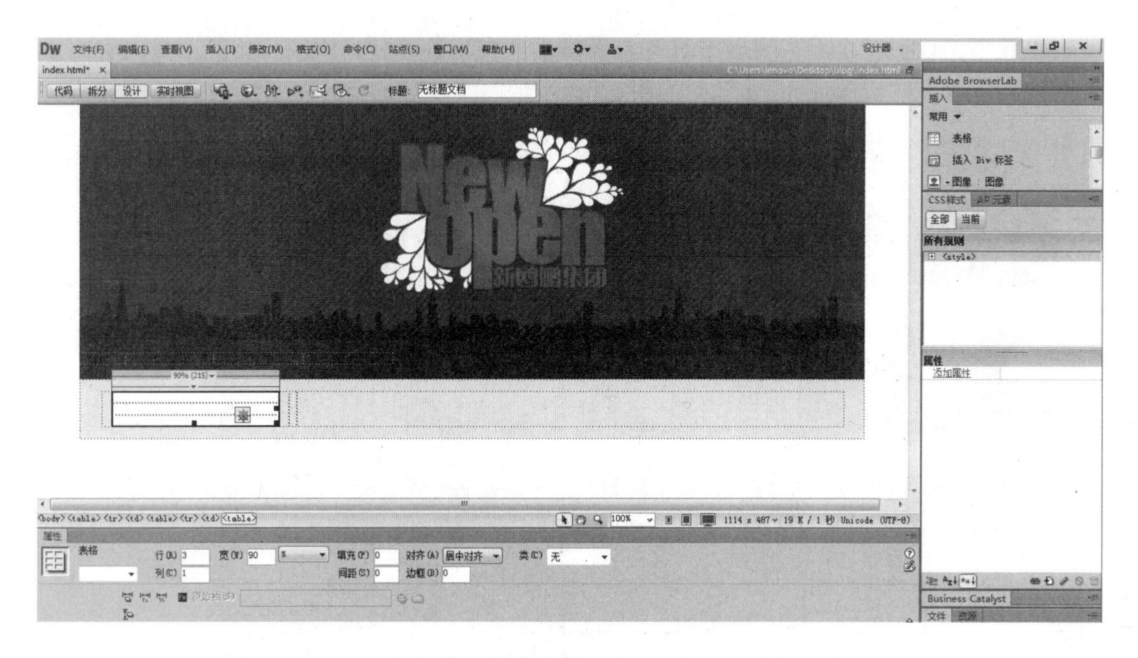

图2.2.17　设计集团档案架构设计视图及“属性”面板

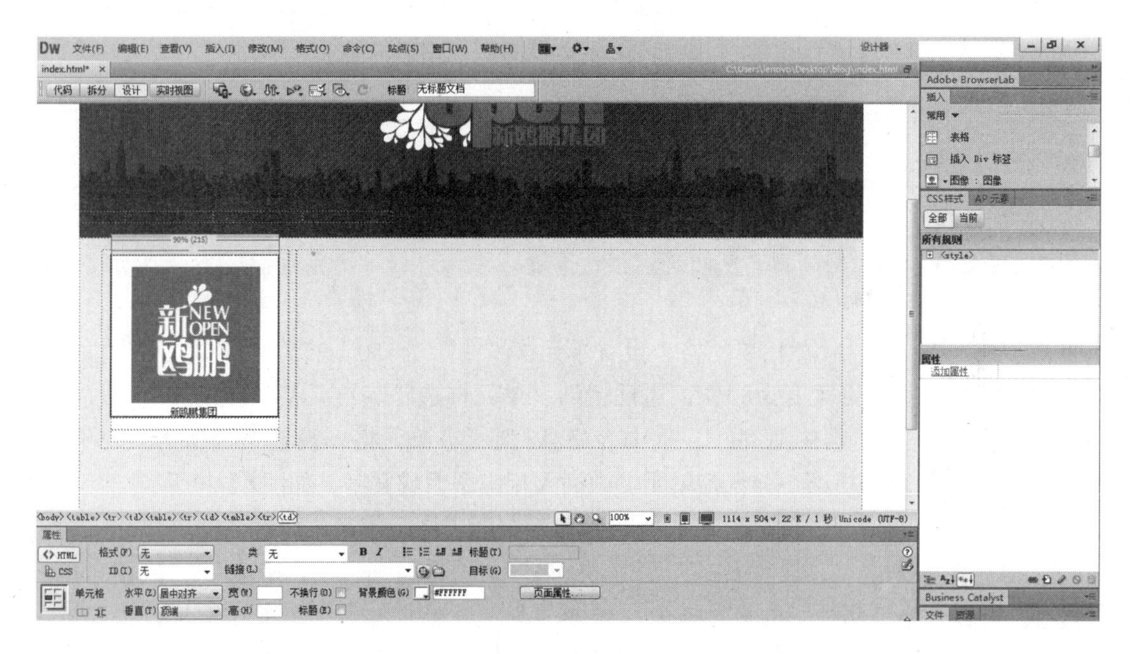

图2.2.18　LOGO架构设计视图及“属性”面板

将光标停留在表格第2行单元格，在此单元格中插入1行2列表格，设置表格宽度为80%，边框粗细、单元格边距、单元格间距均为0。设置表格“属性”对齐为“居中对齐”。选中表格所有单元格，设置“水平”为居中对齐。表格第1、2列各单元格中插入相应图像内容并设置图像超链接，链接地址为“#”。选中第1行1列单元格在“属性”面板中设置“高”为“40”，扩展与第2行之间的距离。

将光标停留在1行2列表格后，再插入2行2列表格，设置表格宽度为“80%”，边框粗细、单元格边距、单元格间距均为0。设置表格“属性”对齐为“居中对齐”。选中表格所有单元格，设置“水平”为居中对齐。表格第1—2行各单元格中插入相应图像内容并设置图像超链接，链接地址为“#”，如图2.2.19所示。

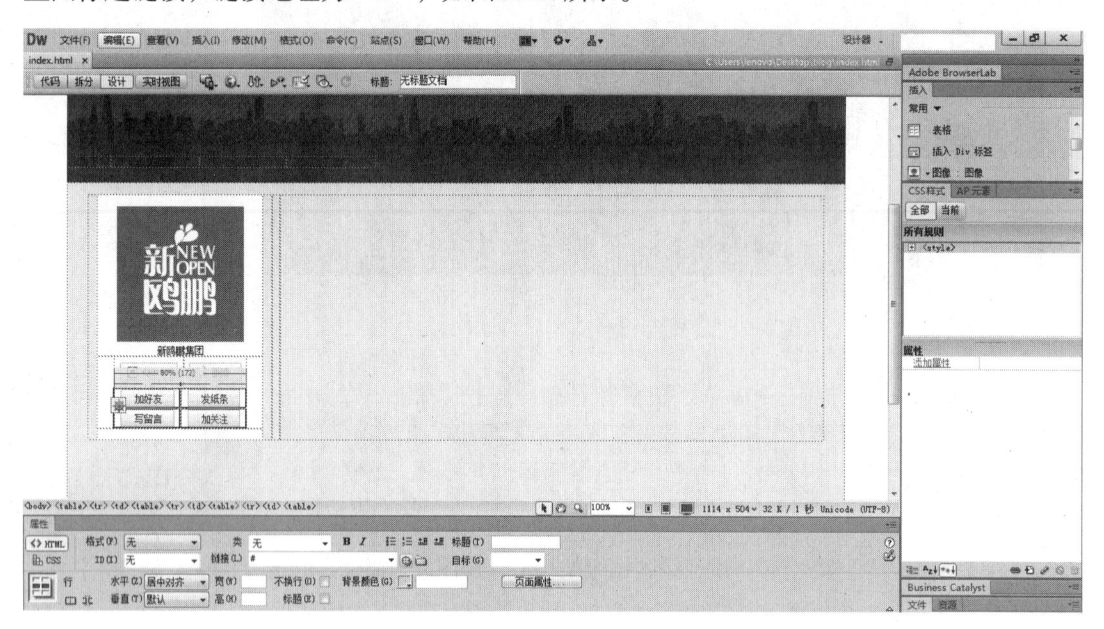

图2.2.19 联系架构设计视图及“属性”面板

⊕ 小贴士

当设置多行多列表格行高时，只需设置行中任意一个单元格高度即可。一般都会设置第一个单元格高度，从而确定整行高度。

将光标停留在表格第3行单元格，设置单元格“高”为150，然后在此单元格中插入4行2列表格，设置表格宽度为80%，边框粗细、单元格边距、单元格间距均为0。设置表格“属性”对齐为“居中对齐”。选中表格第1列所有单元格，设置“高”为“25”，“宽”为“60”。表格第1—4行各单元格中插入相应图像或文字，如图2.2.20所示。

②制作“企业简介”部分。在“集团档案”布局表格后使用快捷键“Shift+Enter”换行，再插入3行1列表格，设置表格宽度为“90%”，边框粗细、单元格边距、单元格间距均为0。设置表格“属性”面板对齐为“居中对齐”。选中表格所有单元格，设置“背景颜色”为白色，如图2.2.21所示。

将光标停留在表格第1行单元格，在此单元格中“属性”面板中设置“高”为“30”。

将光标停留在表格第2行单元格，在此单元格中插入图像summary_title.gif，然后选中该单元格，设置“属性”面板单元格“水平”居中对齐，如图2.2.22所示。

将光标停留在表格第3行单元格，在此单元格中再插入1行1列表格，设置表格宽度为“80%”，边框粗细、单元格边距、单元格间距均为0。设置表格“属性”面板对齐为“居中对齐”。表格第1行单元格中插入相应图像或文字，如图2.2.23所示。

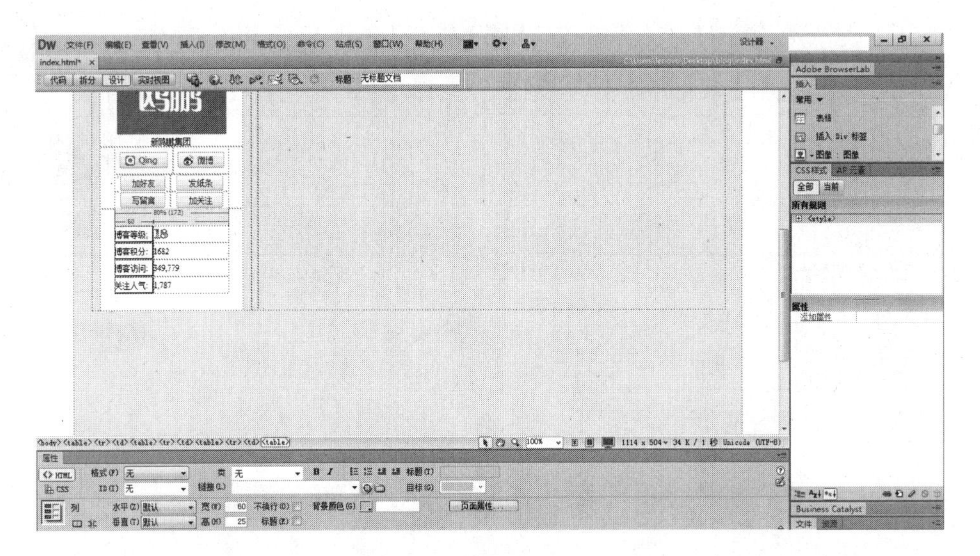

图2.2.20　博客统计架构设计视图及“属性”面板

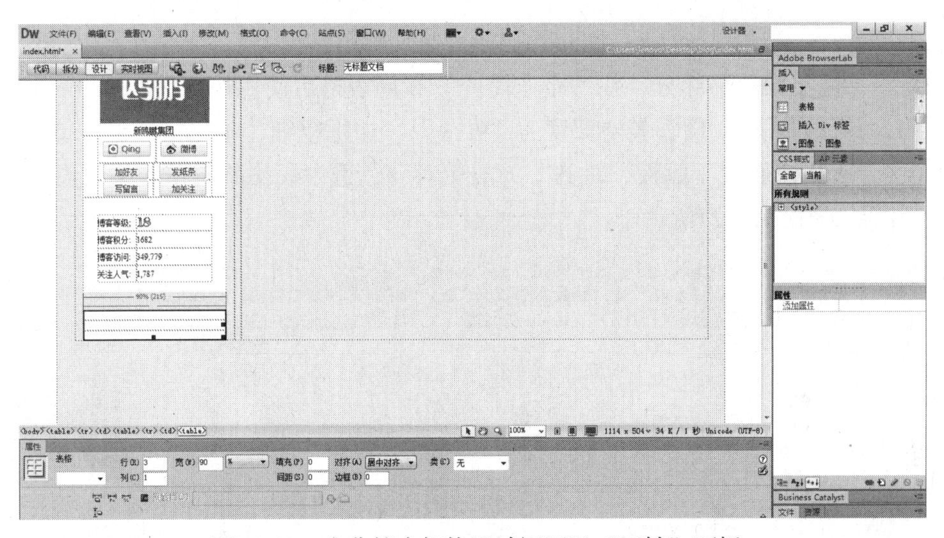

图2.2.21　企业简介架构设计视图及“属性”面板

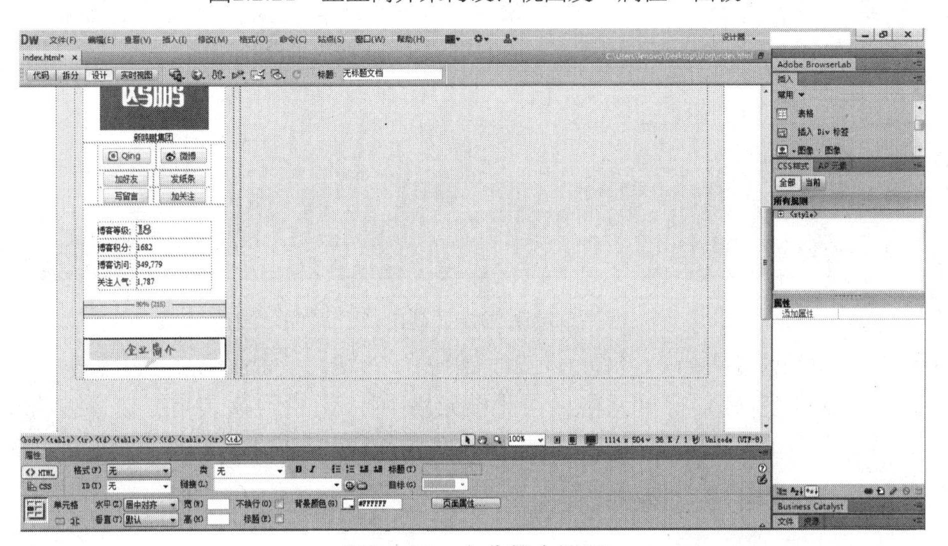

图2.2.22　企业简介标题

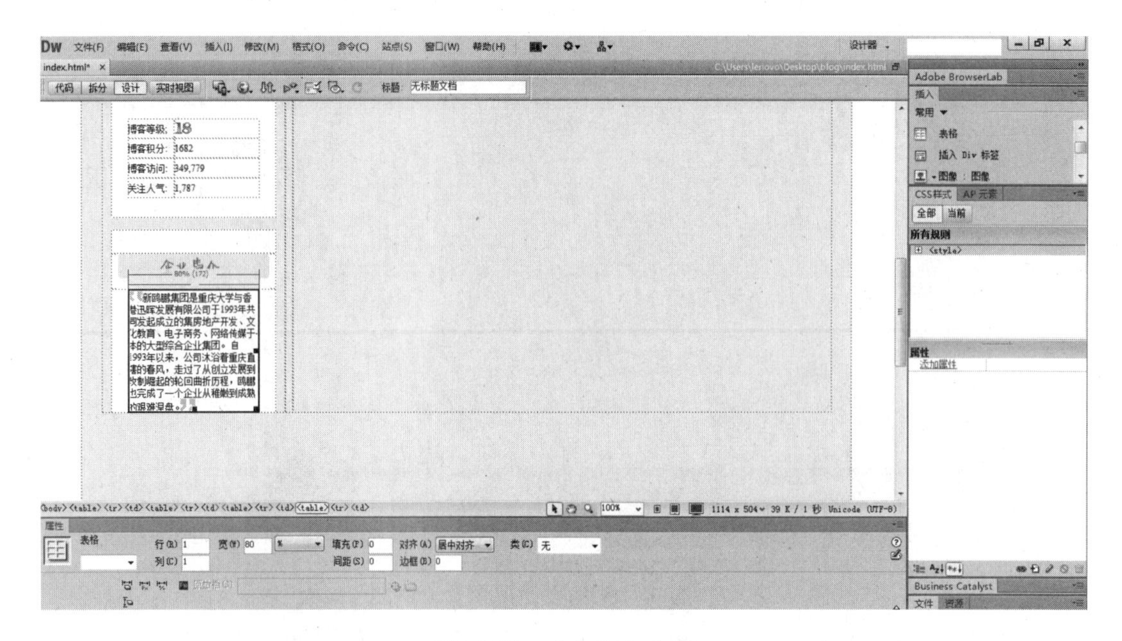

图2.2.23　企业简介内容

③制作“博文推荐”部分。在“企业简介”布局表格后使用快捷键“Shift+Enter”换行，再插入3行1列表格，设置表格宽度为“90%”，边框粗细、单元格边距、单元格间距均为“0”，表格“属性”面板“对齐”为居中对齐，选中表格所有单元格，设置“背景颜色”为白色，如图2.2.24所示。

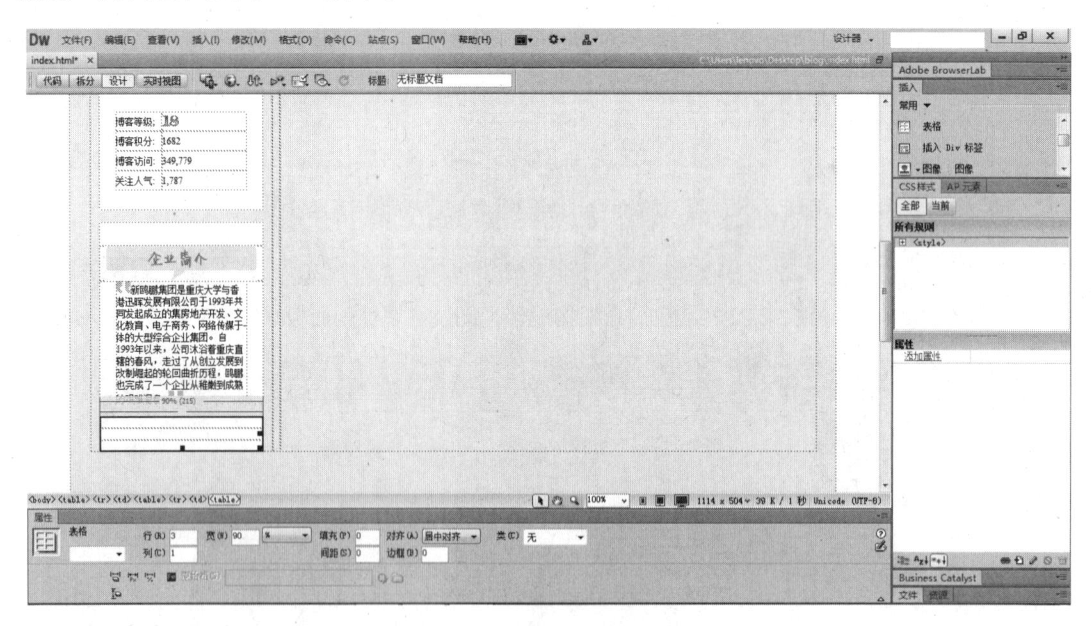

图2.2.24　博文推荐架构设计视图及“属性”面板

在上述表格的第1行设置高、第2行设置标题图标，方法同“企业简介”标题制作方法。

将光标停留在表格第3行单元格，在此单元格中插入11行1列表格，设置表格宽度为“80%”，边框粗细、单元格边距、单元格间距均为“0”。设置表格“属性”面板对齐为“居中对齐”，如图2.2.25所示。

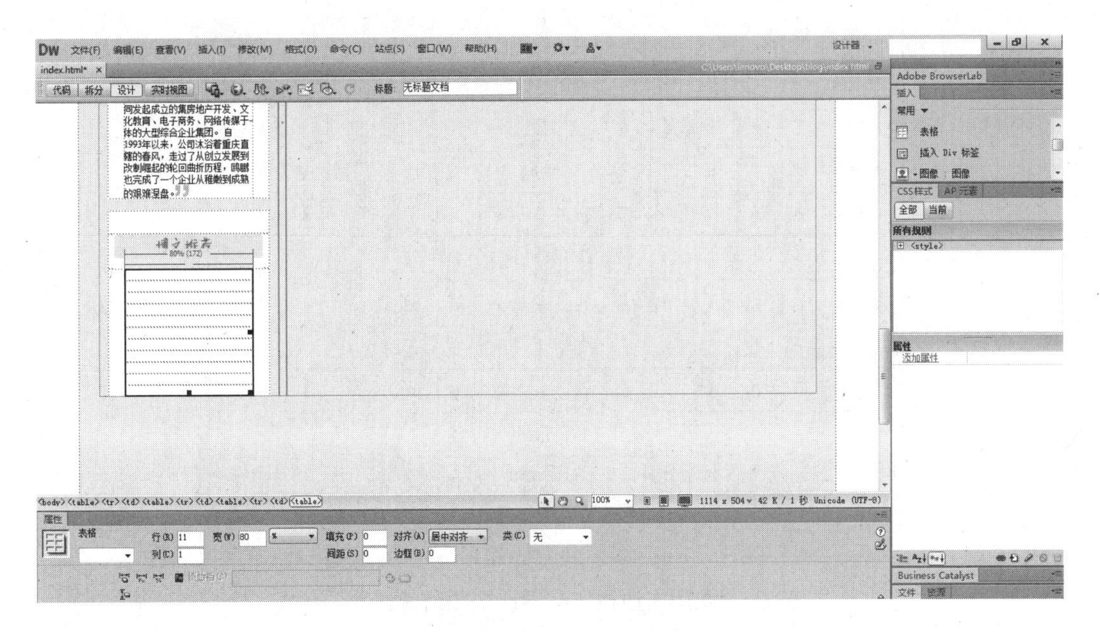

图2.2.25　博文推荐架构设计视图及“属性”面板

在各单元格中插入相应文字，文字末尾省略号输入，单击“插入”菜单“HTML”→“特殊字符”→“其他字符”，在弹出“插入其他字符”选项卡中选择省略号完成添加。

（3）步骤三：制作主体右边栏

①搭建架构。将光标停留在网页主体部分布局表格（1行3列）的第3列，设置“属性”单元格“垂直”顶端，如图2.2.26所示。

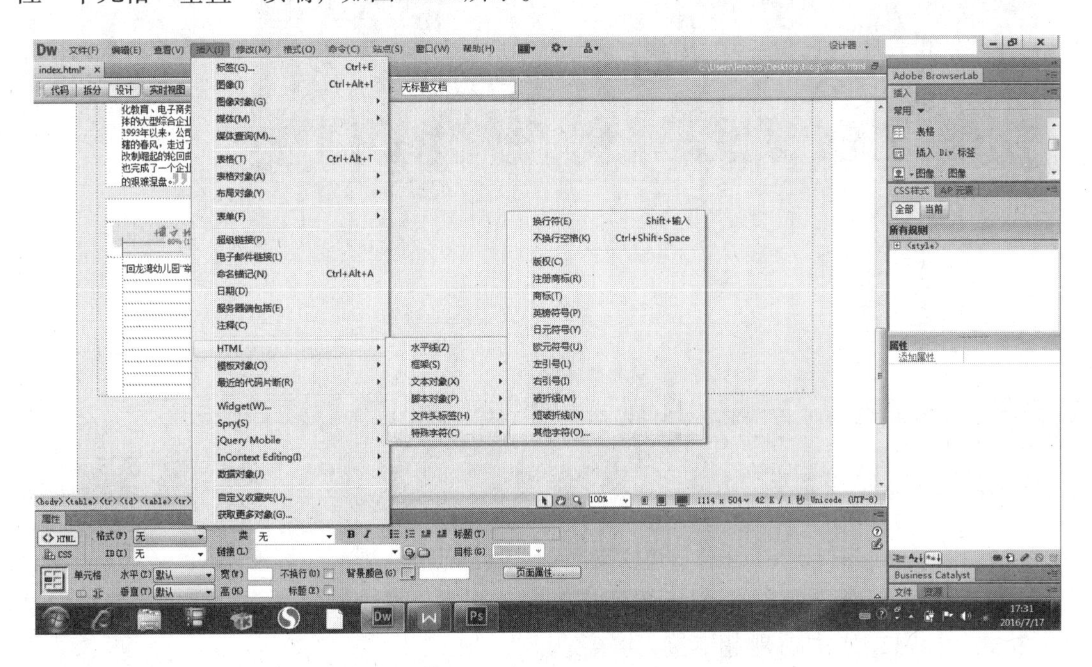

图2.2.26　主体右边栏架构设计视图及“属性”面板

在此单元格中插入1行1列表格，设置表格宽度为“100%”，边框粗细、单元格边距、单元格间距均为0。选中表格所有单元格，设置“背景颜色”为白色，如图2.2.27所示。

图2.2.27　主体右边栏架构设计视图及“属性”面板

②制作内容部分。将光标停留在表格第1行单元格，在此单元格中插入5行1列表格，设置表格宽度为“94%”，边框粗细、单元格边距、单元格间距均为0。设置表格“属性”面板对齐为“居中对齐”，如图2.2.28所示。

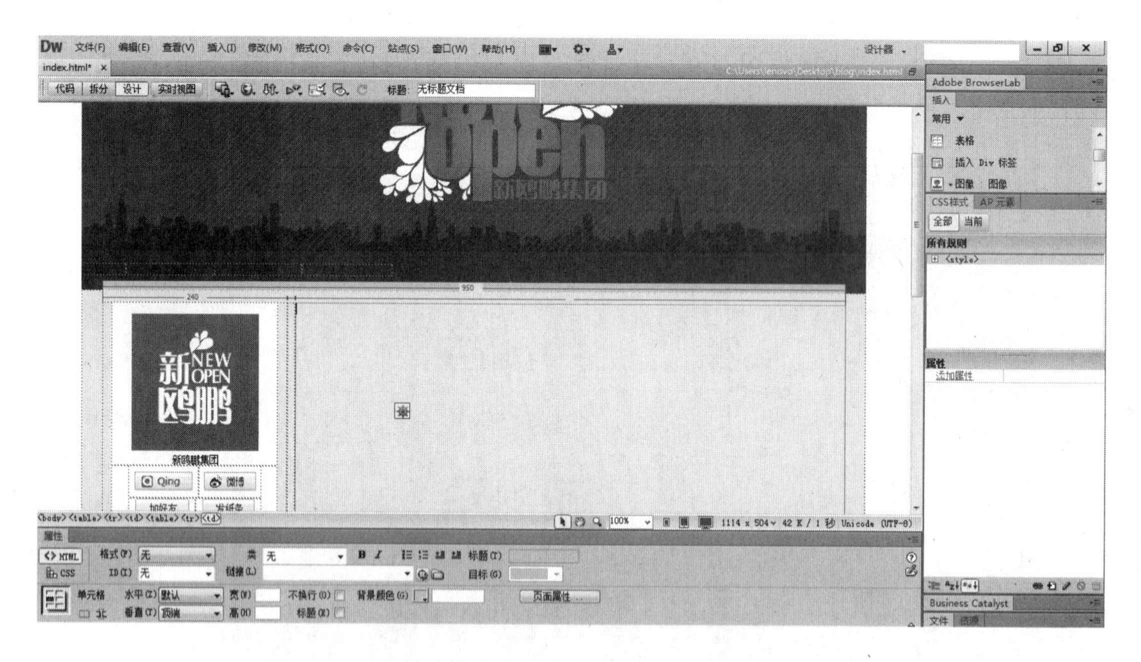

图2.2.28　主体右边栏文章架构设计视图及“属性”面板

将光标停留在5行1列表格第1行单元格，输入文字，选中文字，在“属性”面板中设置“格式”标题2，添加标题超链接，链接地址为“#”，如图2.2.29所示。

将光标停留在表格第2、3、4行分别添加对应的文字和图片内容，由于第3行图像高度为238像素，因此，修改该单元格高度为280像素，使图像与上下内容之间留有空白。

将光标停留在表格第5行，在此单元格中插入1行2列表格，设置表格宽度为

“100%”，边框粗细、单元格边距、单元格间距均为0。分别在第1列和第2列输入“浏览全文”和“评论［12］”文字内容，同时设置第1列单元格“属性”面板“水平”左对齐、“高”为“30”，第2列单元格“属性”面板“水平”右对齐，如图2.2.30所示。

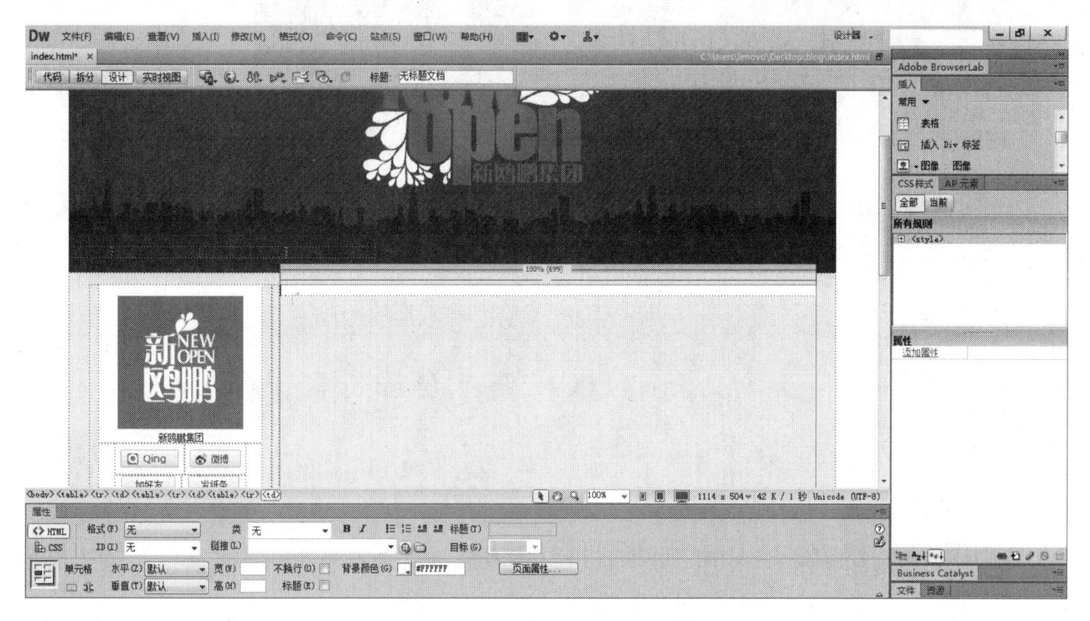

图2.2.29　标题文字

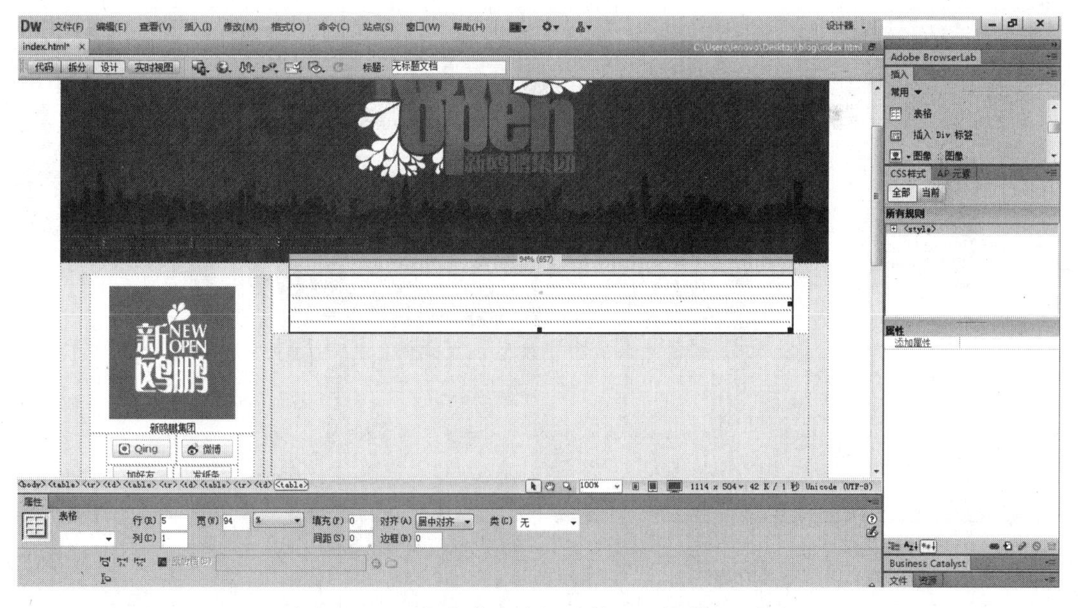

图2.2.30　文章内容布局表格及“属性”面板

单击上述内容部分的布局表格（5行1列表格）的单元格边框线，选中该表格，复制表格，快捷键“Ctrl+C”，在该表格后粘贴，快捷键“Ctrl+V”两次。由此得到后面两篇文章列表的布局结构，更改其中文字、图片内容即可，如图2.2.31所示。

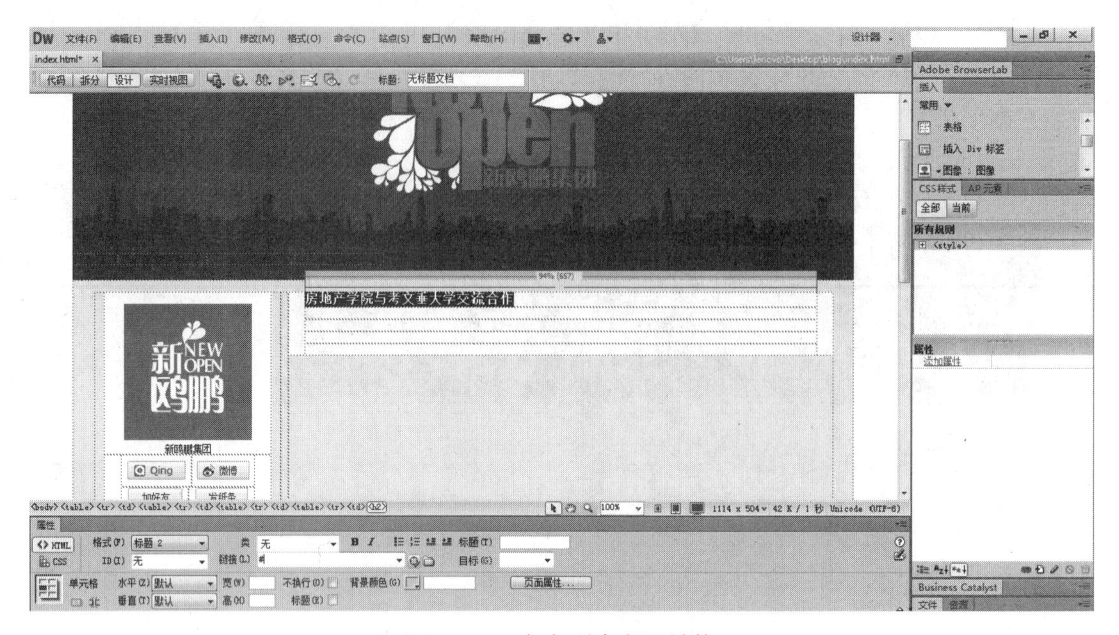

图2.2.31　文章列表布局结构

③制作页码。内容布局表格之后插入1行1列表格，设置表格宽度为“96%”，边框粗细、单元格边距、单元格间距均为“0”。

选中单元格，在其“属性”面板中设置“对齐”为“右对齐”，“高度”为“150像素”。再在单元格中插入页码文字，并设置文字超链接为“#”，如图2.2.32所示。

图2.2.32　页码部分属性设置及效果

9）制作网页底部

将光标置于页面主体部分布局表格外，如图2.2.33所示。

图2.2.33　制作网页底部光标起始位置

插入1行1列表格，设置表格宽度为1 003像素，边框粗细、单元格边距、单元格间距均为0。在表格“属性”面板中设置“对齐”为“居中对齐”。

将光标置于上述表格单元格中，输入文字内容。将单元格“属性”面板中设置单元格“高”为“120像素”，“水平”居中对齐，如图2.2.34所示。

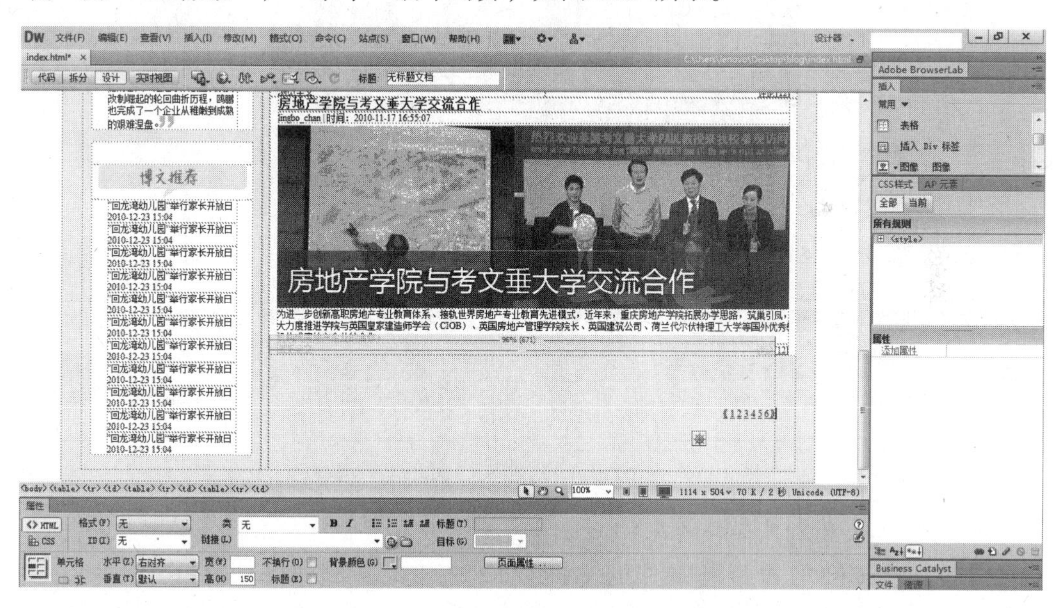

图2.2.34　网页底部布局表格及属性设置

至此，博客首页制作完成。

2.2.2　房地产博客网站首页美化

当网站的页面日益增加时，会发现使用定义页面美观的font、B等标签会越来越多，如果要修改某个字体样式，则需要修改每个页面。这时用户希望能找到更好的方法将页面的内容和显示分隔分开管理，即从HTML代码中去除所有的显示样式，保持代码的简洁和语义正确。因此Web管理组织W3C在1996年11月推荐使用CSS，并批准了CSS 1级规范。CSS（Cascading Style Sheet，层叠样式表）简称样式表，是一种制作网页的新技术，现在已经为大多数的浏览器所支持，成为网页设计必不可少的工具之一。使用CSS能够简化网页的格式代码，允许用户根据需要自定义风格，加快下载显示的速度，也减少了需要上传的代码数量，大大减少了重复劳动的工作量。因此在做网站时可以只通过修改一个文件就改变页数不定的网页的外观和格式。

1）设置页面属性

（1）步骤一：新建CSS文件

打开Dreamweaver CS6后在起始页面中单击新建面板中的CSS或在文件菜单中单击“新建”，弹出以下新建文档窗口，如图2.2.35所示。选择CSS文档。将空白页面保存在与主页面相同的文件夹下，并取名为style.css。

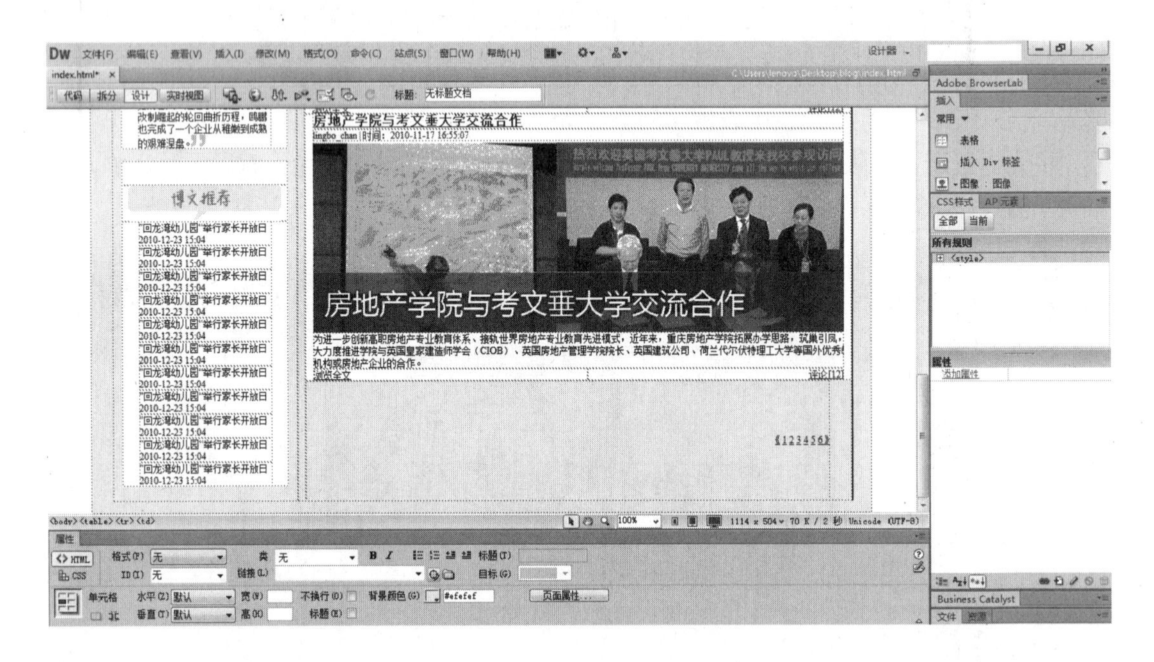

图2.2.35 新建文档窗口

（2）步骤二：附加外部样式表

在右侧打开CSS样式面板如图2.2.36所示（若没有，则选择“窗口”→“CSS样式”，在右侧面板中将出现“CSS样式”浮动面板），单击“附加样式表”图标后，弹出“链接外部样式表”对话框，如图2.2.37所示，“文件”选择上一步新建的文件style.css，“添加为”选择“链接”。

单击“确定”后，回到代码视图中可以查看head标签中产生了link标签代码。这时在CSS面板中的“所有规则”中可以看见style.css文件的内容。

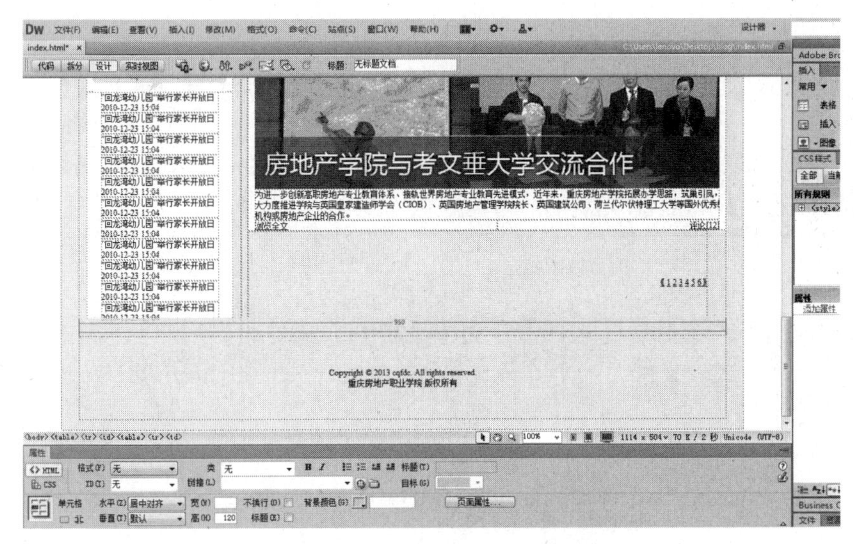

图2.2.36　CSS样式面板

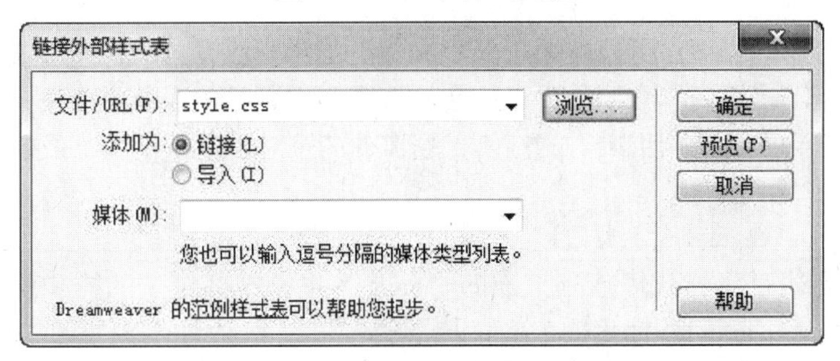

图2.2.37　链接外部样式表

```
<head>
<meta http-equiv="Content-Type" content="text/html; charset=gb2312" />
<title>首页——我的博客</title>
<link href="style.css" rel="stylesheet" type="text/css" />
</head>
```

小贴士

在图2.2.40所示链接外部样式表对话框中，“添加为”也可以选择“导入”，这时在head中将产生的代码如下：

```
<style type="text/css">
<!--
@import url（"style.css"）;
-->
</style>
```

⊕ 小贴士

在网页中插入CSS的方法有4种，分别是方法：链入外部样式表、内部样式表、导入外表样式表和内嵌样式。

1）链入外部样式表

链入外部样式表是将样式表保存为一个样式表文件，然后在页面中用<link>标记链接到这个样式表文件，这个<link>标记必须放到页面的<head>区内，如下：

```
<head>
……
<link href="mystyle.css" rel="stylesheet" type="text/css" media="all">
……
</head>
```

一个外部样式表文件可以应用于多个页面。当用户改变这个样式表文件时，所有页面的样式都随之改变。在制作大量相同样式页面的网站时，非常有用，不仅减少了重复的工作量，而且有利于以后的修改、编辑，浏览时也减少了重复下载代码。

2）内部样式表

内部样式表是将样式表放到页面的<head>区里，这些定义的样式就应用到页面中了，样式表是用<style>标记插入的，从下例中可以看出<style>标记的用法：

```
<head>
……
<style type="text/css">
hr {color： sienna}
p {margin-left： 20 px}
body {background-image： url（"images/back40.gif"）}
</style>
……
</head>
```

3）导入外部样式表

导入外部样式表是指在内部样式表的<style>里导入一个外部样式表，导入时用@import，看下面这个实例：

```
<head>
……
<style type="text/css">
<!--
@import "mystyle.css"
其他样式表的声明
-->
```

```
</style>
……
</head>
```

4）内嵌样式

内嵌样式是混合在HTML标记里使用的，用这种方法，可以很简单地对某个元素单独定义样式。内嵌样式的使用是直接在HTML标记里加入style参数。而style参数的内容就是CSS的属性和值，如下例：

```
<p style="color： sienna;margin-left： 20 px;">
这是一个段落
</p>
```

（3）步骤三：为body标签设置样式即页面设置

在CSS面板中单击“新建CSS规则”图标后，弹出“新建CSS规则”对话框，选择器类型为“标签”，并输入或选择body，并将该样式定义在：style.css文档中，如图2.2.38所示。

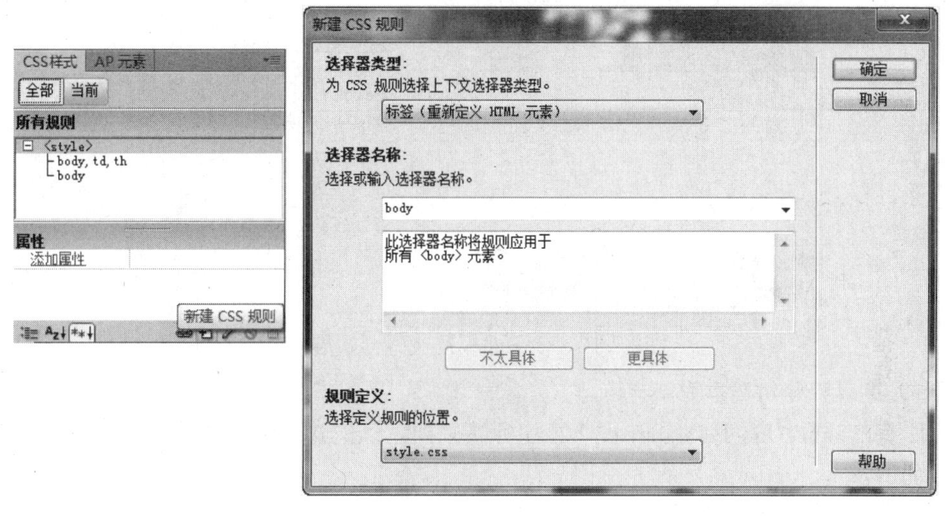

图2.2.38　新建标签样式

⊕ 小贴士

对于“定义在：”选项，决定了该样式表文件的位置。

如果选择上面的文件选项，表示选择了一个外部样式表文件，可以是已经定义的style.css，若没有定义好的样式文件，则在此位置可以定义一个新的样式表文件。

如果是选择了“仅对该文档”，则是将定义好的样式放在了head的<style>标签中。

```
<style type="text/css">
<!--
-->
</style>
```

确定后，弹出“CSS规则定义”选项卡，为整个页面设置字体样式、字体大小、背景颜色属性，参数设置如图2.2.39所示。

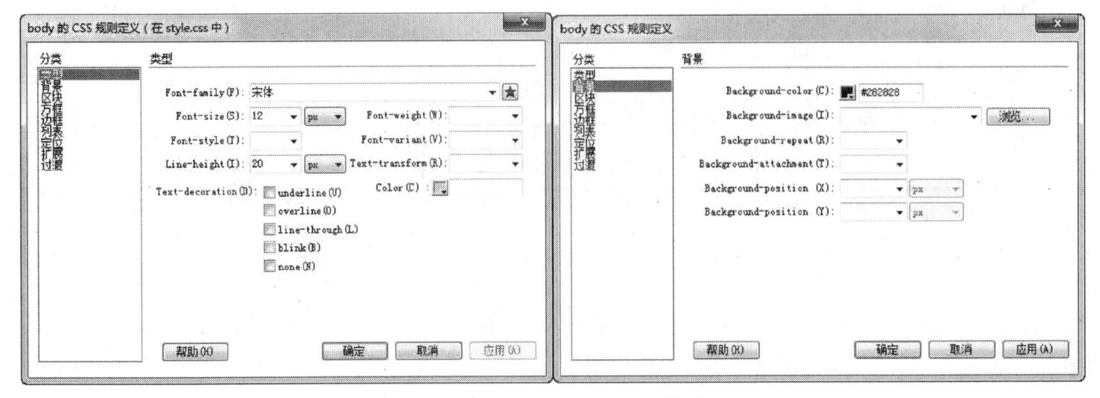

图2.2.39　设置body标签样式

确定后在CSS面板上可以查看到body标签的新属性，同时也可以在style.css文件中查看到body的样式内容，如图2.2.40所示。

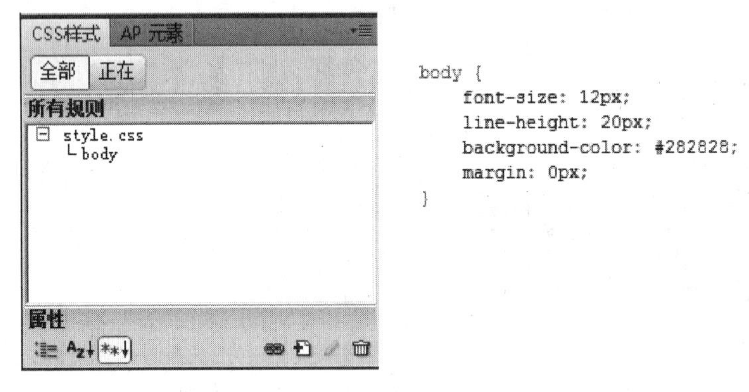

图2.2.40　CSS面板及代码样式展示

（4）步骤四：清除默认样式

为所有的form，label，textarea，h2，p标签去掉默认的边界和填充，在style.css文件中添加代码如下：

```
form, label, textarea, h2, p{
    margin: 0 px;
    padding: 0 px;
}
```

▶ Points 知识要点——标签选择器特点及使用方法、技巧

标签选择器：即HTML标签选择器，是最典型的选择器，为HTML标签定义的样式将改变它的默认显示格式。

例如：body{background-color：#FFB902;}

通过对body的设置后，将改变整个页面的背景颜色。

使用技巧：选择符分组

语法： E1，E2，E3

说明：将同样的定义应用于多个选择符，可以将选择符以逗号分隔的方式并为组。

例如：td， a，p { font-size：14 px; }

设置后表示改变所有的单元格、超链接和段落的字体大小均为14号字。

2）设置导航样式

（1）步骤一：为“首页”文字设置样式

新建类样式，设置类名“.nav_home”。为准备放置图片的首页文字单元格添加class类属性“nav_home”，即在“属性”面板中设置“类”为nav_home，套用该样式。

代码如下：

```
<td class="nav_home"><a href="#">首页</a></td>
```

定义“nav_home”类的样式规则，参数设置如图2.2.41所示。

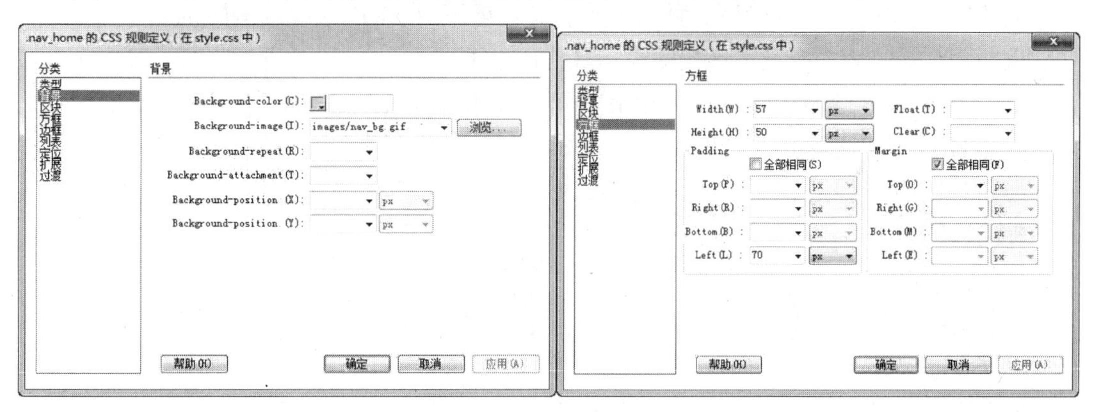

图2.2.41 nav_home样式规则参数

（2）步骤二：为导航文字设置样式

新建类样式，设置类名“.nav”。为导航超链接文字即a标签添加class类属性nav，即选中链接文字a标签，在“属性”面板中设置“类”为nav，套用该样式。

代码如下：

```
<td align="center"><a href="#" class="nav">博文目录</a></td>
```

定义“nav_home”类的样式规则，参数设置如图2.2.42所示。

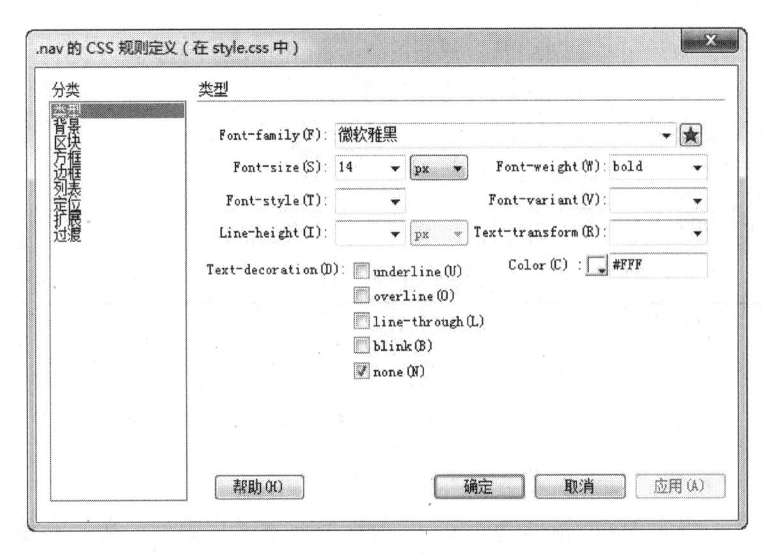

图2.2.42　导航链接文字CSS样式参数

▶ Points 知识要点——类选择器特点及使用方法、技巧

类选择器：即Class类选择符，用于指定标签属于何种样式类。

语法：E1.className

说明：在HTML中可以使用此种选择符。其效果等同于E1[class=className]。

例如：在样式表中定义了这样的类，其代码如下：

.tt {font-family: "黑体";color: #F00;} 该类可以使用class属性在html文档中引用

<h1 class="tt">这里引用了tt类</h1>

使用时也可以先设置标签的class属性，然后再对该类设置样式规则。

使用技巧：

例如： p.note { font-size：14 px; }

/* 所有class属性值等于“note”的p对象字体尺寸为14 px */

.note { font-size：14 px; }

/* 所有class属性值等于“note”的对象字体尺寸为14 px */

▶ Points 知识要点——选择器特点及使用方法、技巧

选择器（selector）是CSS中很重要的概念，所有HTML语言中的标记都是通过不同的CSS选择器进行控制的，用户只需要通过选择器对不同的HTML标签进行控制，并赋予各种样式声明，即可实现各种效果。CSS主要包括3种选择器：标记选择器、类别选择器和ID选择器。

选择器分类：

①标记选择器：一个HTML页面由很多不用的标记组成，而CSS标记选择器就是声明哪些标记采用哪种CSS样式。标记选择器是重新定义HTML元素样式，标记选择器一旦声明，

那么页面所有的该标记都会相应地产生变化。

②类别选择器：标记选择器一旦声明，那么页面所有的该标记都会相应地产生变化。如果希望其中1个标记有其他效果，仅靠标记选择器就不够了，需要引入类别选择器（class）。类选择器允许以一种独立于文档元素的方式来指定样式。属性值与标记选择器一样，必须符合CSS规范。在HTML标记中，还可以同时给一个标记运用多个类别选择器，从而将两个类别的样式风格运用于同一个标记中。这在网站制作时非常有用，可以适当减少代码的长度。

③ID选择器：ID选择器使用方法与类别选择器基本相同，不同之处在于ID选择器只能在HTML中使用一次，因此其针对性更强。

选择器书写规则：

标记选择器必须是网页标记如p

类选择器以一个点号显示.center

id 选择器以 "#" 来定义#top

3）设置主体部分左边栏虚线样式

（1）步骤一：设置类名

在CSS面板中单击“新建CSS 规则”按钮，新建类样式“.tb_line”，为准备添加底部虚线的单元格设置class类属性。

（2）步骤二：为“tb_line”类设置样式规则

底部虚线设置规则具体参数如图2.2.43所示。

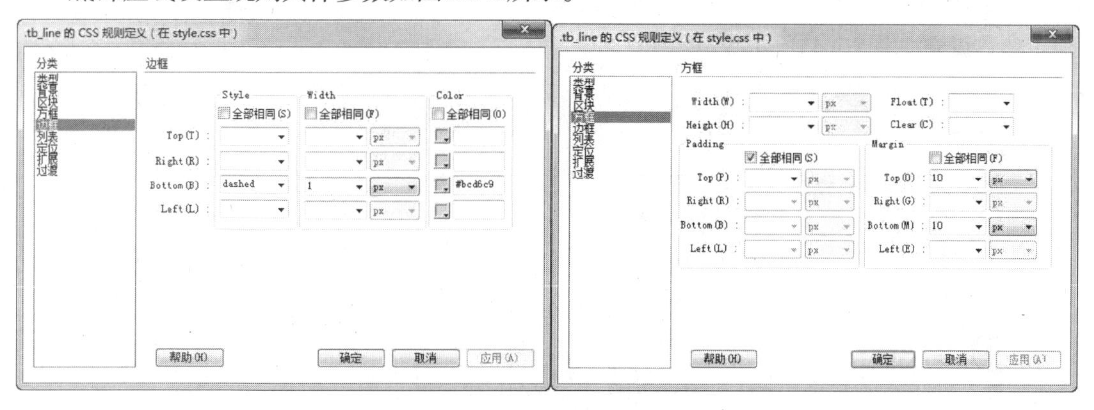

图2.2.43　底部虚线CSS样式规则

（3）步骤三：套用CSS样式

选中需要添加虚线的对应表格或单元格，在“属性”面板中设置“类”为tb_line。

4）设置主体部分右边栏标题样式

（1）步骤一：创建标签和类样式

在CSS面板中单击“新建CSS 规则”按钮，新建类样式“.title_h”。

（2）步骤二：为“title_h”类设置样式规则

标题样式设置规则具体参数如图2.2.44所示。

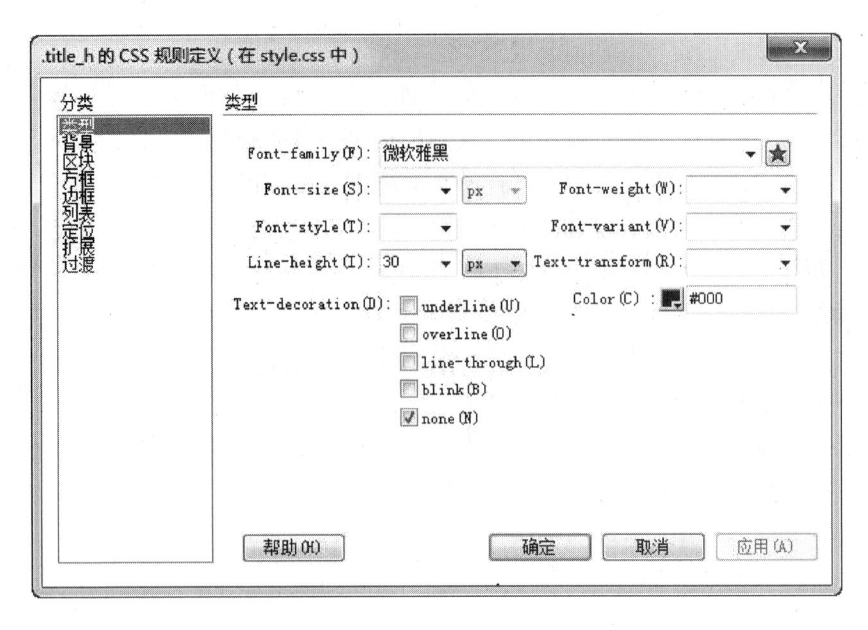

图2.2.44　标题样式参数

（3）步骤三：套用CSS样式

选中需要添加标题样式的超链接文字，在“属性”面板中设置“类”为title_h。

5）设置“浏览全文”的橙色文字颜色

（1）步骤一：设置类名

为该标签设置class类属性为“.red”。

（2）步骤二：为“red”类设置样式规则

参数设置如图2.2.45所示。

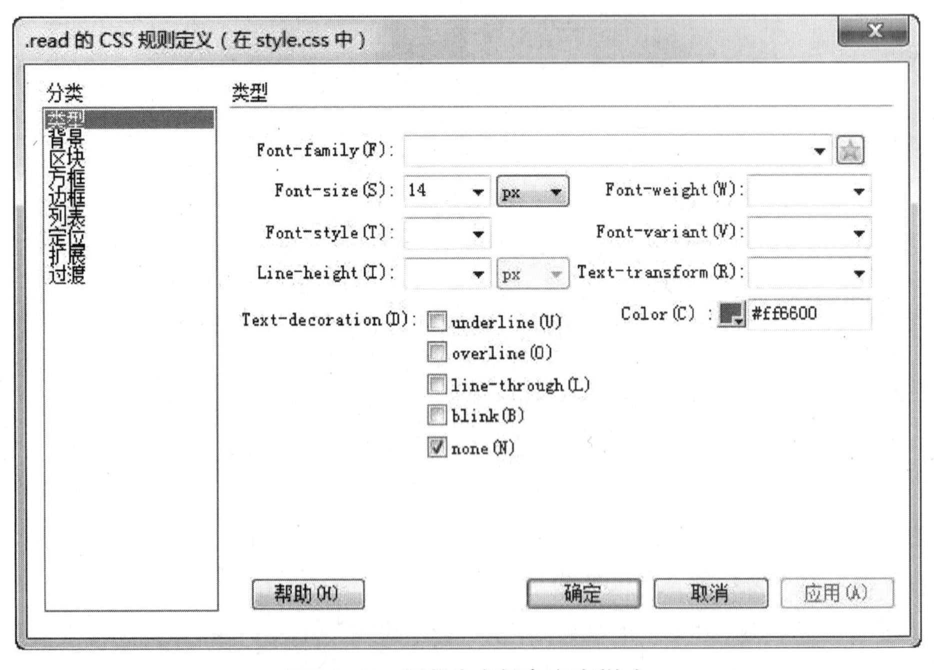

图2.2.45　浏览全文橙色文字样式

（3）步骤三：套用CSS样式

选中需要添加橙色字体样式的“浏览全文”超链接文字a标记，在“属性”面板中设置“类”为red，套用该样式。

6）设置“评论”的橙色文字颜色

（1）步骤一：设置类名

将准备设置橙色字体的内容添加一个空白标签<span>，并为该标签设置class类属性为“.review”，代码如下：

```
<td align="right"><span>评论[12]</span></td>
```

（2）步骤二：为“review”类设置样式规则

参数设置如图2.2.46所示。

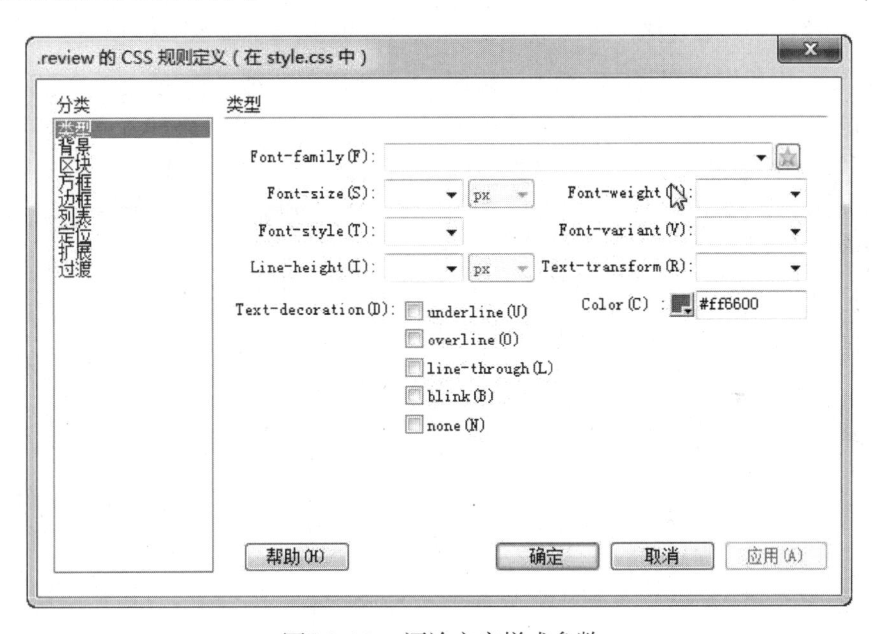

图2.2.46　评论文字样式参数

（3）步骤三：套用CSS样式

选中需要添加橙色字体样式的“评论”文字span标记，在“属性”面板中设置“类”为review，套用该样式。代码如下：

```
<td align="right"><span class="review">评论[12]</span></td>
```

▶ Points 知识要点——空白标签<div>与<span>的区别

<div>和<span>标签通常结合CSS一起使用，下面分别介绍它们与CSS的应用。

1)<div>标签

DIV（division）是一个块级元素，可以包含段落、标题、表格，乃至诸如章节、摘要和备注等，甚至div也可以再包含div。<div>工作于文本块一级，它在它所包含的HTML元素的前面及后面都引入了行分隔。

<div>标签在HTML中应用的格式如下：

<div　id/class=类名>...</div>

2)<span>标签

SPAN 是行内元素，SPAN 的前后是不会换行的，其没有结构的意义，纯粹是应用样式，当其他行内元素都不合适时，可以使用SPAN。其语法格式如下：

<span　id/class=类名>...</span>

7）设置页码内容样式

（1）步骤一：设置类名

在CSS面板中单击“新建CSS 规则”按钮，新建类样式“.page”。

（2）步骤二：为“page”类设置样式规则

页码样式的参数设置如图2.2.47、图2.2.48所示。

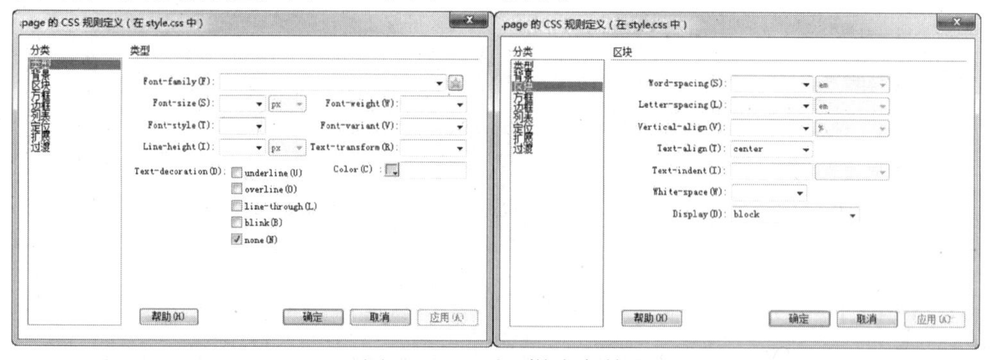

图2.2.47　页码样式参数

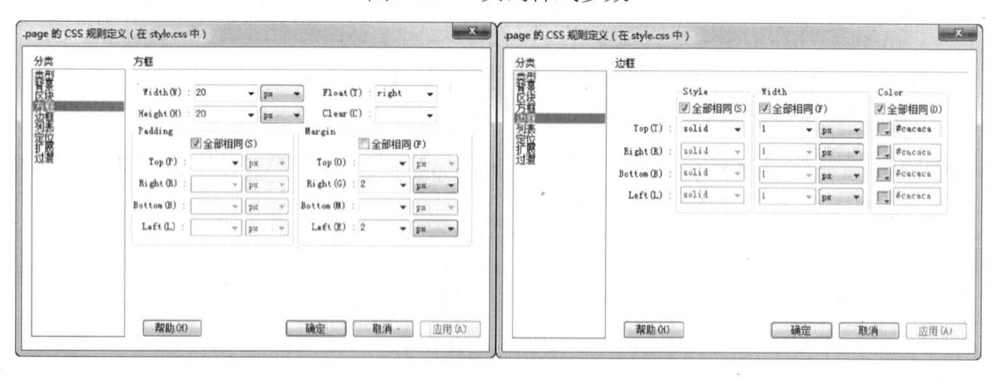

图2.2.48　页码样式参数

（3）步骤三：套用CSS样式

选中需要添加边框样式的页码文字超链接a 标记，在“属性”面板中设置“类”为page，套用该样式。

▶ Points 知识要点——CSS样式

1)字体属性：(font)

大小 {font-size： x-large;}（特大） xx-small;（极小） 一般中文用不到，只要用数值就可以，单位：PX、PD

样式 {font-style： oblique;}（偏斜体） italic;（斜体） normal;（正常）

行高 {line-height： normal;}（正常） 单位：PX、PD、EM

粗细 {font-weight： bold;}（粗体） lighter;（细体） normal;（正常）

变体 {font-variant： small-caps;}（小型大写字母） normal;（正常）

大小写 {text-transform： capitalize;}（首字母大写） uppercase;（大写） lowercase;（小写） none;（无）

修饰 {text-decoration： underline;}（下画线） overline;（上画线） line-through;（删除线） blink;（闪烁）

2)背景属性：(background)

背景颜色 {background-color： #FFFFFF;}

背景图片{background-image： url（ ）;}

背景重复显示{background-repeat： no-repeat;}

背景滚动{background-attachment： fixed;}（固定） scroll;（滚动）

背景位置{background-position： left;}（水平） top（垂直）;

3)区块属性：(Block)

字间距 {letter-spacing： normal;} 数值

对齐 {text-align： justify;}（两端对齐） left;（左对齐） right;（右对齐） center;（居中）

缩进 {text-indent： 数值 px;}

垂直对齐 {vertical-align： baseline;}（基线） sub;（下标） super;（下标） top; text-top; middle; bottom; text-bottom;

词间距word-spacing： normal; 数值

空格white-space： pre;（保留） nowrap;（不换行）

4)方框属性：(Box)

高{width}；数值

宽{height}；数值

浮动{ float};（左）left;（右） right;（不浮动） none

清除浮动{clear：both};

边界{margin};顺序：上右下左

填充{padding}; 顺序：上右下左

5)边框属性：(Border)

border-style： dotted;（点线） dashed;（虚线） solid; double;（双线） groove;（槽线） ridge;（脊状） inset;（凹陷） outset;

border-width：; 边框宽度

border-color：#;边框颜色

6)列表属性：(List-style)

列表类型list-style-type： disc;（圆点） circle;（圆圈） square;（方块） decimal;（数字） lower-roman;（小罗马数字） upper-roman; lower-alpha; upper-alpha;

列表位置list-style-position： outside;（外） inside;

列表图像list-style-image： url（..）;

2.2.3 房地产博客网站栏目页制作

在网页制作过程中，常常会制作很多布局结构和版式风格相似而内容不同的页面，对于这种类型的网页，每个页面都要逐个制作，不但效率低而且十分乏味。Dreamweaver模板的应用，很好地解决了这一问题。模板是一种预先设计好的网页样式，在制作风格相似的页面时，只要套用这种模板便可以设计出风格一致的网页。

本次任务为房地产博客网站内容页面制作模板。

1）创建模板

（1）步骤1：创建HTML模板文档

新建模板页面，可以使用 Dreamweaver起始页创建新页，或者选择“文件”→“新建”，快捷键为“Ctrl+N”，新建空白页面文档。

与普通页面相比，模板页面的需要通过选择“文件”→“另存为模板”进行保存，如图2.2.49所示。

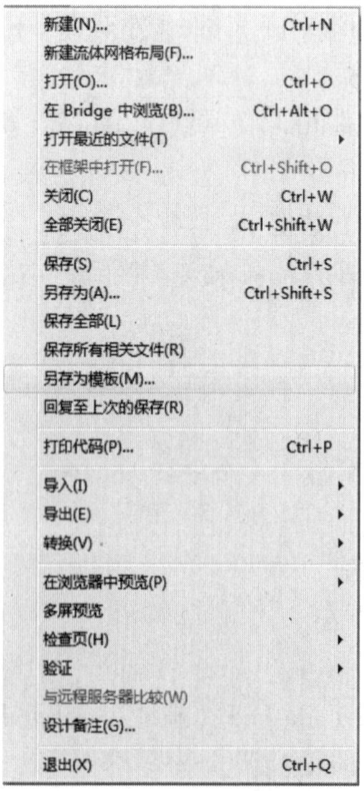

新建(N)... Ctrl+N
新建流体网格布局(F)...
打开(O)... Ctrl+O
在 Bridge 中浏览(B)... Ctrl+Alt+O
打开最近的文件(T)
在框架中打开(F)... Ctrl+Shift+O
关闭(C) Ctrl+W
全部关闭(E) Ctrl+Shift+W
保存(S) Ctrl+S
另存为(A)... Ctrl+Shift+S
保存全部(L)
保存所有相关文件(R)
另存为模板(M)...
回复至上次的保存(R)
打印代码(P)... Ctrl+P
导入(I)
导出(E)
转换(V)
在浏览器中预览(P)
多屏预览
检查页(H)
验证
与远程服务器比较(W)
设计备注(G)...
退出(X) Ctrl+Q

图2.2.49 另存为模板

单击“另存为模板”菜单后会弹出“另存模板”选项卡，设定选项卡中站点为默认站点，“另存为”为blog，单击“保存”，一个名字为blog.dwt的空白新模板文件就创建好了，如图2.2.50所示。

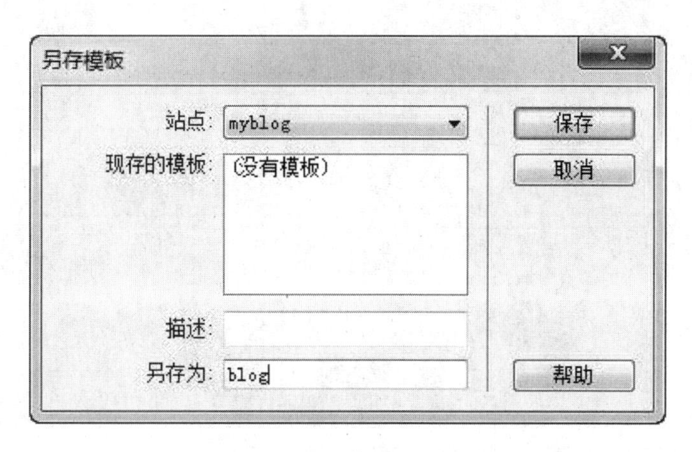

图2.2.50　另存模板选项卡

⊕ 小贴士

新建模板时，必须明确模板是建在哪个站点中，模板文件都保存在本地站点的Templates文件夹中，如果该Templates文件夹在站点中不存在，Dreamweaver将在保存新建模板是自动创建该文件夹，模板文件的扩展名为.dwt。

（2）步骤2：搭建模板基本结构

选中模板页面，选择菜单“修改”→“页面属性”快捷键“Ctrl+J”，打开“页面属性设置”对话框，选择“外观”分类，设置“大小”为“12像素”，“背景颜色”为“#282828”，“左边距”“右边距”“上边距”“下边距”均为0像素。

单击“插入表格”按钮，在弹出的对话框中设置表格行数为“1”，列数为“1”，表格宽度为“1 003 px”，边框粗细、单元格边距、单元格间距均为“0 px”。选中表格，在表格“属性”面板中设置对齐为“居中对齐”。

单击上述表格边框线，选中该表格，复制表格（快捷键“Ctrl+C”），在该表格后粘贴（快捷键“Ctrl+V”）两次。由此得到后面两个新表格做导航和主体部分布局结构，如图2.2.51所示。

选中第1个表格单元格，设置单元格高为“290 px”，单击“图像”按钮在单元格中添加banner.gif图片，完成模板的banner制作。

将光标停留在第2个表格内，设置单元格“属性”面板中“背景颜色”为“#3a3a3a”，“高”为“50”。同时在其单元格中插入1个1行4列，表格宽度40%，边框粗细为0，单元格边距为0，单元格间距为0的嵌套表格。选中表格所有单元格在“属性”中设置“水平”居中对齐，输入导航文字，添加链接，如图2.2.52所示。

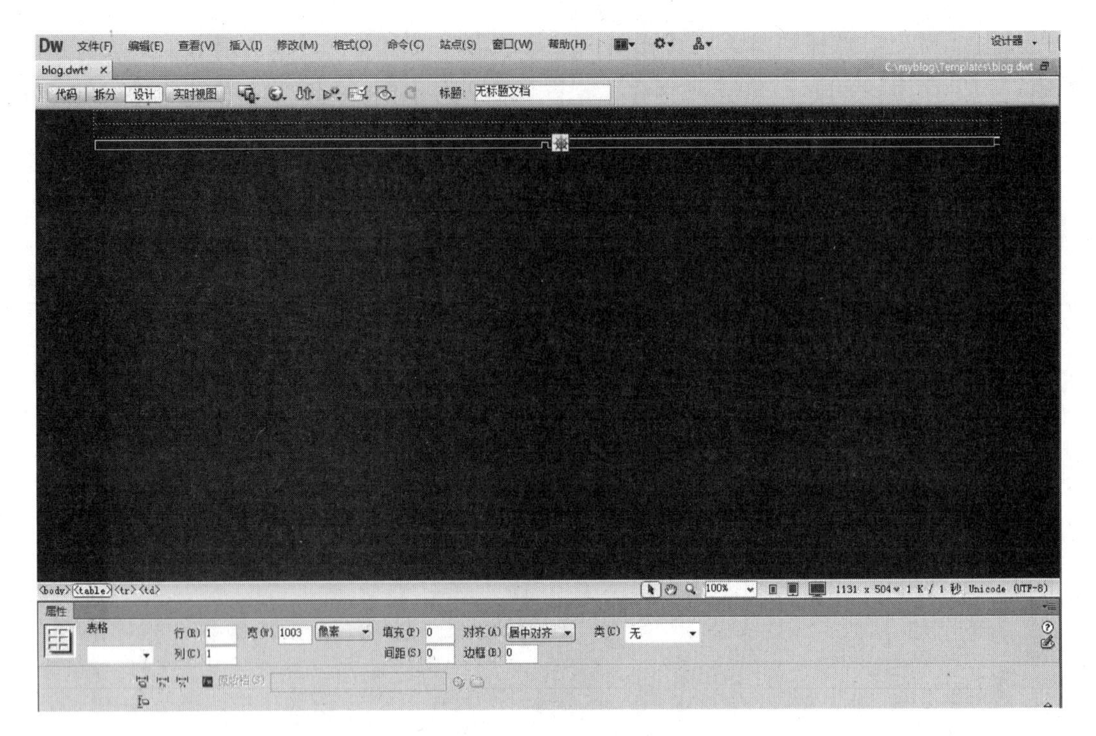

图2.2.51　模板表格结构

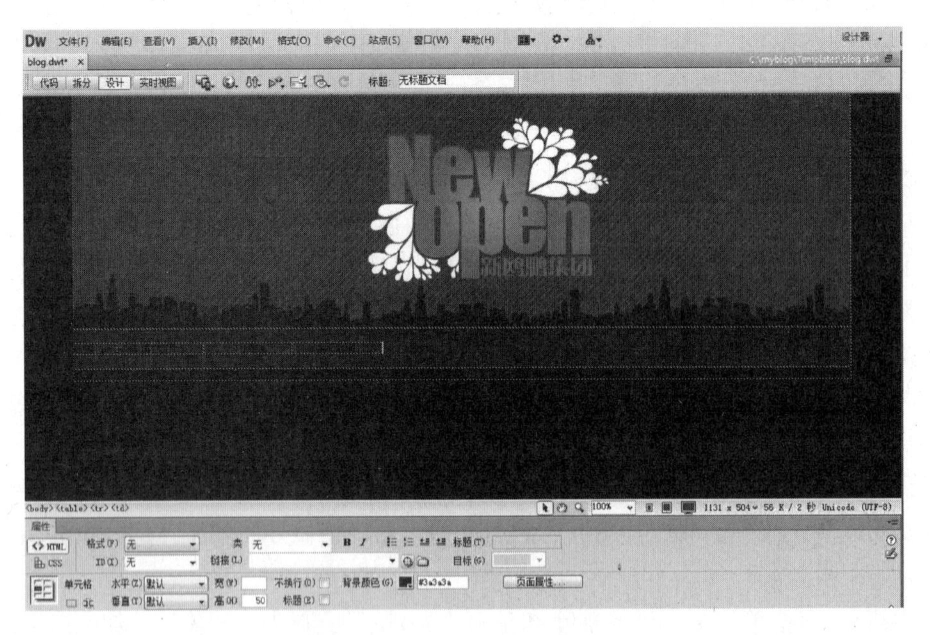

图2.2.52　模板导航结构及内容

在右边的CSS面板中单击附加样式表按钮，在弹出的对话框中将前面创建的style.css文件链接到模板页面中，如图2.2.53所示。

选中文字“首页”，在“属性”面板中设置“类”为“nav_home”，套用该样式。选中文字“博文目录”“企业相册”“关于我们”在“属性”面板中设置“类”为nav，套用该样式。完成导航的美化设置，如图2.2.54所示。

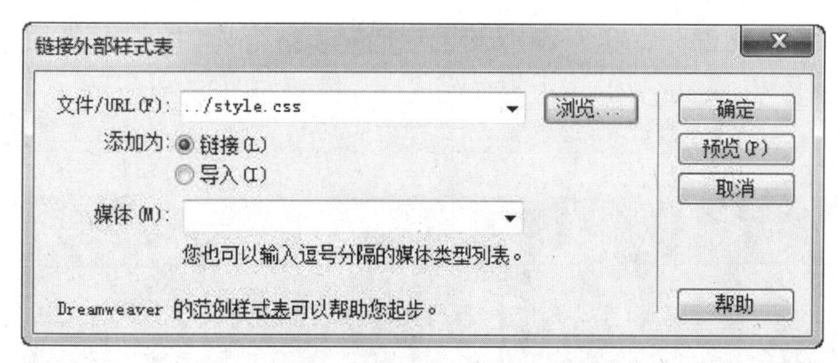

图2.2.53　模板添加CSS文件

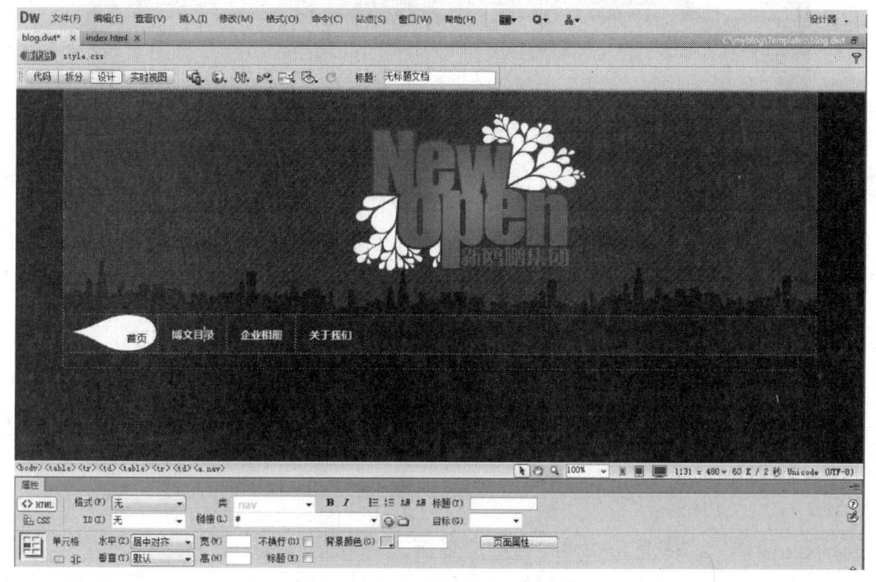

图2.2.54　美化后的模板导航

将光标停留在第3个表格内，在单元格“属性”面板设置中位表格添加背景颜色“#efefef”。使用“换行符”（快捷键为“Shift+Enter”），在该表格的单元格内插入一个换行符，使光标停留在单元格第二行。在该位置，插入新的表格，在弹出对话框中设置表格行数为1，列数为3，表格宽度为950像素，边框粗细、单元格边距、单元格间距均为0。选中表格，在其“属性”面板中设置“对齐”为“居中对齐”。选中第1行第1列单元格，在其“属性”面板中设置单元格宽度为240像素；选中第1行第2列单元格，在其“属性”面板中设置单元格宽度为10像素，搭建完成模板主体部分结构。

将光标置于页面主体部分布局表格外，插入1行1列表格，设置表格宽度为1 003像素，边框粗细、单元格边距、单元格间距均为0。在表格“属性”面板中设置“对齐”为“居中对齐”。将光标置于上述表格单元格中，输入文字内容将单元格“属性”面板中设置单元格“高”为“120像素”，“水平”居中对齐，完成模板版权部分的制作。

2）创建可编辑区域

将光标定位在主体部分宽度为950像素的1行3列表格第1列中，右击，从快捷菜单中选择“模板”→“新建可编辑区域”快捷键“Ctrl+Alt+V”，此时会打开一个“新建可编辑区域”对话框，设置“名称”为“main_left”，将可编辑区域命名为“main_left”。

将光标定位在主体部分宽度为950像素的1行3列表格第3列中，用同样的方法定义一个可编辑区域，命名为“main_right”。定义完成后，模板如图2.2.55所示。

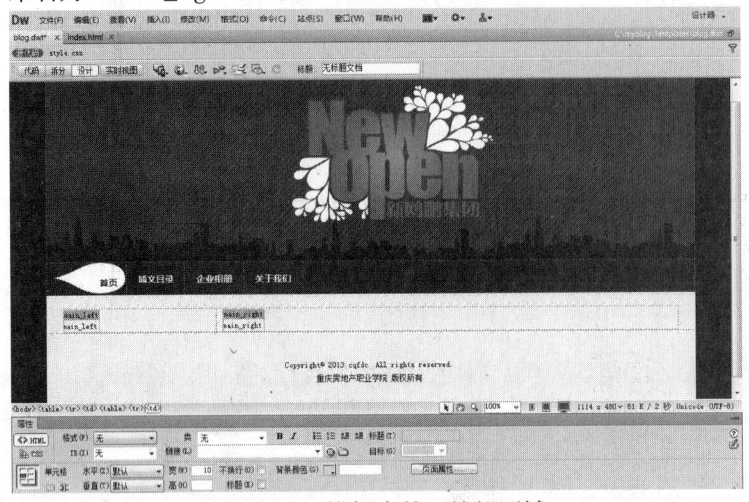

图2.2.55　模板中的可编辑区域

设置完成后，单击“文件”→“保存”快捷键“Ctrl+S”，将设计好的模板保存在站点根目录的Templates文件夹中。

至此，博客模板制作完成。

▶ Points 知识要点——模板

在Dreamweaver中，模板是一种特殊的文档，可以被理解成为一种模型，用这个模型可以方便地制作出很多的页面，然后在此基础上可以对每个页面进行改动，加入个性化的内容。通过模板设计出网页的整体风格、布局，当制作各个分页时，通过模板来创建，而当网站改版时，只需要修改模板，就能自动更改所有基于该模板的网页。

可编辑区域在模板中由高亮显示的矩形边框围绕，该边框使用在首选参数中设置的高亮颜色。该区域左上角的选项卡显示该区域的名称。如果在文档中插入空白的可编辑区域，则该区域的名称会出现在该区域内部。

模板中除了可以插入最常用的“可编辑区域”外，还可以插入一些其他类型的区域，分别为“可选区域”“重复区域”“可编辑可选区域”。

1）可选区域

可选区域是模板中的区域，用户可将其设置为在基于模板的文件中显示或隐藏。当要为在文件中显示的内容设置条件时，即可使用可选区域。

2）重复区域

重复区域是可以根据需要在基于模板的页面中负值任意次数的模板部分。重复区域通常用于表格，也可以为其他页面元素定义重复区域。

3）可编辑可选区域

可编辑可选区域是可选区域的一种，可以设置显示或隐藏所选区域，并且可以编辑该区域中的内容。

3）创建基于模板的“博文目录”页面

（1）步骤1：新建页面

在主窗口中选择菜单命令“文件”→“新建”，进入“新建文档”对话框。选择“模板中的页”，即可看见新建的模板。选中blog模板，单击“创建”，一个基于模板的页面就创建好了，如图2.2.56所示。

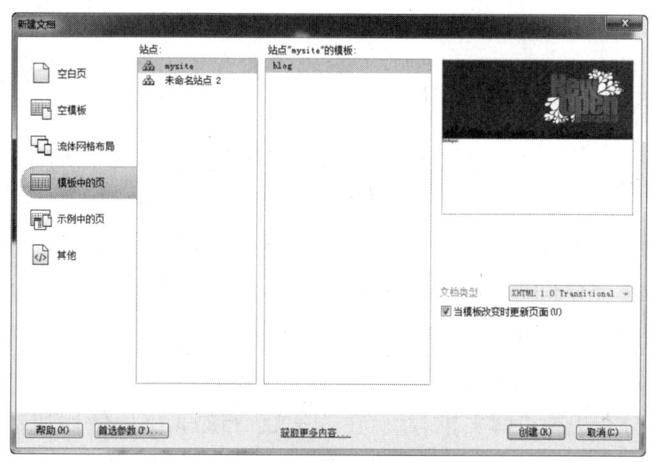

图2.2.56　创建基于模板的页面

⊕ 小贴士

打开后的模板页面，可看见如图2.2.57所示界面。如果能看见，鼠标在模板的可编辑区域和不可编辑区域有不同的形式。

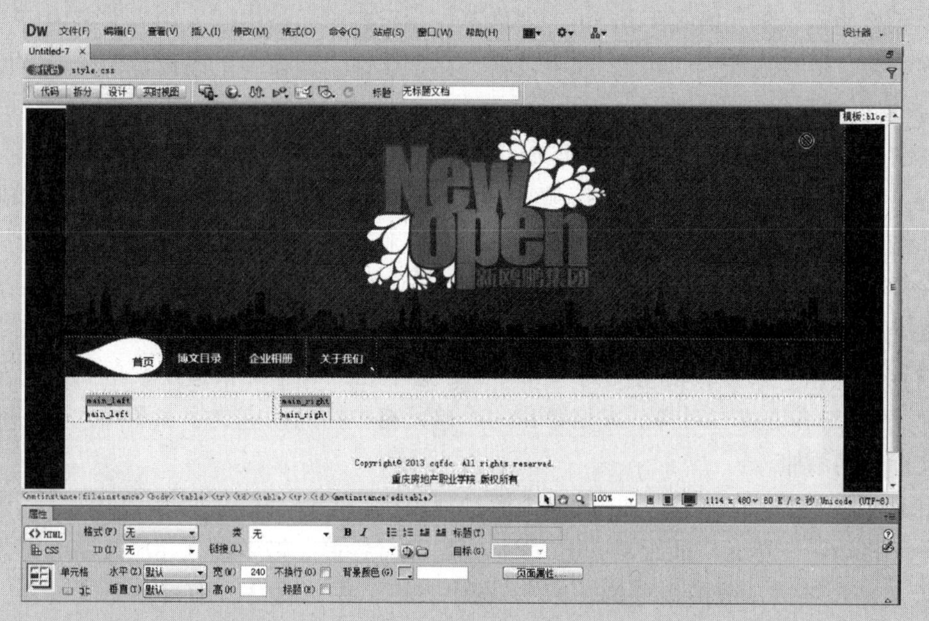

图2.2.57

在不可编辑区域光标呈⃠，表明不能更改此处的任何设置。

可编辑区域内可以任意更换新的内容。

（2）步骤2：保存页面

打开后的模板页面，选择菜单命令“文件”→“保存”快捷键为“Ctrl+N”，选择页面类型为“HTML”，网页命名为“blog.html”，网页标题为“博文目录”。

（3）步骤3：可编辑区域内制作“博文目录”页面

①制作主体部分左边栏“博文”。将光标停留在可编辑区域main_left部分，删除main_left文字，光标停留在此区域，插入一个2行1列表格，设置表格宽度为“90%”，边框粗细、单元格边距、单元格间距均为“0”，表格对齐方式为“居中对齐”。选中表格所有单元格，设置“背景颜色”为白色。

将光标停留在表格第1行，设置单元格“属性”面板“水平”居中对齐。再使用快捷键“Shift+Enter”换行，换行后在单元格中插入图像“blog.gif”，完成博文标题的添加。

将光标停留在表格第2行，插入一个8行1列表格，设置表格宽度为“100%”，边框粗细、单元格边距、单元格间距均为0。表格第1—8行各单元格中插入相应文字内容并设置文字超链接，链接地址为“#”。选中表格，在“属性”面板中更改设置，重设“间距”为“15”，扩展行与行之间的距离。

②制作主体部分左边栏“博文推荐”。在“博文”布局表格后使用快捷键“Shift+Enter”换行，再插入2行1列表格，设置表格宽度为90%，边框粗细、单元格边距、单元格间距均为0。设置表格“属性”面板对齐为“居中对齐”。选中表格所有单元格，设置“背景颜色”为白色。

将光标停留在表格第1行，设置单元格“属性”面板“水平”居中对齐。再使用快捷键“Shift+Enter”换行，换行后在单元格中插入图像groom.gif，完成博文推荐标题的添加。

将光标停留在表格第2行，插入一个11行1列表格，设置表格宽度为100%，边框粗细、单元格边距、单元格间距均为0。表格第1—8行各单元格中插入相应文字内容并设置文字超链接，链接地址为“#”。选中表格，在“属性”面板中更改设置，重设“间距”为5，扩展行与行之间的距离。

③制作主体部分右边栏“全部博文”。将光标停留在可编辑区域main_right部分，删除main_right文字，光标停留在此区域，插入一个3行1列表格，设置表格宽度为100%，边框粗细、单元格边距、单元格间距均为0，表格对齐方式居中对齐。选中表格所有单元格，设置“背景颜色”为白色。

将光标停留在表格第1行，使用快捷键“Shift+Enter”换行，换行后在单元格中插入一个1行4列表格，设置表格宽度为“40%”，边框粗细、单元格边距、单元格间距均为“0”，表格对齐方式右对齐。表格第1—4个单元格中插入相应文字和图片内容，完成全部博文标题的添加。

将光标停留在表格第2行，插入一个8行2列表格，设置表格宽度为“90%”，边框粗细、单元格边距、单元格间距均为0。表格第1—8行各单元格中插入相应文字与图片内容并设置文字超链接，链接地址为“#”。选中表格，在“属性”面板中更改设置，重设“间距”为8，扩展行与行之间的距离，选中表格所有第2列单元格，设置“属性”面板“水平”右对齐。

单击上述内容部分的布局表格（8行2列表格）的单元格边框线，选中该表格，复制表格（快捷键“Ctrl+C”），在该表格后换行（快捷键“Shift+Enter”）粘贴（快捷键“Ctrl+V”）两次。由此得到后面两个文章列表的布局结构，更改其中文字、图片内容即可，完成博文列表制作。

将光标停留在表格第3行，输入相应文字并设置文字超链接，链接地址为“#”，添加页码。

至此，博客首页制作完成。

4）创建基于模板的“博文目录”页面

（1）步骤1：新建页面

在“文件”面板中单击资源选项卡，打开“资源”面板，单击面板左侧的“模板”按钮 ，选中刚才完成的blog.dwt模板，将其拖入页面编辑窗口，一个基于模板的页面就创建好了。此时页面的周围围绕着黄色的边框，光标为不可单击状，这是因为在页面引用模板时模板的不可编辑区域不能进行编辑，如图2.2.58所示。

（2）步骤2：保存页面

打开后的模板页面，选择菜单命令“文件”→“保存”快捷键为“Ctrl+N”，选择页面类型为“HTML”，网页命名为“about.html”，网页标题为“关于我们”。

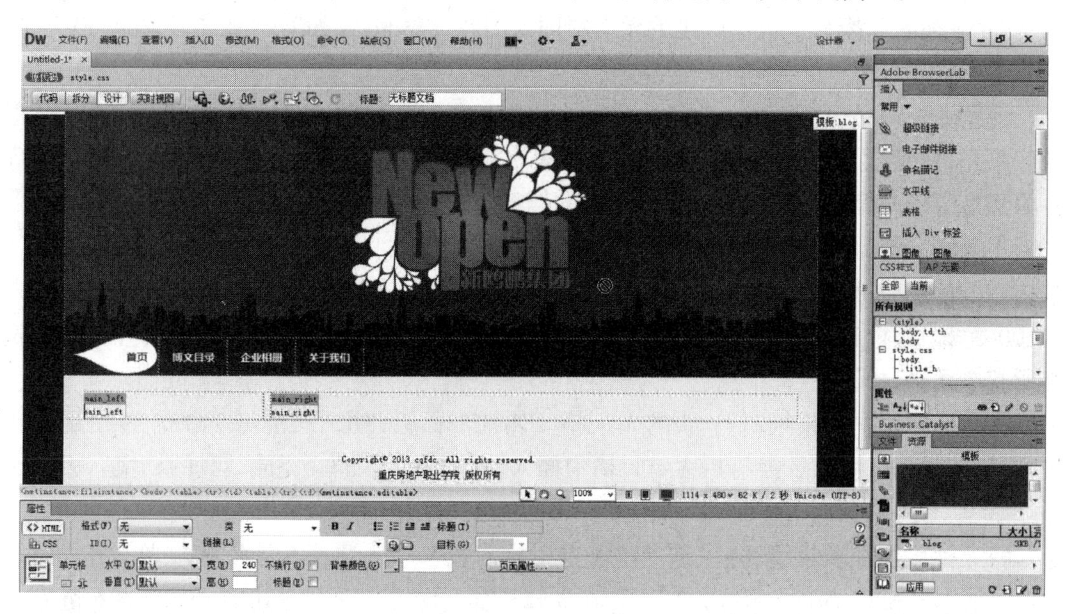

图2.2.58 “资源”面板创建基于模板页面

（3）步骤3：可编辑区域内制作“关于我们”页面

①制作主体部分左边栏“博文”。将光标停留在可编辑区域main_left部分，删除main_left文字，光标停留在此区域，插入一个3行1列表格，设置表格宽度为“90%”，边框粗细、单元格边距、单元格间距均为0，表格对齐方式为“居中对齐”。选中表格所有单元格，设置“背景颜色”为“白色”。表格第1—3行各单元格中插入相应文字和图片内容，并合理设置文字、图片超链接，链接地址为“#”，具体步骤参考首页制作。

②制作主体部分左边栏“我最关注的人”。在“博文”布局表格后使用快捷键

“Shift+Enter”换行，再插入2行1列表格，设置表格宽度为“90%”，边框粗细、单元格边距、单元格间距均为“0”。设置表格“属性”面板对齐为“居中对齐”。选中表格所有单元格，设置“背景颜色”为白色。

将光标停留在表格第1行，设置单元格“属性”面板“水平”居中对齐。再使用快捷键“Shift+Enter”换行，换行后在单元格中插入图像“about.gif”，完成关注的人标题的添加。

将光标停留在表格第2行，插入一个4行2列表格，设置表格宽度为“90%”，边框粗细、单元格边距为0，间距为10。表格第1—4行各单元格中插入相应图像与文字内容，并设置文字空链接。在第1列插入图片时，查看图片宽度为51像素，依据图片宽度设置图片所在单元格“宽”为“51像素”。添加完图片文字内容后，选中表格所有单元格，在“属性”面板中设置“高”为“60”，扩展行与行之间的距离。

③制作主体部分右边栏“我的档案”。将光标停留在可编辑区域main_right部分，删除main_right文字，光标停留在此区域，插入一个2行1列表格，设置表格宽度为“100%”，边框粗细、单元格边距、单元格间距均为0，表格对齐方式居中对齐。选中表格所有单元格，设置“背景颜色”为“白色”。

将光标停留在表格第1行，设置单元格“属性”面板“水平”居中对齐。再使用快捷键“Shift+Enter”换行，换行后在单元格中插入图像“archives.gif”，完成“我的档案”标题的添加。

将光标停留在表格第2行，插入一个4行1列表格，设置表格宽度为“96%”，边框粗细、单元格边距、单元格间距均为“0”，表格对齐方式为“居中对齐”。表格第1—4行各单元格中插入相应文字内容，完成“我的档案”部分的制作。

④制作主体部分右边栏“给我留言”。光标停留在“我的档案”表格（2行1列）布局结构后，使用快捷键“Shift+Enter”换行，换行后插入一个4行1列表格，设置表格宽度为“100%”，边框粗细、单元格边距、单元格间距均为0，表格对齐方式居中对齐。选中表格所有单元格，设置“背景颜色”为白色。

将光标停留在表格第2行，设置单元格“属性”面板“水平”居中对齐。再使用快捷键“Shift+Enter”换行，换行后在单元格中插入图像message.gif，完成“我的档案”标题的添加。

将光标停留在表格第2行，单击“插入”→“表单”→“表单”命令，或单击“插入栏”“表单”类别中的表单按钮□，在单元格中插入表单。表单成功添加后，会在单元格自动生成一个红色虚边框。

▶ Points 知识要点——表单

表单，在网页中的作用不可小视，主要用途是实现浏览网页的用户与Internet服务器之间的交互。

一个表单有3个基本组成部分：

①表单标签：这里面包含了处理表单数据所用CGI程序的URL以及数据提交到服务器

的方法。

②表单域：包含了文本框、密码框、隐藏域、多行文本框、复选框、单选框、下拉选择框和文件上传框等。

③表单按钮：包括提交按钮、复位按钮和一般按钮；用于将数据传送到服务器上的CGI脚本或者取消输入，还可以用表单按钮来控制其他定义了处理脚本的处理工作。

表单标签是<form></form>，其间包含的数据将被提交到服务器或者电子邮件里。一个完整的表单标签为：

<form id="…" name="…" method="post→get" action="url" target="…"></form>

表单常见属性解释如下：

动作（action）=url指定处理提交表单的格式，它可以是一个URL地址（提交给程式）或一个电子邮件地址。

方法（method）=get或post指明提交表单的HTTP方法。

get是从服务器上获取数据，post是向服务器传送数据。

get是将参数数据队列加到提交表单的ACTION属性所指的URL中，值和表单内各个字段一一对应，在URL中可以看到。post是通过HTTP post机制，将表单内各个字段与其内容放置在HTML HEADER内一起传送到ACTION属性所指的URL地址。用户看不到这个过程。

get传送的数据量较小，不能大于2 KB。post传送的数据量较大，一般被默认为不受限制。但理论上，IIS4中最大量为80 KB，IIS5中为100 KB。

get安全性非常低，post安全性较高。

目标（target）="..."指定提交的结果文档显示的位置：

_blank：在一个新的、无名浏览器窗口调入指定的文档。

_self：在指向这个目标的元素的相同框架中调入文档。

_parent：把文档调入当前框的直接的父FRAMESET框中。

_top：把文档调入原来的最顶部的浏览器窗口中（因此取消所有其他框架）。

将光标停留在红色虚边框内，单击“插入栏”“表单”类别按钮，在单元格中添加表单按钮元素，设置“按钮”属性面板“值”写留言、“动作”为提交表单，如图2.2.59所示。

图2.2.59 “按钮”属性面板

▶ Points 知识要点——按钮

按钮包括提交和重设两种。

提交按钮是将输入的信息提交到服务器中，重置按钮用来重填表单。

提交按钮的代码格式是：

<input type="submit→reset" name="…" id="…" value="…" />

Type——定义提交/复位按钮。

Name——定义提交按钮名称。

Value——定义按钮显示文字。

将光标停留在表格第3行，插入一个5行2列表格，设置表格宽度为“96%”，边框粗细、单元格边距为“0”、单元格间距为“10”，表格对齐方式为“居中对齐”。选中5行2列表格第1列所有单元格，在单元格“属性”面板中设置“垂直”顶端对齐，再依次添加相应的图片内容。插入图片时注意查看图片宽度，将图片所在单元格的“属性”面板“宽”设定与图片同宽，如图2.2.60所示。

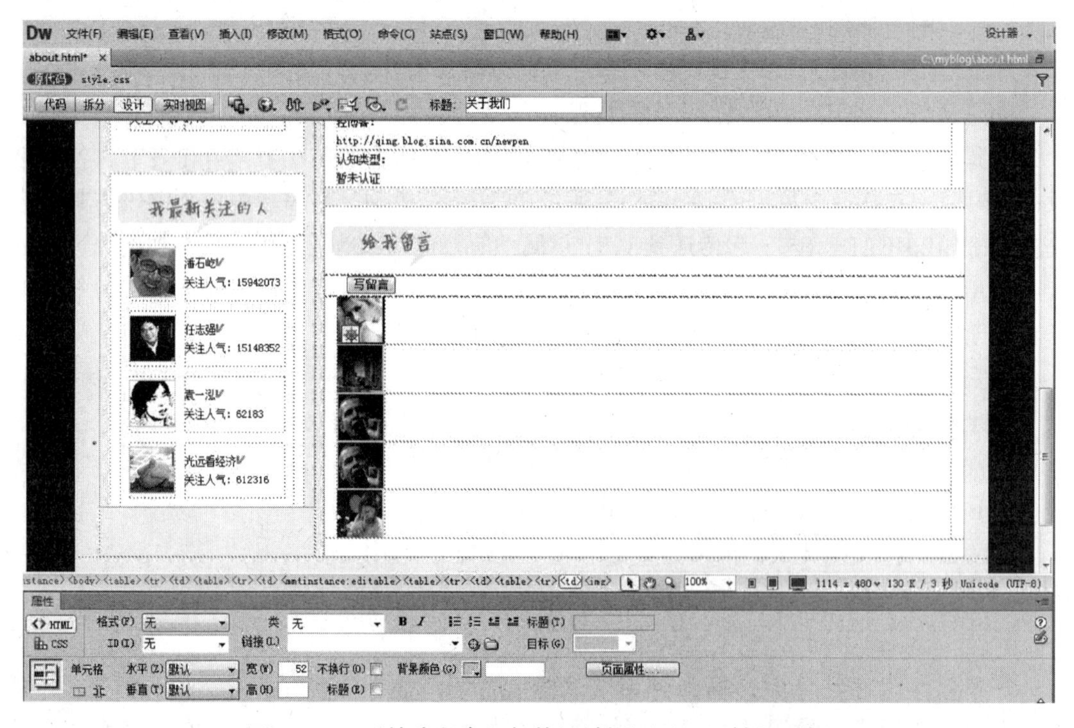

图2.2.60　“给我留言”架构设计视图及“属性”面板

选中5行2列表格第2列，再插入一个2行1列表格，设置表格宽度为“100%”，边框粗细、单元格边距、单元格间距均为0。将光标停留在新插入2行1列表格的第一行，“属性”面板单击按钮“拆分单元格为行或列”，将第1行拆分为2列，如图2.2.61所示。

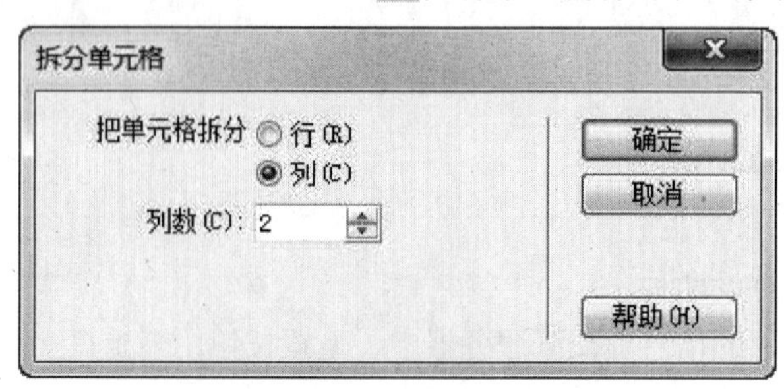

图2.2.61　拆分单元格

将拆分好的第2列单元格在“属性”面板中设置为“水平”右对齐。搭建好布局单元格后，依次输入文字，并合理设置对应文字空链接，最终完成留言内容的添加。

将光标停留在表格第4行，单击“插入”→“表单”→“表单”命令，或单击“插入栏”“表单”类别中的表单按钮，在单元格中插入表单。这样在单元格中会出现一个红线区域，就是表单域，要填写的留言内容就制作在这个红线区域内。

光标停留在红线区域，在该表单域中插入一个5行1列的表格，设置表格宽度为“96%”，边框粗细、单元格边距、单元格间距均为“0”，表格对齐方式居中对齐。留言内容区域行与行存在不同的布局结构，使用拆分“Ctrl+Alt+S”、合并单元格“Ctrl+Alt+M”，将表格修改为布局所需的格局，如图2.2.62所示。

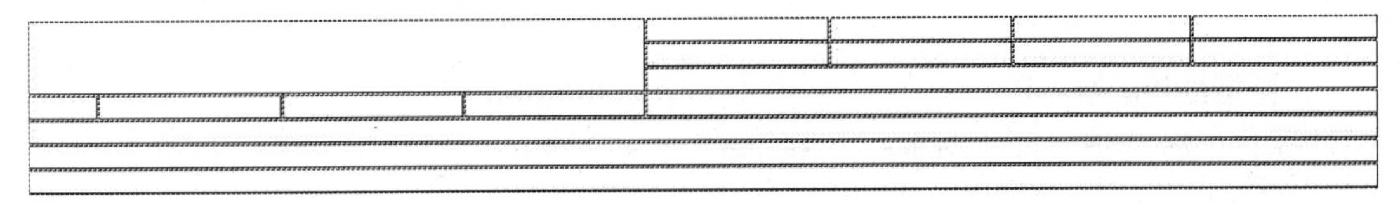

图2.2.62　留言表单域布局结构

用鼠标单击“表单”工具栏里的 文本字段 按钮，在表格第1行第1列插入文本字段，设置“属性”面板“字符宽度”为“60”、“行数”为“10”、“类型”为“多行”，如图2.2.63所示。

文本域 textfield 字符宽度(W) 60 行数 10 类型 单行(S) 多行(M) 密码(P) 初始值(I) 禁用(D) 只读(R) 类(C) 无

图2.2.63　多行文本框及属性面板

▶ Points 知识要点——文本字段

表单中的文本字段是可以让访问者自己输入内容的表单对象。文本字段类型有3种：单行、多行、密码。

在HTML文档中，文本字段的代码格式是：

<input type="text" name="..." size="..." maxlength="..." value="..."/>

Type="text"定义单行文本输入框；type="password"定义密码框；name="textfield"定义多行文本输入框。

Name定义文本字段的名称，为了保证数据的准确性，这个名字应具有唯一性。

Size定义文本字段的宽度。

Maxlength定义最多输入的字符数。

Value定义文本字段的初始值。

将光标停留在表格第1行第2列，分别在3行依次输入对应的文字或图片内容，完成留言表情的添加。

用鼠标单击“表单”工具栏里的 文本字段 按钮，在表格第2行第1列“登录名”文字后插入文本字段，设置“属性”面板“字符宽度”20、“类型”单行。

用鼠标单击“表单”工具栏里的 文本字段 按钮，在表格第2行第2列“密码”文字后插入文本字段，设置“属性”面板“字符宽度”20、“类型”密码。

用鼠标单击“表单”工具栏里的 复选框 按钮，在表格第3行单元格中插入复选框，设置“属性”面板“初始状态”已勾选，输入后续文字，完成复选框的添加。

▶ Points 知识要点——复选框

表单中的复选框允许在待选项中，选中一项以上。每个复选框都是一个独立的元素，都必须有一个唯一的名称。

复选框的代码格式是：

```
<input type="checkbox" name="..." value="..." />
```

Type="checkbox" 定义复选框。

Name定义复选框的名称，为保证数据的准确性这个名字应当是唯一。

Value定义复选框的值。

与复选框相对应的是单选按钮。表单中的单选按钮是向访问者提供唯一答案的场所。

在HTML文档中，单选按钮的代码格式是：

```
<input type="radio"  name="..."  value="..." />
```

Type="radio"定义单选框，为保证数据的准确性，这个名字应当是唯一的，在同一组中的单选按钮必须用同一个名称。

Value定义单选按钮值，在同一组，它们的域值必须是不同的。

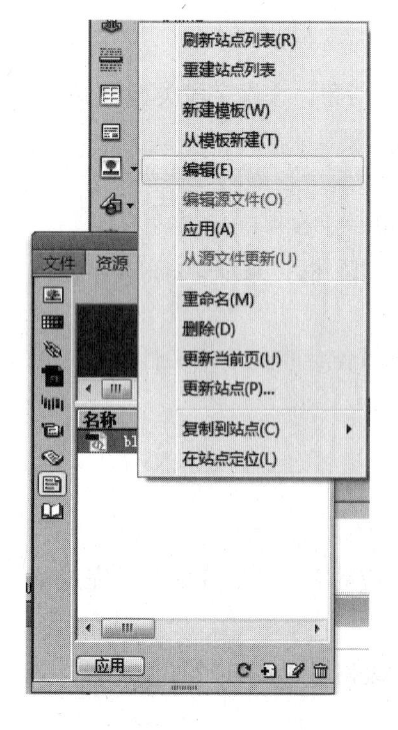

将光标停留在表格第4行单元格，在“属性”面板中设置“水平”居中对齐，用鼠标单击“表单”工具栏里的 按钮，在表格第4行单元格中插入按钮，设置按钮属性“值”为发留言，“动作”提交表单，完成留言表单按钮的添加，如图2.2.64所示。

最后，在表格第5行单元格输入“以上网友发言只代表个人观点，不代表完整的观点和立场”文字，整个页面制作完成。

图2.2.64 按钮及属性面板

▶ Points 知识要点——表单域

表单域包含了文本框、多行文本框、密码框、隐藏域、复选框、单选框和下拉选择框等，用于采集用户的输入或选择的数据。

文本框

文本框是一种让访问者自己输入内容的表单对象，通常被用来填写单个字或者简短的回答，如姓名、地址等。“字符宽度”属性定义文本框的宽度，单位是单个字符宽度；“最多字符数”属性定义最多输入的字符数；“初始值”属性定义文本框的初始值。

多行文本框

多行文本框是一种让访问者自己输入内容的表单对象，只不过能让访问者填写较长的内容。“字符宽度”属性定义多行文本框的宽度，单位是单个字符宽度；“行数”属性定义多行文本框的高度，单位是单个字符宽度；“换行”属性定义输入内容大于文本域时显示的方式。

密码框

密码框是一种特殊的文本域，用于输入密码。当访问者输入文字时，文字会被星号或其他符号代替，而输入的文字会被隐藏。

隐藏域

隐藏域是用来收集或发送信息的不可见元素，对于网页的访问者来说，隐藏域是看不见的。当表单被提交时，隐藏域就会将信息用你设置时定义的名称和值发送到服务器上。

复选框

复选框允许在待选项中选中一项以上的选项。每个复选框都是一个独立的元素，都必须有一个唯一的名称。

单选框

当需要访问者在待选项中选择唯一的答案时，就需要用到单选框了。

文件上传框

有时候需要用户上传自己的文件，文件上传框看上去和其他文本域差不多，只是它还包含了一个浏览按钮。访问者可以通过输入需要上传的文件路径或者单击浏览按钮选择需要上传的文件。

下拉选择框

下拉选择框允许你在一个有限的空间设置多种选项。

表单按钮

表单按钮控制表单的运作。

提交按钮用来将输入的信息提交到服务器。

复位按钮用来重置表单。

一般按钮来控制其他定义了处理脚本的处理工作。

5）修改模板并更新

在通过模板创建了两个页面之后，可以发现需要更改页面，如果对所有页面进行手工修改显然非常麻烦，因此修改和更新模板作用就显现出来了。通过修改和更新模板可以快速完成页面修改。

（1）修改模板

选择“窗口”→“资源”命令，打开“资源”面板，单击模板按钮切换到“模板”资源。选中要修改的模板“blog.dwt”右击鼠标，在弹出的快捷菜单中选择“编辑”命令（或双击该模板）打开要修改的模板，如图2.2.65所示。

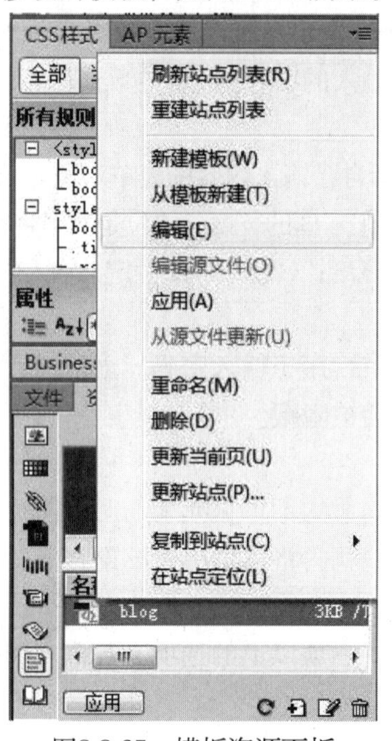

图2.2.65　模板资源面板

将光标停留在可编辑区域“main_left”，选中该单元格，在“属性”面板中设置“垂直”顶端对齐，修改模板，如图2.2.66所示。

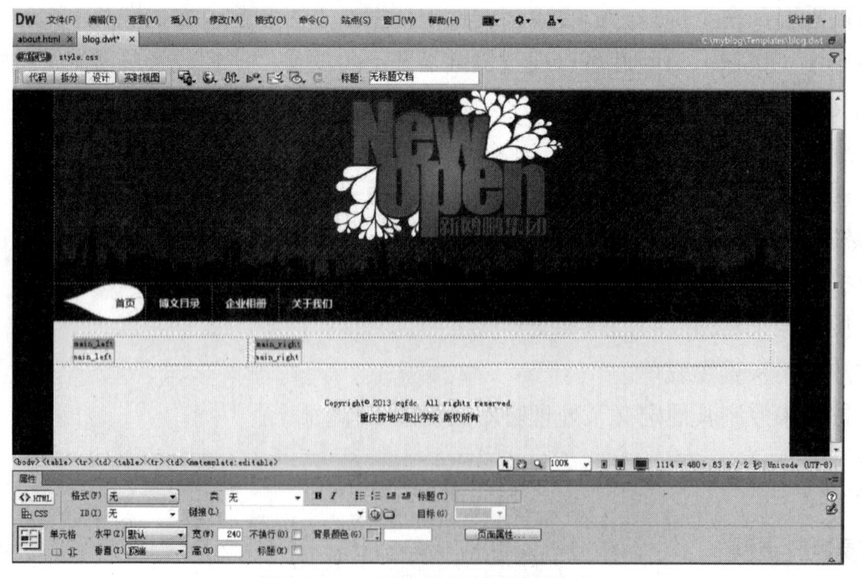

图2.2.66　可编辑区域属性修改

使用相同的方法，修改右边“main_right”可编辑区域垂直顶端对齐。

（2）更新页面

模板修改完成后，选择“文件”→“保存”命令，保存模板。在保存模板时，Dreamweaver会询问是否更新所有附着到该模板的网页，如图2.2.67所示。

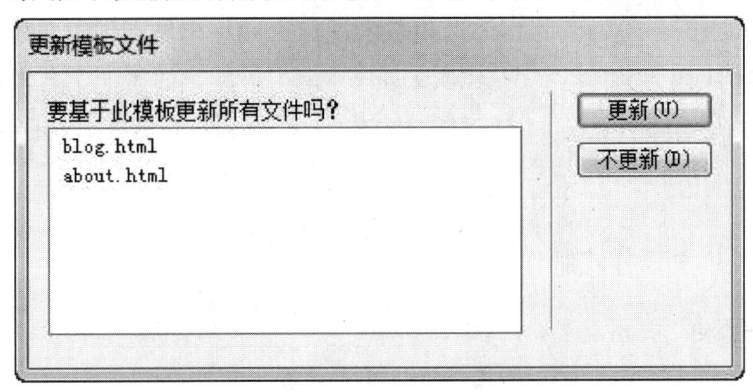

图2.2.67　是否更新附着到该模板的网页

单击“更新”按钮，进行与该模板相关的页面的更新，如图2.2.68所示。

图2.2.68　更新页面对话框

经过更新过程后，整个网站中使用了该模板文件的页面都会自动更新，大大提高了网站批量创建页面和更新的效率。

（3）修改模板导航并更新

在模板中导航栏并没有起到其作用，下面将进行修改，使其链接到相应的页面。

在“资源”面板中，选中blog.dwt 模板，双击进入编辑模式。将导航栏中的文字分别创建超链接到index.html、blog.html、about.html。

保存所修改的模板，保存完成后会弹出一个对话框，询问是否将改变应用到所有引用这个模板的页面中去，单击“更新”，自动修改所有用到这个模板的文件。

小贴士

模板的基本特点：

1)可以生成大批风格相近的网页

模板可以帮助设计者把网页的布局和内容分离，快速制作大量风格布局相似的Web页面，使网页设计更规范、制作效率更高。

2)一旦模板修改将自动更新使用该模板的一批网页

从模板创建的文档与该模板保持链接状态，当模板改变时，所有使用这种模板的网页都将随之改变。

在创建一个模板时，必须设置模板的可编辑区域和锁定区域，这个模板才有意义。在编辑模板时，设计者可以修改模板的任何可编辑区域和锁定区域。而当设计者在修改基于模板的网页时，只能修改那些标记为可编辑的区域，此时网页上的锁定区域是不可修改的。

2.2.4 房地产频道页面样式制作

1）设置“博文目录”页面

（1）步骤一：“博文目录”全文超链接样式设置

将“博文目录”中所有超链接文字重新设置a标签样式。设置链接状态、已访问链接状态规则为：“字体颜色：#646464、下划线：无”；活动链接状态规则为：“字体颜色：#2971bb”，代码如下：

```
a：link，a：visited {color： #646464;          text-decoration： none;}
a：hover {  color： #2971bb;}
```

（2）步骤二：“博文推荐”特殊超链接格式的样式设置

①将放置博文推荐超链接的a标签添加class类“groom”，代码如下：

```
<td><a href="#" class="groom">回龙湾幼儿园举行“家长开放&#8230;”</a>
<br /> 2010-12-13 15：32 </td>
```

②为“a.groom”类设置样式规则为：“字体颜色：#2971bb”。

（3）步骤三：文章“博文推荐”“博文”边框样式设置

通过分析可以看出“博文推荐”“全部博文”中的文字边框样式与首页中的类“tb_line”相同，在此就可以直接引用。

```
<td class="tb_line"><a href="#">全部博文（833）</a></td>
```

全部博文(833)

新欧鹏地产红皮书（5）

图2.2.69 博文边框显示样式

设置完成后会发现该文字的样式如图2.2.69所示。

（4）步骤四：“全部博文”的标题样式设置

①通过分析可以看出“全部博文”的标题样式为一张背景图片，这时需要为标题样式新建一个类“allblog_title”，那该单元格引用标签的类设置代码如下：

```
<td align="center" bgcolor="#FFFFFF" class="allblog_title">
```

②为“allblog_title”类设置样式规则为：“背景图：" allblog_title "；背景显示：不重复；背景位置：10 px 20 px；高：66 px；宽：683 px”，如图2.2.70所示。

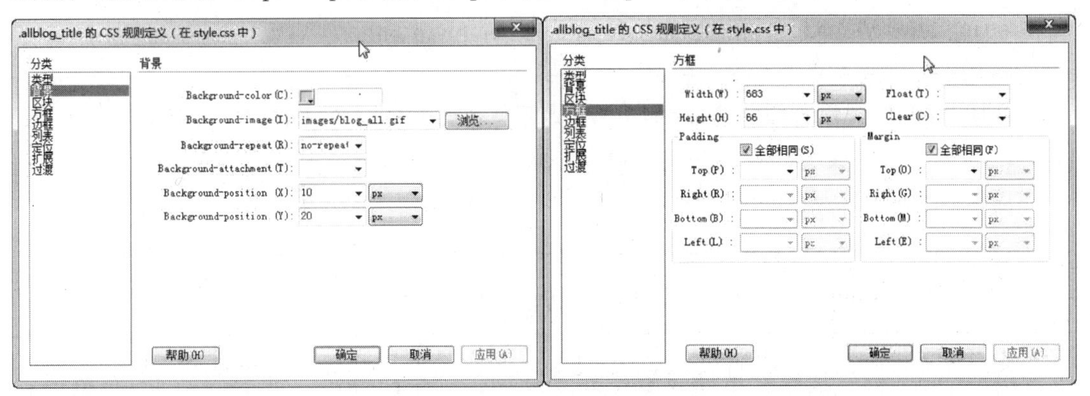

图2.2.70　“allblog_title”规则设置

具体CSS代码如下：

```
.allblog_title {
    height: 66 px;
    width: 683 px;
    background-image: url ( images/blog_all.gif ) ;
    background-position: 10 px 20 px;
    background-repeat: no-repeat;}
```

（5）步骤五：博文目录页码格式设置

将“博文目录”页码文字设置为class类“page”，该类已在前面任务中的进行过页码设置，在此就可以直接引用。页码引用类代码格式如下：

```
<a href="#" class="page">1</a>
```

2）设置“关于我们”页面

（1）步骤一：文章正文格式的样式设置

①将放置“我的档案”文章的表格添加class类“myarticle”，代码如下：

```
<table width="96%" border="0" align="center" cellpadding="0" cellspacing="0"
class="myarticle">
```

②为“myarticle”类设置样式规则为：“行高：24 px”。

（2）步骤二：设置“轻博客”样式

①将准备设置蓝色加粗字体的内容添加一个空白标签<span>，并为该标签设置class类属性为“light”，代码如下：

```
<span>http：//qing.blog.sina.com.cn/newpen</span>
```

②为“light”类设置样式规则为：“字体颜色：#2971bb；字体样式：粗体”。

（3）步骤三：设置“我的档案”内容标题样式

①将准备设置标题的文字内容添加一个标题标签<h3>，代码如下：

```
<span>http：//qing.blog.sina.com.cn/newpen</span>
```

②为“h3”标签选择器重新设置样式规则为：“字体颜色：#646464；左右边界：0 px;上下边界：5 px；填充：0 px”。

③将“企业简介”“认知类型”“暂未认证”文字内容添加一个标题标签<h3>，完成标题样式的设置。

（4）步骤四：设置留言区域文字超链接样式

①为留言中的“举报”超链接设置样式：[举报]。将留言板中的“举报”超链接设置class类属性为“tip”，代码如下：

```
<a href="#" class="tip">
```

为留言中的“举报”超链接即“.tip”类设置样式规则，参数设置如图2.2.71所示。

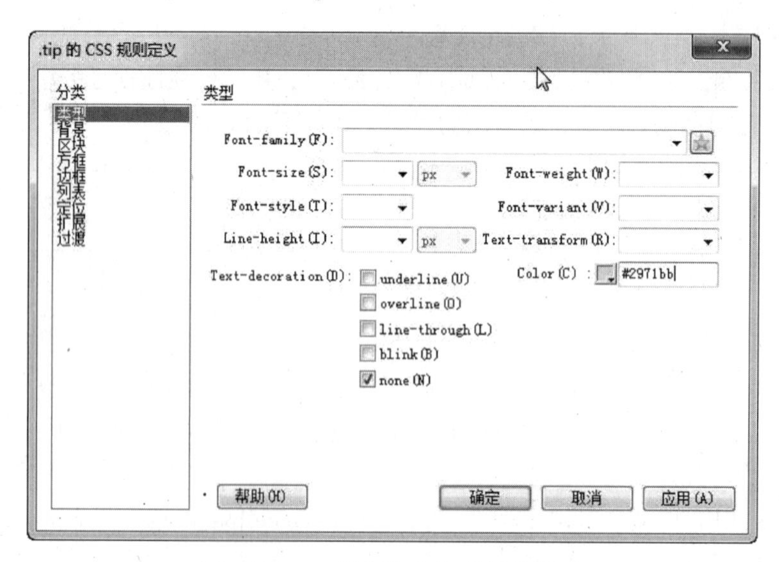

图2.2.71 “举报”文字超链接样式

②为留言中的“找回密码”超链接设置样式：找回密码。将留言板中的“找回密码”超链接设置class类属性为“find”，代码如下：

```
<a href="#" class="find">
```

为留言中的“找回密码”超链接即“.find”类设置样式规则，参数设置如图2.2.72所示。

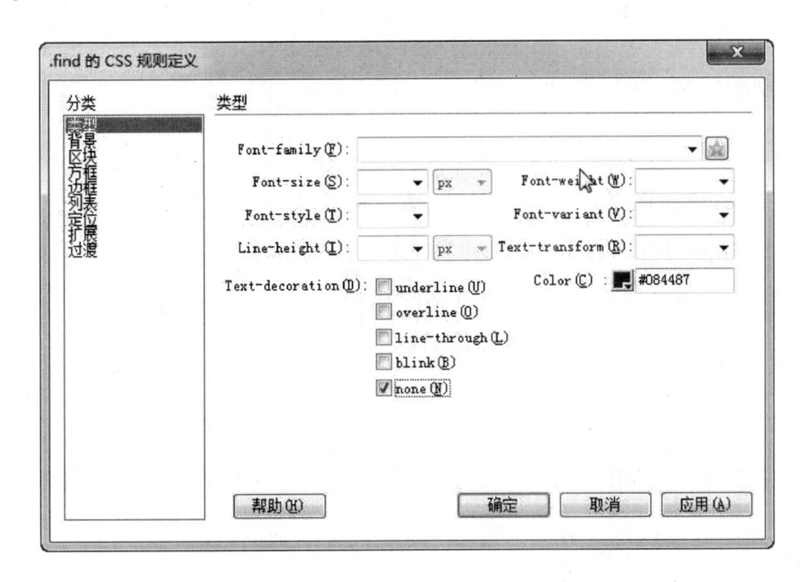

图2.2.72　“举报”文字超链接样式

2.2.5　项目经验小结

通过本学习情境的学习，初步认识和掌握了在Photoshop软件中切片与管理切片，熟练认识和掌握了在Dreamweaver软件中建立和管理站点，并利用表格布局网页。了解了CSS在网页制作中的作用，CSS可以有效地对全站页面有共同性质属性的布局、字体、颜色、背景和其他效果属性实现更加精确的控制。

请将您的项目经验总结填入下框：

参考文献 / REFERENCES

［1］叶蕾，欧阳俊梅. 网页设计与制作［M］. 青岛：中国海洋出版社，2015.

［2］何捷,白小燕. 网页制作［M］. 上海：复旦大学出版社，2013.

［3］罗军. 网页界面设计［M］. 北京：北京大学出版社，2014.

［4］邓文达，负亚男. 网页界面设计与制作［M］. 北京：人民邮电出版社，2012.

［5］瞿颖健，曹茂鹏. 专业色彩搭配手册——标志设计［M］. 北京：印刷工业出版社，2012.

［6］吕悦宁. 界面艺术设计［M］. 北京：高等教育出版社，2010.